城市学编译丛刊

THE SERIES OF URBAN STUDIES

伦敦交通拥堵收费：政策与政治

CONGESTION CHARGING IN LONDON: THE POLICY AND THE POLITICS

［英］马丁·G. 理查兹（Martin G. Richards）／著

张卫良　周　洋／译

CONGESTION CHARGING IN LONDON:THE POLICY AND THE POLITICS
by
MARTIN G. RICHARDS

总　序

城市是人类文明的结晶，也是人类对于自身栖居地选择和构建的结果。

自从工业革命以来，伴随着生产方式的巨大变革，城市以一种前所未有的力量在全球各地生根开花，并改变着一切原有的自然形态与秩序，造就着一幅幅崭新的景象。目前，全球化加快了城市化的速度，“城市社会”在全球呈现出来。根据联合国专家的预测，2030 年世界城市化率将达 60%，2050 年这一比例将上升到 70%，城市化进程已经无法逆转。随着中国经济的高速发展和迅速融入世界，中国城市化获得了飞速增长的动力。1978 年中国城市化率仅为 17.9%，2000 年约 36.2%，至 2011 年已达 50%，实现了里程碑式的突破，中国用 30 年时间走完了西方发达国家上百年的城市化发展进程。难怪诺贝尔经济学奖得主、美国经济学家斯蒂格利茨断言 21 世纪有两件大事影响世界：一是美国的高科技产业，二是中国的城市化。

城市化是一个人口转移的过程，也即由农民而市民、由乡村而城市的过程。在人类栖居地的转变历程中，环境、住房、交通、能源、健康、生产与生活等一系列社会问题应运而生，无数哲人思考过城市现象，或贬或褒，见仁见智。杭州师范大学提出了创建“省内乃至国内一流综合性大学”的发展目标，启动了“人文社会科学振兴计划”，城市学作为一个新兴学科和交叉学科，是我校学科发展的一个增长点，也是我校“十二五”发展规划中的重点。我们衷心希望城市学能够成为杭州师范大学“争创一流”的亮点。

“城市学研究系列”将是杭州师范大学营造城市学研究学术环境的一项重要举措。在城市学的研究方面，我们虽然仍处于起步阶段，存在种种不足，然而，对于与城市相关的问题，我们已有多年的摸索和积累，现在确立以城市学理论、城市公共政策和城市历史及文化为主要研究方向，力图形成相关的特色成果，期望这些成果能够致力于理论与现实、学术与政策、经验与借鉴，突出跨学科和交叉学科的方法，相互融通，以深入探究城市的发展路径及其规律，为中国现代城市的建设做出我们的贡献。我们本着谨、慎、诚、恕的校训精神，立足杭州、放眼世界、注重现实、服务社会。城市学研究系列将以“城市学研究丛刊”、“城市学编译丛刊”和“城市学论丛”为形式陆续推出，真诚欢迎各界同人支持、帮助和指正。

丛书编委会

2015 年 10 月 22 日

目录

CONTENTS

4 伦敦市长之前伦敦的公路与交通限制 / 050

5 世界各地的经验 / 069

14 未 来 / 265

15 最 后 / 326

图表目录

Figures & Tables

图

表 格

前　言

本书是在 2005 年 2 月初交通大臣阿利斯泰尔·达林向下院交通委员会提交证词后不久完成的。

尽管伦敦交通局此后发布了第二年交通拥堵收费方案的运行报告,[①] 并进一步指出了该方案的后续影响，但他们仍有很多保留。我将在第 12 章“第一年”中对此进行描述。

然而，有一些重要事件与第 14 章“未来”相关。2005 年 7 月 4 日，伦敦交通拥堵费上涨到每天 8 英镑，伦敦市长利文斯通似乎极有可能将收费区域向西延伸。在爱丁堡，市议会钟爱的交通战略的重要内容也包括交通拥堵收费，但在 2005 年 2 月的公民投票中被坚决否决。

2005 年 5 月 5 日，英国大选开始，尽管很明显爱丁堡选民对收费方案很反感，中央政府在公布《十年交通规划》后也摇摆不定，但工党在其宣言中还是声称：“我们将在解决交通拥堵方面寻求潜在的政治共识，包括考察从现有的汽车税收费系统转向全国公路收费系统的可能性。”[②]

布莱尔重新执政后，阿利斯泰尔·达林继续担任交通大臣，并执着于其承诺，他声称：“人们说国家道路收费已有十多年了……

---

① *Congestion Charging: Third Annual Monitoring Report*, April 2005, London: Transport for London.

② *Britain Forward not Back*, The Labour Party Manifesto 2005, London: The Labour Party.

它将永远是那样……除非我们考察各种选择并做出决定……一旦我们决定下来，便会马上着手实施……从路网中获得的好处更多，从而改进驾驶者的选择，使之获得更可靠的出行时间……我们的目标是使人和商品能尽可能快速地流动，同时符合我们的环保目标。"① 在国会演说中，他说："我们已经就载货汽车道路使用收费方案完善过程中出现的一些问题做了大量工作……确定一种以里程为基础的收费，这是我们有能力推进的可行且实际的方法……我们对于全国公路收费的想法有了进一步发展……现在我们要推进全国道路收费系统的实行。"②

因此，很明显，达林和2005年的布莱尔政府都认识到某种形式的道路使用收费是交通政策的一个关键因素，不管其是否部分或全部取代燃油和车辆税抑或其他税收。达林同时表明，理想上，他想在接下来的几年里把这些基本原则引入一个大的城市区域。

然而，虽然很多人把已经规划的载货汽车道路使用收费方案视为真正可行的探路者——即便收费很高，但2005年7月5日，达林向国会宣称："以里程为基础的道路收费计划（应该作为）全国公路收费的更广泛工作的一部分……以开发一个单一的、全面的和收费合适的系统……现在的载货汽车道路使用收费系统可以终止使用了。"③ 值得指出的是，虽然英国皇家税收与关税局（从关税和税务机关演变而来）是载货汽车道路使用收费方案的责任部门，但身为交通大臣的达林却宣告了它的死亡。

由于达林预计全国道路使用收费系统在2020年前不太可能投入使用，何况还存在真正的全国系统是否比局限于一些路网交通更拥堵地区的系统更加有效的问题，2002年，戈登·布朗宣称全国道路使用收费的基本目标是为卡车经营者在英国提供一种公平竞争的环

① Speech to the social Market Foundation, London, 9 June 2005.

② *Hansard*, House of Commons, 5 July 2005, Column 173.

③ *Hansard*, House of Commons, 5 July 2005, Column 173.

境，而无论其国籍为何，这样的目标最好十年不变，或永远不变。

英国交通拥堵和以里程为基础的道路使用收费的未来取决于阿利斯泰尔·达林发起的全国辩论的进程，以及政治共识能否建立。本书希望尽可能地为伦敦交通拥堵收费的进展及其早期影响做一个记录，并为辩论做出一些贡献。

马丁·G. 理查兹

2005 年 7 月

致 谢

写作本书已经被证明是非常耗费时间的，比我原来预计的时间还要长。因此，我首先要感谢妻子珍妮，她既鼓励我，又对我把时间耗在写作上毫无怨言，因为当时我已经“退休”了。其次，我要感谢蒂姆·伯纳斯－李，我们所知的因特网的发明者。没有因特网，我可能无法从事这项研究，因为本书很多内容来自因特网。

再次，我要感谢戴维·贝利斯、艾伦·卡特、斯蒂芬·格莱斯特教授、托尼·格雷林、彼得·琼斯教授、尼克·莱斯特、托德·利特曼、托尼·麦凯教授、艾伦·麦金农教授、彼得·奥尔谢夫斯克、肯·佩雷特、肯·斯莫尔教授、马克·瓦莱利、乔·韦斯，还有一位不愿透露姓名的人，感谢他们对有关章节草稿的评论以及对我的鼓励。然而，不用说，任何不足、疏漏、误解和其他缺点都是我的责任。我也要感谢萨拉·怀特，她细心地准备了插图，而艾伦·卡特准备了图3－1。根据英国皇家文书局中心特许证C02W00006851，我得以获得英国皇家文书局的资料。

我还要感谢肯·利文斯通的胆略和决心，他推进了一项包含交通拥堵收费的交通政策，向那些认为这样一种政策无异于政治自杀的人发起挑战。没有他，本书肯定没有什么可写的了。

在某种程度上，还有很多与伦敦的交通拥堵收费有关的人，他们在收费的孕育、设计、实施和运行，对其进行分析和审查，以及支持或挑战这种收费的过程中，提供了大量素材，为本书奠定了基础，他们都是我要感谢的。

马丁·G. 理查兹

缩写列表

AA	汽车协会（Automobile Association）
ALG	伦敦政府协会（Association of London Government）
ALS	区域通行许可方案（Area Licensing Scheme）
ANPR	车牌自动识别（Automatic Number Plate Recognition）
APRIL	伦敦道路收费评估（Assessment of Pricing for Roads In London）
AREAL	区域通行许可（AREA Licencing）
ATM	自动柜员机（automated teller machine）
CBD	中央商务区（Central Business District）
CBI	英国工业联盟（Confederation of British Industry）
CCTV	闭路电视系统（closed circuit television）
CEN	欧洲标准委员会（Comité Européen de Normelisation（European Committee for Standardization）
CfIT	综合交通运输委员会（Commission for Integrated Transport）
CILT	特许物流与运输学会（Chartered Institute of Logistics and Transport）
CPZ	停车控制区（Controlled Parking Zone）
DETR	环境、交通和区域部（Department for the Environment, Transport and the Regions）

DfT	交通部（Department of Transport）
DSRC	专用短距离通信（Dedicated Short Range Communication）
DTLR	交通、地方政府和区域部（Department for Transport, Local Government and the Regions）
DTp	交通部（Department of Transport）
DVLA	驾驶和车辆许可局（Driver and Vehicle Licensing Agency）
EFC	电子收费（Electronic Fee Collection）
EIA	环境影响评估（Environmental Impact Assessment）
ENP	电子车牌（Electronic Number Plate）
ERP	电子道路收费（Electronic Road Pricing）
ETR	电子收费道路（Electronic Toll Road）
EVI	电子车辆识别（Electronic Vehicle Identification）
FSB	小企业联盟（Federation of Small Businesses）
FTA	货运协会（Freight Transport Association）
GLA	大伦敦政府（Greater London Authority）
GLC	大伦敦议会（Greater London Council）
GLDP	大伦敦发展规划（Greater London Development Plan）
GNSS	全球卫星导航系统（Global Navigation Satellite Systems）
GOL	伦敦中央政府办公室（Government Office for London）
GSM-GPRS	全球移动通信系统—通用分组无线服务技术（Global System for Mobile Communications- General Packet Radio Service）
GPS	全球定位系统（Global Positioning Systems）
gtw	总吨位（gross tonnes weight）

HGV	重型货车（heavy goods vehicle）
HOT	高承载率/收费（High Occupancy/Toll）
HOV	高承载率车辆（High Occupancy Vehicle）
IPPR	公共政策研究院（Institute for Public Policy Research）
IRR	内环路（Inner Ring Road）
IT	信息技术（information technology）
ITS	智能交通系统（Intelligent Transport Systems）
IU	车载装置（In-vehicle Unit）
IVR	交互式语音应答系统（Interactive Voice Response）
LBI	伦敦公共巴士计划（London Bus Initiative）
LCCI	伦敦工商会（London Chamber of Commerce and Industry）
LCCRP	伦敦交通拥堵收费研究项目（London Congestion Changing Research Programme）
LPAC	伦敦规划咨询委员会（London Planning Advisory Committee）
LRT	轻轨铁路（Light Rail Transit）
LRUC	货车道路使用收费（Lorry Road User Charge）
LTS	伦敦交通研究（London Transportation Studies）
LTUC	伦敦交通运输委员会（London Transport Users Committee）
NAO	国家审计署（National Audit Office）
NCE	《新土木工程师》（*New Civil Engineer*）
NHS	国家健康服务中心（National Health Service）
NOX	一氧化二氮（nitrous oxides）
NPV	净现值（Net Present Value）
OBU	车载装置（On-Board Unit）

OGC	政府商业办公室（Office of Government Commerce）
ONS	国家统计局（Office of National Statistics）
PATAS	停车和交通上诉服务中心（Parking and Traffic Appeals Service）
PCN	罚款通知单（Penalty Charge Notice）
PFI	私人融资计划（Private Finance Initiative）
PM_{10}	大颗粒物（large particulate matter）
PNR	私人非居住区停车场所（Private Non-Residential parking）
PPP	公私合营（Public Private Partnership）
PR	公共关系（public relations）
PTE	客运交通管理局（Passenger Transport Executive）
RAC	皇家汽车俱乐部（Royal Automobile Club）
RFID	射频识别（Radio Frequency Identification）
RHA	道路运输协会（Road Haulage Association）
RICS	皇家特许测量师学会（Royal Institute of Chartered Surveyors）
ROCOL	伦敦道路收费选择（ROad Charging Options for London）
SALT	伦敦交通 SATURN 评估（SATURN Assessment of London's Traffic）
SARS	严重急性呼吸道综合征（Severe Acute Respiratory Syndrome）
SRA	铁路战略管理局（Strategic Rail Authority）
TfL	伦敦交通局（Transport for London）
VED	车辆消费税（Vehicle Excise Duty）
VMT	车辆行驶里程（vehicle miles travelled）

1 市长面临的挑战

伦敦市长肯·利文斯通

2000 年 5 月 4 日，肯·利文斯通成为伦敦第一位直选市长。利文斯通被工党拒绝之后，以无党派人士的身份参选，在决胜投票中击败了前保守党交通大臣史蒂夫·诺里斯，并大败工党正式候选人、前卫生大臣弗兰克·多布森。

利文斯通被称为“红色肯”，曾作为工党领袖控制过大伦敦议会（GLC），他对 1986 年撒切尔夫人废除大伦敦议会，导致伦敦的管理权被中央政府和 33 个伦敦自治市镇分割非常恼火。尽管 1997 年 5 月获选的工党政府曾公开承诺要为伦敦重建区域政府，但它并不想建立一个和以前的大伦敦议会一样强大的实体。工党政府也没有预料到工党候选人会被如此坚决地抛弃，“厚颜无耻的肯”——利文斯通试图塑造的一种温和形象获得了选民的青睐。就“新工党”所关心的问题来看，利文斯通仍然是部分不要改革的“强硬左派”，托尼·布莱尔宣称利文斯通的当选将会是伦敦的一场灾难；然而，我们可以看到工党操纵选举过程，以确保利文斯通不被选为工党候选人的做法，反而有助于利文斯通击败工党候选人多布森当选。

利文斯通竞选宣传的核心内容是改善伦敦的交通拥堵和陈旧低

效的交通系统。假如当选为市长，处理交通问题实际上是他的主要职责。1999 年的《大伦敦政府法案》（The GLA Act）在创设伦敦市长职位之后还创立了一个新的机构——伦敦交通局（Transport for London，TfL），作为市长交通政策的执行机构。伦敦交通局负责管理公共巴士、主要路网、交通管制和道克兰轻轨（Docklards Light Rail）。而在由财政部强加给伦敦人的极其复杂、非常昂贵且广受批评的公私合营（Public Private Partnership）完成之前，伦敦地铁的管理权不会转交给伦敦市长。与此同时，虽然英国铁路（National Rail）在伦敦的交通中起着关键作用，但伦敦市长对其只有非常有限的权力。

2

所有市长候选人都面临同一个挑战：如何为他们的政策筹集足够的资金？新的官职并没有得到任何重大的新的政府资助，市长的预算主要由前任组织存留下来的资金构成，其中大部分都被政府限定为特殊用途。唯一由伦敦市长掌控的收入就是各自治市议会对住宅地产征收的市政税（Council Tax）。

布莱尔政府的交通政策：对所有人而言的“新政”

1997 年执政以来，工党政府就开始着手起草关于未来交通政策的白皮书，以此作为实现其处理“交通拥堵与环境污染问题”的竞选承诺的一部分。1998 年 7 月，白皮书发表，宣称“交通政策需要一个根本变革已经成为共识”（DETR，1998）。

白皮书中提出的“根本”变革之一就是引进道路使用收费这一长期以来得到经济学家支持而为历届政府——无论是工党还是保守党，抑或大伦敦议会——拒绝的概念。但是，工党政府解释说：“在劝说人们减少使用私家车次数的同时，我们必须决定如何战胜拥堵和污染”，并且主张“精心规划设计的方案应该减少行车里程与尾气排放，大幅改善空气质量，减少噪音与温室气体排放，缓解交通拥堵……收费将为改善交通和支持我们的城镇复兴提供一种有保障的收入来源”。

伦敦道路使用收费

在《2000 年交通法案》（Transport Act，2000）出台之前，英格兰和威尔士没有收费立法的准备，而《1999 年大伦敦政府法案》为伦敦道路使用收费立法做了准备（GLA Act，1999）。这使伦敦交通局有可能引进道路收费方案，其似乎“是有意愿的或便利的，目的是直接或间接地推动实现伦敦市长交通战略中提出的各种政策或建议”。交通拥堵收费和向工作场所的停车位征税，这两种形式的收费都被批准了，假设这些收费能够“物有所值”地用于发展交通，开始收费后的十年净收入可以留下来。 3

在筹备市长选举的过程中，伦敦中央政府办公室（Government Office for London，GOL）——中央政府通过这个机构实施其地方职能——提出了一个新的想法，即建立一个技术专家工作组，告知伦敦市长候选人怎样行使“道路使用收费”的权力。伦敦道路收费选择工作组（ROCOL）为内环路内的伦敦市中心开发了一个附有说明的“区域通行许可”方案，利用已有的技术，即基于摄像头的车牌自动识别（ANPR）来实施；因为利用这一技术，到 2003 年 9 月，即 2004 年的第二次伦敦市长选举之前，这个方案（ROCOL，2000）就可以实施了。小汽车和轻型商用车收费 5 英镑，重型商用车收费 15 英镑，希望这一收费能在伦敦市中心减少 12% 的交通量，同时预计每年创造约 2.5 亿英镑的净收益。

市长收入的新来源?

这是一种新的税收来源，它可以为迫切需要改善的交通提供资金。利文斯通很快抓住了这个机会。

然而，多布森在竞选时表示，即使引入收费系统是政府新交通政策的基石，在他的第一个四年任期内也不会使用这个收费权力，他认为改善公共交通系统应该优先进行。但他并不清楚在没有实施道路使用收费或大大增加税费和市政税的条件下，如何获得公共交通系统改善的经费，除非他寄望于财政大臣在他击败利文斯通赢得选举后令财政部表现慷慨。曾任伦敦交通部部长的史蒂夫·诺里斯负责过该部门的伦敦交通拥堵收费研究项目（见第4章），他也宣称在第一个任期内不会使用交通拥堵收费的权力。其他两位候选人，自由民主党的苏珊·克雷默和绿党的达伦·约翰逊，分别在第一轮投票中获得12%和2%的支持率，他们的党派（与保守党和工党一起）在伦敦议会（the London Assembly）都获得了席位，他们都做了引入收费方案的竞选宣传。

伦敦道路收费选择工作组提出的高达2.5亿英镑的年净收益是有吸引力的，但是随着计划的推进，这一收益逐步缩水。伦敦道路收费选择工作组之前的预估不包含罚款收益，但到2002年9月，即便加上罚款收益年净收益也下降到仅有1.3亿英镑左右。

完成法律程序

利文斯通意识到，如果他采用交通拥堵收费方案，那么在2004年的改选之前，这个方案必须实施且运行良好，因此，他一旦当选就很快采取行动。他决定原则上采纳伦敦道路收费选择工作组的区域通行许可方案，以摄像头为基础，小汽车每天收费5英镑，重型商用车每天收费15英镑。利文斯通在正式执政后不久，发行了一份名为《倾听伦敦的看法》的讨论文件，以此来寻求主要“利益相关方”对他的交通拥堵收费“当下想法”的回应（GLA，2000a）。

利文斯通也很清楚必须有一个优秀的团队来按计划实施收费方案，2000年6月他做出第一次任命，更换之前临时任命的伦敦交通局的道路主管。到2000年10月，由伦敦交通局职员和顾问构成的强有力的团队的核心成员已经到位，其中的关键成员都曾效力于伦敦道路收费选择工作组。

利文斯通在准备其《交通战略》（*Transport Strategy*）的初稿时争分夺秒，这个文件必须快速完成，因为《大伦敦政府法案》规定所有收费项目要与《交通战略》相一致。2000年11月，《交通战略》初稿提交给伦敦议会和其他“职能机构”审查，此稿重申了市长对于交通拥堵收费的态度和承诺，其中有两个重要“提议”：一是“伦敦交通局将把拥堵收费方案引入伦敦市中心”；二是“伦敦交通局将完善该方案及其计划纲要的条目，列出该方案的具体操作过程和布局”（GLA，2000b）。

这份初稿提供了对于收费方案的详细描述，其中包括三个与伦敦道路收费选择工作组的提议有关的重大变化。

（1）对重型商用车的收费降至5英镑，与对小汽车和轻型商用车的收费相同；

（2）向收费区域内的居民提供九折的折扣；

5

（3）对拥有“蓝牌”的小车（即车上有行动不便的驾驶者或乘客）免费。

这些变化源于《倾听伦敦的看法》所得到的回应，它们有利于促成公众接受收费方案，但其中的每一项都会使收入减少。此外，为收费区域内的居民提供九折的折扣对于这个收费方案扩展到伦敦其他区域可能产生严重的不利影响，而对“蓝牌”持有者免费引起了人们对“蓝牌”可能滥用和方案能否有效执行的担心。

2001年1月，紧随《交通战略》初稿提交之后的是一次公共咨询，同年7月，《交通战略》终稿完成（GLA，2001a，2001b）。这个《交通战略》的制定经过了三个阶段，根据一些反馈意见，收费方案在很多具体细节上做出了变化，但基本上保留了伦敦道路收费选择工作组提出的内容。为了对收费方案加以补充，《交通战略》包含了一些措施，如“使公共交通和其他出行方式比汽车出行更为方便、廉价、快捷和可靠”，并承诺引入“一些交通管理措施，以对收费区域周边的道路进行交通分流”。

《交通战略》公布后不久，伦敦交通局就发布了一个《计划纲要》的草案（TfL，2001），这也是交通拥堵收费在立法程序上的最后阶段。针对发布以后的公众回应，《计划纲要》做出了很多细节上的修改，包括收费时段在晚6时半结束而不是7时。这些修改被列入2001年12月发布的《计划纲要》修订版中。考虑到公众对于《计划纲要》草案和伦敦交通局的回应，利文斯通决定在2002年2月批准《计划纲要》的修订版（GLA，2002），并宣布交通拥堵收费将于2003年2月17日开始实施。

虽然利文斯通对于伦敦交通局采用的程序完全符合法律的要求表示满意，但威斯敏斯特市（the City of Westminster）却不这样认为，其在收费方案制定初期就表示反对。一个来自肯宁顿的居民团体也持有相同的看法——肯宁顿位于收费区域南部。虽然它们都决定诉诸法律，但其诉讼请求在一起举行听证，2002年7月被高等法院驳回。在距离预定的“启动”还剩7个月时，最后一道公开的障碍被清除了。

6

全速前进

在《计划纲要》被批准以后，伦敦交通局终于能够开始着手一系列工程发包工作，这些工作之前因为市长没有做出最后决定而一直悬而未决。这种压力现在转向：

（1）交付并全面测试一个综合的信息和通信技术系统；

（2）创建一个零售网络，涉及各种类型的媒介；

（3）在伦敦交通局和市镇道路的收费区域内以及周边，制定大量的交通和环境管理方案；

（4）为伦敦市中心和内环区域引进一套升级后的交通控制系统；

（5）引入新的公共巴士线路和300辆新的公共巴士；

（6）发动一场重要的公众信息宣传运动，使伦敦乃至全国其他地区的驾驶者都注意到这个收费方案及其对他们的影响。

2002年9月，伦敦交通局正式告知伦敦市长，所有的安排已经就绪，收费方案能够如期于2003年2月17日付诸实施。

启动：2003年2月17日

2003年2月17日，星期一，学校春季学年假期第一天，收费方案在预定的日期正式启动，当天早高峰的交通流量通常低于平均值。尽管很多媒体在报道中提到市民在购买许可证与登记获得免费和折扣过程中的各种不便，表达了因为驾驶者避开收费区域而选择其他道路可能造成交通瘫痪的担心，同时，媒体也担心遭遇大规模市民抵抗（“不能缴费—不愿缴费”）的威胁，但收费正式开始后非常顺利。进入收费区域的交通流量相比平常工作日下降了20%以上，而且没有产生真正的问题。尽管一些评论家认为真正的考验将会在2月24日出现，即春假结束后学校开始上课时，但实际情况是交通流量确实下降了20%。

最初的18个月

收费方案在减少伦敦市中心的交通拥堵方面继续被证明是有效的，确实比预期的更加成功。但自相矛盾的是，由于这个系统的运行成本大致上是固定的，伦敦市中心的交通流量下降越多，净收入就越低，市长可用于改善公共交通的资金就越少，也就无法满足那些放弃汽车而选择公共交通出行的人。

7

预计在收费区域以外的周边地区交通拥堵会增加，但实际并没有发生；某些道路的交通流量稍有增加，而其他道路的交通流量则有所减少，交通管制措施使恰好位于收费区域外侧的内环路有更多的流量，但没有增加拥堵。除了公共巴士服务有计划的改善——更多的公共巴士、新的线路、更多的公共巴士优先权——之外，交通拥堵减少也使公共巴士行程速度提升，服务更为可靠。

当大家承认收费方案减少了交通拥堵，并随之真正地改进了伦敦市中心的公共巴士服务时，对于收费方案的经济影响则几乎没有共识。很多从事零售业与娱乐业的人确信收费方案直接导致了行业的衰退与不景气，而伦敦交通局声称这种经济衰退主要是其他更日常的经济和政治因素所致。此外，交通拥堵虽然得到缓解，但商用车使用者断言管理这个方案的成本超过了因行车时间减少而得到的收益。

关于本书

本书的首要目的是对伦敦市中心的交通拥堵收费方案的发展、实施及其影响进行回顾，看我们能够从这个唯一已公认的经济原理应用中获得什么经验教训。本书并不打算对收费理论或技术进行详细的技术性研究，甚或详细的政治研究，而是做一种均衡的评论，以期让所有想了解伦敦交通拥堵收费方案及其广泛影响的人知道真相。

然而，把交通拥堵收费方案放在一个更大的背景中去理解是非常重要的，首先我们需要探索收费的基本原理和收费的方式。另一个重要背景是自 1940 年代主要公路规划以后伦敦的公路和收费历史，1970 年代初该规划被抛弃，最后在 1989 年确认终结；从 1960 年代中期开始，英国持续进行道路收费研究，但它们均被政治家搁置，直到利文斯通成为伦敦市长。然而，伦敦并不是唯一一个考虑道路收费的城市，利文斯通的成就必须与世界范围内已经思考并实施的城市相对比。最后一个背景是，1997 年布莱尔政府决定为伦敦建立一个新的政府架构——拥有一位直选的执行市长，并赋予其引入交通拥堵收费方案的权力。

在阐述这些背景之后，本书将会回顾交通拥堵方案的制定及其实施、伦敦议会的监督、那些预期会受到影响的人以及媒体的观点、最初18个月的影响以及由此获得的经验教训。伦敦交通拥堵收费方案的成功不仅创造了新的收入来源，而且改变了各方对于道路使用收费的态度和看法，现在很多政策已在世界范围内被提上议事日程。因此，本书在简要的结论之前，在第14章将从2005年1月的角度展望这个方案在伦敦、英国甚至更广范围内的前景。

需要补充说明的是，本书所论述的交通拥堵收费是道路定价或者说道路使用收费的一种特殊形式。书中有时也涉及以里程为基础的载货汽车收费，其不是交通拥堵收费，两者的基本原理与技术有相关性，但在此我们并不关注作为高速公路设施融资手段的收费。

参考文献

DETR (1998). *A New Deal for Transport: Better for Everyone*, London: Department of the Environment, Transport and the Regions.

GLA (2000a). *Hearing London's Views*, London: Greater London Authority.

GLA (2000b). *The Mayor's Transport Strategy, Stakeholders' Draft*, London: Greater London Authority.

GLA (2001a). *The Mayor's Transport Strategy Draft for Public Consultation*, London: Greater London Authority.

GLA (2001b). *The Mayor's Transport Strategy*, London: Greater London Authority.

GLA (2002). *Statement by the Mayor Concerning his Decision to Confirm the Central London Congestion Charging Scheme Order with Modifications*, London: Greater London Authority.

GLA Act (1999). *Greater London Authority Act 1999*, London: Her Majesty's Stationery Office.

ROCOL (2000). *Road Charging Options for London: A Technical Assessment*,

London：The Stationery Office.

TfL (2001). *Central London's Problem：Our Solution - the Central London Congestion Charging Scheme Proposals*, London：Transport For London.

Transport Act (2000). London：Her Majesty's Stationery Office.

2 为什么收费？

导 言

关于交通拥堵收费，有一个很著名的经济学原理，源自亚当·斯密的著作《国富论》。然而，交通拥堵收费已经发展到包括环境、社会和财政方面的理由，这为采纳交通拥堵收费作为一个交通政策要素提供了更加广泛的基础。

本章虽然将探讨交通拥堵收费的普遍原理，但对那些仅仅关注理论的人有一句告诫：本章的目的是解释最基本的原理。寻求更加充分的经济学原理解释的读者请参阅本章引用的优秀研究成果。

交通流量

当车辆沿着一条十分空旷的道路行驶时，只要在法定限制以内，驾驶者可以按其选择的速度行驶（自由流动）。驾驶者或车主驾驶车辆是有成本的，包括车辆维护和折旧、驾驶者时间价格和运输乘客或货物的价格。但是，车辆也会把成本施加给他方。车辆可能产生污染性气体排放和噪音，对他方产生后续成本。车辆存在车祸的风险，给他方造成可能的后续成本，还不包括车险的第三方因素。这些都是“外部成本”，或者说外部性。除此之外，道路需要建设、养护和治安管理，所有这些都需要成本。除非这是一条收费 10 公路，否则很可能是由地方或中央政府机构用普通税收或消费税基金来支付这些成本。这些同样也是外部成本。

每增加一辆车进入道路，就会产生和强加相同的成本，直到驾驶者因为道路上的其他车辆行驶缓慢而不能按照自己选择的速度行驶。速度较快的驾驶者不得不减速，他们的行程变长，从而产生额外成本。换句话说，行驶速度较慢的车辆导致速度较快车辆的成本增加。此外，车辆间的相互干扰将导致意外事故发生风险的增加，气体排放物和噪音也可能增加。因此，速度较慢车辆把额外成本强加给了速度较快车辆的驾驶者。然而，因为速度较慢车辆是按其驾驶者选择的速度行驶的，其驾驶者反而没有产生额外的直接成本。

随着车流量的增大，车辆间的相互干扰意味着越来越少的车辆能够以其期望的速度行驶，直至达到一个点位，只有速度最慢的车辆才能行驶。因此，每增加一辆车就会引起所有车辆的行驶低于其理想速度，包括——最有可能是——每台增量车本身（造成交通拥堵的流量）。如图 2－1 所示，流量达到 X 时，每辆车，包括第一、第二辆车和其他车以其选择的速度行驶，速度显示为 W，是那些车辆在道路上的平均车速；当流量超过 X 时，车辆的相互干扰引起平均速度下降，最初还算逐渐降低，之后急剧下落，直到达

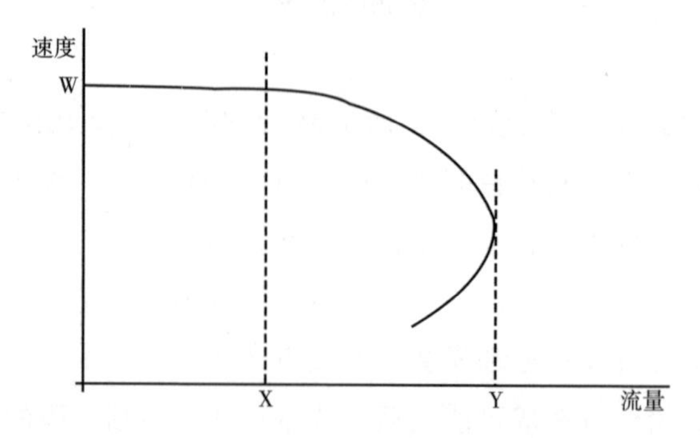

图 2－1　公路速度与流量典型示意图

到一个点位 Y，道路不再能够把所有车辆带到这个点位，流量就变得不稳定了，车流不断下降。任何曾经在一条严重超负荷的公路上行驶的人都会经历这种情况：交通流量下降至“爬行”或“走走停停”，除了车辆多以外没有其他明显的原因。即使是交通流量降至速度下降之前，车辆想要恢复自由流动状态仍需要相当长的时间。

经济学原理

以图 2 – 1 所显示的交通流量为例，当流量到达 X 时，每辆车的平均成本保持不变，但如图 2 – 2 所示，随着流量增加，道路使用者的成本也增加了。虽然起初增速缓慢，但一旦交通流量增大，使用者成本增速曲线就变陡了。然而，这张图仅仅表示使用者直接的或内部的成本，并没有包括强加给他方的成本，如那段道路区间的其他使用者。当交通流量变得不稳定，到达 Y 后，会开始下降，但平均内部成本依然增加，因为行程花费的时间变长了。

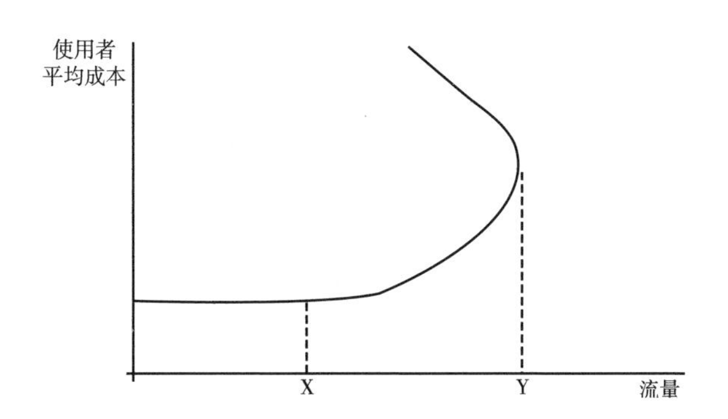

图 2 – 2　平均成本与流量典型示意图

当行程成本增加使相关方的利益下降时，这些相关方可能选择不出行，因为成本超过了他们能从此次行程中获得的收益。这与大多数其他“产品”一样：一张 CD 的价格增加后，认为值得购买的人就减少了，对 CD 的需求也就缩减了；以一条道路为例，当使用这条路的内部成本增加时，驾驶者或选择另一条路，或在当天的另一个时间出行，或去其他地方避开使用这条路，或乘坐公共巴士、火车出行（另一种交通方式），或干脆放弃这次出行。于是，根据经济学原理，内部成本增加时，需求下降，结果是在高成本时，我们的需求就几乎没有，交通流量也会很低，但在低成本时，我们会有很高的需求，也就会有很高的交通流量（如图 2－3 所示）。

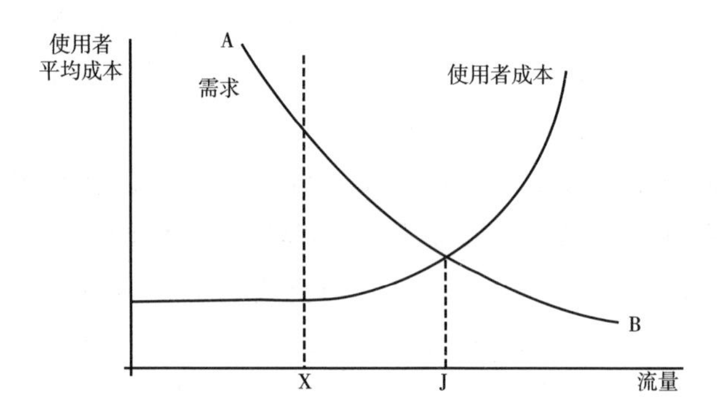

图 2－3　需求与成本典型示意图

经济学的需求理论意味着交通流量在 J 点是稳定的，成本曲线与需求曲线在此点相交。在这个点位，使用道路的成本与收益相一致。如果交通流量超过 J 点，使用成本就会高于那些一般驾驶者认为开一趟车划算的费用，而需求就会回落到一般驾驶者认为的成本与收益持平的点位。这里也要引入边际成本的概念，即每个使用者的平均成本随着道路使用者数量的变化而变化；边际收益也一样，使用道路获得的收益随着道路使用者数量的变化而变化。

然而，图 2－3 仅仅关注由车辆使用道路而产生的成本及那些使用者的收益。如上所述，道路的使用还与外部成本相关，这些强加的成本可以分成以下几组。

（1）由每个新加入车流的车辆强加给其他车辆的成本；

（2）强加给社区的成本（通过噪音、污染气体排放、搬迁费、交通事故等）；

（3）强加给道路提供商由额外运作和维护产生的成本以及提供道路资金的成本。 13

当边际内部成本随着交通流量的增加而增加时，外部成本的单一要素——由他方导致的成本——与交通流量的大小和车速的对应关系一致。虽然在高速行进而交通流量较小的情况下，交通事故可能是最严重的，但其更可能发生于交通流量较大的时候。车速越慢，交通事故致死或致重伤的可能性就越小；但是在交通流量较大情况下发生的交通事故，对于车流可能产生更大的破坏力。更进一步说，如果路况使车辆驶离城镇或乡村，那么城镇或乡村可能受惠于较少的交通事故（和较低的成本），直到交通拥堵发生时（可能是由一桩交通事故引起的），车辆又开始转道至城镇或乡村。噪音的影响及其产生的成本随着车速和音量两个因素的变化而变化，污染气体排放随着车速的变化而变化。

成本曲线代表了直接成本和内部成本之和，如图 2－4 所示，在流量较小时成本曲线与需求曲线相交于 K。这说明如果每个驾驶者都必须承担行程的全部成本，那么会有较少的人愿意这样做，从而产生一种新的、较少的、均衡的交通流量。

由此可见，交通拥堵收费的经济学原理是，只有出现在直接（平均）成本 P 时，才会有过多的车辆使用那条道路，从而增加交通拥堵和其他影响。但如果驾驶者需要承担全部社会成本和私人成本，需求就会下降至 K，使每辆车的平均成本为 S。这一原理还认为，为了达到这种状况，应该有另外的费用 C，这是在交通流量达到 K 时的直接成本 S 和总成本 Q 之间差数。 14

外部成本（社会成本和道路提供者成本）的内涵拓宽了道路收费的概念。在这种情况下，我们可以做出相关说明，在通行税和

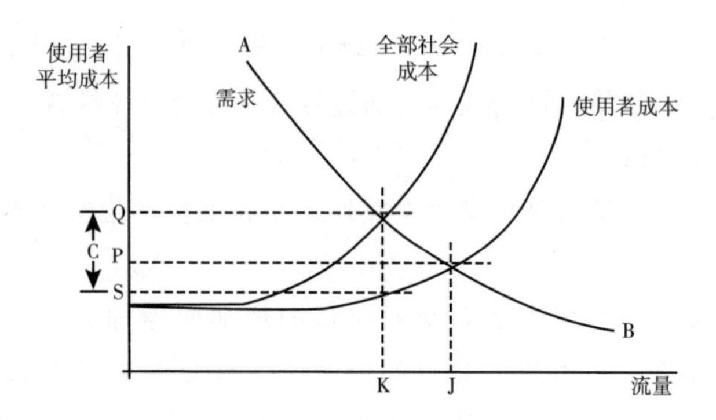

图 2-4　需求与成本（包括社会成本）典型示意图

消费税充足时，一般而言能够支付这些成本，它们的特性是，某些道路使用者支付的费用远远少于他们强加给社会和道路提供者的成本，而其他人支付的费用却非常多。即使人们忽略社会成本和经营者成本，这个基本原理仍然是适用的，因为交通拥堵收费正是每台新增车辆强加给道路上已有的其他行使车辆的成本。

总而言之，经济学原理是，在现有的收费（税收）结构下，

（1）驾驶者或操作者在做出出行决定时并没有意识到使用汽车或卡车的实际成本和总成本；

（2）他们不会因而经济有效地使用汽车或卡车；

（3）这会导致交通拥堵的增加；

（4）这一般也可能把额外的成本强加给其他道路使用者和社会。

以上可以得出使用道路收费的基本原则：以行驶时间来征收的额外费用，反映了在某时某地行程所产生的全部社会成本。

1844 年，法国经济学家、工程师朱勒·杜普伊把经济学的分析较早地应用于交通、通行费或运费，他认为通行费应该与出行者得到的收益成正比（Dupuit，1844；Mumby，1968）。剑桥经济学家庇古引入了外部效应的概念，他通常被认为是道路收费或交通拥堵收费之父（Pigou，1920）。自他以后，许多经济学家以及其他领域的学者对交通拥堵收费理论的发展都起到了非常重要的作用。这些人包括詹姆斯·布坎南（1952）、威廉·维克瑞（Vickrey，

1959）、艾伦·沃尔特斯（如 Walters，1968）和鲁本·斯米德，斯米德曾经担任一个调查道路收费的可行性的委员会的主席（Ministry of Transport，1964），与赫伯特·莫林（Mohring，1976）和肯尼斯·斯莫尔（如 Small，1992）一起共事。

更普遍的原理

15

虽然基本原理是以经济学理论为基础的，但近年来关于交通收费理论的争论拓展了这些原理。

第一，有一种环境原理，认为那些对环境造成破坏的人应该支付“经济”代价——“污染者付费”原则。根据这一原则，汽车是多种污染气体，包括一氧化氮、细小颗粒物以及（全球范围内的）二氧化碳排放的关键来源，因此其使用者必须支付气体排放费，以示气体排放的恶劣后果。在交通拥堵最严重的地方，气体排放对环境的影响也就最严重，因此与交通拥堵有关的收费可能是一个为环境收费的合理替代品。1993 年，梅杰（保守党）政府引入“燃油税自动调节机制”（Fuel Duty Escalator），这也就认可了使用汽车的环境成本这一观点。基于鼓励减少汽车使用和引进更省油的发动机这个双重目标，燃油税实际上每年增长 3%。1997 年，新上任的布莱尔政府提高了燃油税自动调节机制的幅度，先涨到 5%，后来又升至 6%。然而，由于英国的燃油价格在欧洲是最高的，也出于对 2000 年广泛的燃油价格抗议（包括燃油库封存导致严重短缺）做出回应，政府放弃了这一机制，并开始对任何可能被视为“反汽车”的措施采取谨慎的态度（参见 Lyons and Chatterjee，2002）。

第二，有一种规划原理。因为规划的各种负面影响，在交通拥堵发生的很多城市地段，增加公路容量是非常困难的。况且，由于交通拥堵可能已经抑制了使用道路的需求，所以对既有其他通行道路的使用者来说，好处可能是有限的，因为一些原本已经因交通拥堵而放弃使用这条道路的驾驶者重新驶入这条道路。

第三，有一种财政原理，即使在技术上和政治上是可行的，但是在特别容易发生城市交通拥堵的那种地段，增加道路容量将是非常昂贵的。由于公共开支有严格限制，制造新的交通容量正变成一种越来越少的选择。

第四，有一种政策原理，认为过度的交通拥堵会对城市的经济效率和生活质量产生负面影响。这个原理正是利文斯通承诺要实行交通拥堵收费的一大动力。但是，也有一种观点认为适当的交通拥堵是好事，这是当地经济活力的一种象征：正如唐斯（2004）解释的，"交通拥堵并不全是坏事"。一个城市如果在有限的几个地段在短期内没有任何交通拥堵，将意味着投资过剩或经济衰退。正如一个超市没有提供足够的收银通道以避免排队一样，如果一个公路系统在任何时间都不发生交通拥堵，那么其在经济上肯定是效能低下的。

16

第五，对于一些人来说，有一个简单的理财原理，基于交通拥堵收费能够提供一种新的（净）收入来源的，期望其可以增加交通的可用资金。

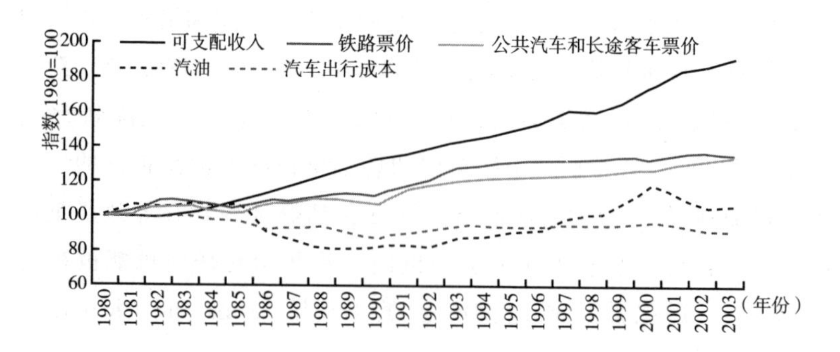

图 2－5　1980～2003 年英国交通实际成本和收费的变迁

第六，在英国国内有一种观点，担心汽车出行的成本和那些通过公共巴士或铁路出行的成本之间越来越不平衡。如图 2－5 所示，1980～2000 年，汽车出行的成本实际下降了约 5%，而铁路票价则上升了约30%，公共巴士和长途客车票价上升了约25%，可支配收入增长了70%（DTLR，2001）。由于汽车变得更省油，维护费用更便宜，我们可以预见汽车出行成本与公共交通费用之间的差距将会继续拉大。

公 平

即使我们能够说明整个社会都能从一个精心设计的交通拥堵收费方案中受益，也经常有人认为收费是一种倒退，因为它相应地对低收入群体的影响要比高收入群体大得多。 17

交通拥堵收费是对低收入群体还是对高收入群体产生更大的影响，极有可能取决于分析单位。举例来说，一般情况下燃油税对高收入家庭的影响要大于低收入家庭，因为高收入家庭倾向于更多地使用汽车出行。然而，如果我们只考虑拥有汽车的家庭，那么结论相反，因为与高收入家庭的那些汽车拥有者相比，收入不太高的汽车拥有者占有更大的比例。

如果引入交通拥堵收费能够促进公共交通服务，特别是那些服务最有可能为较不富裕的人群所使用，那么，一般来说这种收费就有可能是进步的。那些较富裕的汽车使用者可以选择改变他们的出行方式来避免支付交通拥堵费，或者支付费用并继续通过汽车出行。但不论哪种情况，他们可能承担了一种净损益。如果大部分低收入人群总是通过公共交通出行，那么他们将在没有承担任何额外成本的情况下受益。然而，如果我们仅仅考虑汽车使用者，那么收费的影响最有可能是倒退的。

威廉・维克瑞

威廉・维克瑞是一位经济学家，其才能和坚持使其获得了诺贝尔经济学奖，这个奖是1996年他去世前不久获得的。

维克瑞对于交通收费的第一次贡献是1951年的一个建议，目的是解决纽约地铁的拥堵问题，他提出在高峰期和交通繁忙路段提高地铁票价（Vickrey，1955a）。虽然仅仅应用于一个城市的地铁上，但这个基本理论支撑了维克瑞后来有关公路拥堵收费的大多数研究。在一篇发表于1955年的关于公共设施边际成本收费的论文中，维克瑞进一步发展了这些思想，他以某人寻找停车位为例，说明了边际使用者对其他后来使用者所产生的影响。驾驶者寻找并发现n次可用的停车位，但并不考虑强加给n+1次使用者的额外成本，后者寻找车位的时间增加了（Vickrey，1955b）。

1959年，维克瑞向正在考虑首都交通问题的一个众议院委员会递交了一份控制华盛顿特区交通拥堵的建议，其中包括电子化估算使用者费用。他解释说，这个大都市区公路收费计划对于其每个使用者来说所收费用都是昂贵的，接着，他说：

18

> 因为缺少对公路使用的收费，我们看起来正面临以下困境。我们花费巨资建造了一个公路系统……如果让他们在付费使用和没有这项设施可用之间做选择，那么绝大多数使用者不愿意为使用公路付费……作为一种选择，我们建造了一个公路系统，在高峰时间却是严重拥堵……以致很多人求助于……铁路——如果可行的话……或公共巴士……如果能免于交通拥堵的影响。不存在有特别吸引力的中间立场。使用公路的特别收费是必要的，是刻不容缓的。

他又说：

> 一般的汽车使用者已经通过较高的汽油税或牌照费，甚或较高的房产税和个人所得税支付了他所使用的道路交通费用……这是没有用的。除非他所支付的金额能够明确地随高峰时段他个人使用公路的费用变化而变化，否则其费用将会极其

昂贵。

维克瑞提出一种高峰时段分区的制度，在使用者进入或离开每个区时收取费用。他期望这种收费适用于跨越一个分区边界的所有街道，收取的金额根据道路等级来变化，“收费差异出于某些公共利益的考虑，即引导汽车驾驶者选择一条与另一条相关的道路”。这样的话，他认为收费也可以被当作一种政策工具，而不仅仅是一项旨在实现经济效益的措施。

在撰写建议的过程中，维克瑞确定了两种收取费用的可行方式：电子标签或车牌扫描图像（车牌自动识别系统）。他甚至利用一个火车模型进行了一次电子标签（为铁路货运列车的识别而开发）的演示，说明图像系统可用于识别那些没有电子标签的车辆。他对计算机的处理能力非常满意，因为他预计为华盛顿每月处理 3 亿单收费，并且每个月把账单寄给使用者。电子标签技术在 20 多年以后香港电子道路收费试点工程中被采用（Dawson，1985），现在，这种电子标签的基本原理已被收费公路机构广泛采用，而且，电子标签与车牌图像结合预示了该系统在大约 40 年后的多伦多 407 高速公路和墨尔本城际高速公路上的应用。

19

在随后的讨论中，大家很容易认识到要实施一个收费方案，政治是难题。委员会的主席认为“这有一定实施的可能性”，但他也总结道：“对想要开启一种政治生涯的人来说……这个方案并不是一个好的平台。”委员会的一名成员记录了争取联邦（政府）资金的困难，并表示“为了探索建立解决这些（用于改善首都交通体系的）成本的自助或……更多的自助体系的方法，应该移开前进道路上的绊脚石”，而这也有可能是利文斯通决定实施交通拥堵收费背后的一大关键动机。

1992 年出版的《有效的交通拥堵收费原理》是维克瑞关于交通拥堵收费的最后论著之一（Vickrey，1992）。

艾伦·沃尔特斯

沃尔特斯的一篇论文《公路交通拥堵的个人与社会成本理论与测算》（1961），被普遍认为是道路使用收费理论基础建立的核心。在发展了一个路网有效税收制度的基本原理以后，他论证在美国的城市区域，汽车使用的实际成本，一般远远低于“有效率的”水平。1968 年，世界银行出版了沃尔特斯的一项研究《道路使用收费经济学》（Walters，1968）。沃尔特斯在这项开创性的研究中建立了他的理论，其关于道路使用收费的一些关键原理为众多后来研究者的研究奠定了基础。

米尔顿·弗里德曼

1999 年，利文斯通在下院陈述《大伦敦政府法案》（the Greater London Authority Bill）时，称交通拥堵收费源自“新自由主义、右倾撒切尔主义”，这是米尔顿·弗里德曼（货币学派代表人物、诺贝尔经济学奖获得者，他和艾伦·沃尔特斯对撒切尔夫人的经济政策有巨大的影响）和其他人的观点（Hansard，1999），而《卫报》报道说，利文斯通后来曾说过，“我借用了米尔顿·弗里德曼的想法”（*The Guardian*，2003）。这一观点引自 1950 年代初的《怎样为我们需要的安全又适当的公路规划和付费》一文，此文由弗里德曼和丹尼尔·布尔斯廷合写，但它一直没有发表，直到加布里埃尔·罗斯将它作为后记收录在《市场经济的道路》（Roth，1996）一书中。尽管此文似乎是弗里德曼关于这个论题发表的唯一论文，但它主要涉及对公路的规定，尽可能多地为公路行业“去社会化”阐明理由。文章认为，“为公平起见，应该对在道路上驾车行驶的人收费，因为他们获得了服务，而这些费用应该与他们使用的服务成正比”，接着又说，“牌照费和燃油税

20

是……非常粗暴的收费手段”（Friedman and Boorstin，1996）。无论如何，工党极左派的“红色肯”采用缘于极端货币论者弗里德曼概念的政策具有很强的关注度。

《斯米德报告》

1962 年，英国交通部任命就职于英国政府道路研究实验室的科学家鲁本·斯米德担任一个委员会的主席，该委员会负责研究“改进与道路使用相关的收费系统的技术可行性，以及相关的经济考量”（Ministry of Transport，1964）。委员会报告正文内容的大部分是关于征收交通拥堵费的方式的，而一系列的附录则对交通拥堵费和停车税提供了一个详细的分析原理。委员会将以下观点确定为一项可用的指导原则：

> 如果收费比其给他人带来的成本或损失少，那么该行程应该被放弃；同样的，如果收费高于其所承担的成本，那么该行程不应被限制。如果忽视这一根本原则，那么很可能导致资源的浪费。

加布里埃尔·罗斯

剑桥大学的一位经济学家加布里埃尔·罗斯意识到，维克瑞给下院的建议有利于交通部决定任命斯米德委员会。作为该委员会的成员，他在 1967 年出版的《为道路付费：交通拥堵的经济学》中总结道：“一般来说，人们使用稀缺资源就应该承担由他们的选择所引发的成本，而一个有决断力的政府不应该在这个命题前退缩。”（Roth，1967）

1974 年，任职于世界银行并向新加坡政府建言交通政策时，他使跨政府道路交通行动小组注意到美国政府顾问艾伦·M. 沃里斯关于加拉加斯的一项辅助通行许可证方案的提议（Roth，1996）。尽管这个加拉加斯建议并没有付诸实施，但是，1975 年新加坡把辅助通行许可证引入了中央商务区。

21

停车管控

长期以来，对城市区域交通拥堵的原因一直有争论，其中的一个是成功停车的成本远低于市场价格。随着《斯米德报告》的公布，政府组建了一个“更好利用城市道路”的工作小组，其研究结论是停车管控可能有利于管理城市交通拥堵（Ministry of Transport，1967）。

1970 年代中期，环境部把对私人非居住区停车场（PNR）的控制作为交通限制的一项可行措施进行了评价，称“大量汽车竞争我们的道路空间，使其肯定没有足够的地方”（Department of the Environment，1976a）。一个检测一系列限制交通方法的案例研究得出的结论是：在早期在城市中心限制停车几乎与对一个较大区域进行收费的系统一样有效（Department of the Environment，1976b）。尽管有这些成果，但这个提议还是被搁置了，直到《1999 年大伦敦政府法案》和《2000 年交通法案》才允许对工作场所停车进行收费来减缓交通拥堵，这将在第 6 章中讨论。

在美国，唐纳德·舒普很早就认为给员工免费停车的条款鼓励其使用汽车通勤，免费停车又是一项不需要缴税的福利，这就使情况更加恶化。通过允许员工以“停车位套现”，即以免费停车位换取现金，可以降低其对汽车使用现状的影响（Shoup and Willson，1992）。在加州空气质量状况更加恶化的部分地区，这种办法变成针对大部分雇主的一项法律规定（参见 California Environmental Protection Agency，2002；Shoup，1997）。

全国道路收费

在维克瑞、沃尔特斯和其他人的研究中，对城市交通拥堵的关注度与对整个道路系统进行合理收费是一样的，而加里布埃尔·罗斯（如 Roth，1966，1996）和戴维·纽伯里（如 Newbery，1995）以及其他人发展了这些思想，其中多数人认为道路应该由直接使用者缴费来提供资金，以支付（至少一部分）道路使用的成本，包括交通拥堵的成本。

英国综合交通委员会（CfIT，由英国交通部提供经费）主席戴维·贝格是收费的倡导者，1990 年代，他是爱丁堡城市交通委员会的会议召集人，一直建议把交通拥堵收费列为爱丁堡交通政策的一个要素。综合交通委员会的一项研究成果《道路使用付费》指出，如果穿越英格兰路网的交通流量处于一个均衡状态（即图 2－4 中的 K），那么周一至周五，每天早 7 时至晚 7 时，车辆平均行驶一英里需要支付 4.4 便士（每公里 2.7 便士）（CfIT，2002a），这样可以减少 4.2% 的交通流量和 44% 的交通拥堵。然而，每英里的费用会有非常大的变动，从伦敦市中心的每英里 54.6 便士到乡村道路（非高速公路）的 1 便士。在引用这些数据时，贝格观察到：

22

> 为我们所消费的东西和时间支付费用是经济学的一个基本原理。这个基本原理适用于所有其他公共事业和其他交通形式……飞机、火车和轮渡，很长时间以来，乘客会根据自己要出行的时间与方式自觉地支付费用。为什么道路就不一样呢？……当前的汽车税是一种非常迟钝的工具。

他总结道：“最反汽车的政策就是容忍交通拥堵的增长和蔓延……通过改变我们道路使用付费的方式……反汽车政策将会取得

一场巨大的胜利。”（CfIT，2002b）

2002 年，英国皇家飞行俱乐部基金会也发表了一项研究，其中他们考察了未来 50 年的交通政策选择（RAC Foundation，2002）。他们预测在 2001～2031 年，在没有任何限制的情况下，汽车出行的总里程数将增长 50%。但是，因为没有额外的公路容量或限制措施，交通拥堵会使平均出行时间增加 20%，从而使总里程数的增长降到 30%。他们推断，如果按政府的《十年交通规划》（DETR，2000）提供的道路支出费用一直到 2050 年，那么为了将交通拥堵控制在当前水平，汽车出行成本不得不每年实际提升 4%。然而，鉴于这种情况代表了空前的高水平，他们认为，如果要交通拥堵不大大恶化，某种形式的交通拥堵收费是不可避免的。

斯蒂芬·格莱斯特继续发挥了这个观点，如果不使交通拥堵越来越严重，就需要在汽车使用收费方面有一个彻底的变革（Glaister and Graham，2003）。这表明英格兰的道路可能会越来越拥堵，而就当前的使用成本而言，为满足通行需求而建设新道路的投资将超出合理的预期，即使这种建设在社会和政治方面都是可行的。

23

评估收费

虽然维克瑞在美国的案例中提出建立合理的交通收费体系已有约 40 年了，但是为道路使用支付一种经济代价的观念并没有被一个国家普遍接受，其中使用汽车和廉价汽油的权利被视为一种必要的自由。1991 年通过的《美国地面联运交通效率法案》（Intermodal Surface Transport Efficiency Act，ISTEA）中有为试点交通拥堵收费方案提供资助的条款，但没有一个州政府或大都市政府接受这些方案。然而，“评估收费”的概念反而被地方接受了，马丁·瓦克斯将其定义为“利用出行的价格、收费和费用，以创造需要的收益，同时影响出行，从而使出行者做出更有效的和更公平的使用公路和换乘系统的决定”（Wachs，2003）。最常见的“评估收费”就是高承载率收费（HOT）车道，假如低承载率车辆支付了通行费，其允许低承载率车辆使用高承载率车辆（HOV）的车道设施，而设定这种通行费是用来管理需求和避免交通拥堵的［高承载率车辆通道正常情况下只能给至少有2名或有时有3名乘客的车辆使用，“单名乘客的车辆”（SOVs）是不能使用高承载率车辆通道的］。

援引美国的经验，对在已有公路上使用新的（额外的）交通容量收费原则也包含在英国政府提出的解决交通拥堵的选择中，这在《管理我们的道路》（DfT，2003）中有所讨论。

出行时间的可靠性

美国第一条高承载率收费车道位于91号州际公路（SR91），其确立了一个原则，一些使用者为了行程时间的可靠性而准备付费（Lam and Small，2001），这也为位于I－15（Fas Trak）的另一条高承载率收费车道的用户研究所支持（Supernak et al.，2001）。这也是一个重要设想，它为英国第一条由私人投资并修建的高速收费公路M6 Toll的建设奠定了基础，也为经过伯明翰，长约60公里且交通繁忙的高速公路M6提供了一种选择。

交通部在伦敦交通拥堵收费研究项目中，把不确定性作为一种实际的经济成本，证明这种不确定性与行程时间可靠性有关，此时获得了例证（DTp，1995）。能够以一种属于合理程度的确定性计划一次准时到达目的地的行程，特别是对“及时”供应链来说，具有非常重要的意义。事实上，利文斯通引述了伦敦商界对于出行时间不确定性的失望，这是他实施交通拥堵收费计划的主要原因之一（London Assembly，2000）。货物运输协会的理查德·特纳告诉下院交通委员会：“速度并不是问题，可预测性才是重要的。”（House of Commons，2005）

24

小 结

大量的经济学理论与实用主义构成了交通拥堵收费概念的基础。最简单的例子是，交通拥堵导致了可用道路空间的低效利用，不利于整个社会，而交通拥堵的发生是因为没有有效地对道路空间的使用进行收费。由于道路通行能力的增长可能滞后于交通需求的增长，交通拥堵（与其对经济和环境负面影响一起）可能会越来越严重，除非道路使用费体现那些成本。

参考文献

Buchanan, James (1952). "The Pricing of Highway Services," *National Tax Journal*, Vol. V, No. 2.

California Environmental Protection Agency (2002). *California's Parking Cash-Out Program*, Sacramento: Air Resources Board.

CfIT (2002a). *Paying for Road Use: The Technical Report*, Oscar Faber, NERA and ITS University of Leeds, London: Commission for Integrated Transport.

CfIT (2002b). *Paying for Road Use*, London: Commission for Integrated Transport.

Dawson, J. (1985)."Electronic Road Pricing in Hong Kong: A Fair Way to Go?" *Traffic Engineering and Control*, Vol. 26, No. 11.

Department of the Environment (1976a). *The Control of Private Non-Residential Parking: A Consultation Paper*, London: Department of the Environment.

Department of the Environment (1976b). *A Study of Some Methods of Traffic Restraint*, Research Report 14, London: Department of the Environment.

DETR (2000). *Transport 2010, The 10 Year Plan*, London: Department of the Environment, Transport and the Regions.

DfT (2003).*Managing our Roads*, London: Department for Transport.

Downs, Anthony (2004) . *Still Stuck in Traffic*, Washington, DC: Brookings Institution Press.

DTLR (2001). *Key Transport Facts 1980 - 1999*, London: Department of Transport, Local Government and the Regions.

25

DTR (1995). *The London Congestion Charging Research Programme: Final Report*, London: Department of Transport, HMSO. (Note: a report of the principal findings is also available from HMSO, and a summary of the Final Report is available in a series of six papers published in *Traffic Engineering and Control*: see Richards *et al.*, 1996.)

Dupuit, J. (1844). *Public Works and the Consumer.* Reprinted in Mumby (1968).

Friedman, M. and D. Boorstin (1996). "How to Plan and Pay for Safe and Adequate Highways We Need," in Roth (1996).

Glaister, S. and D. Graham (2003). *Transport Pricing and Investment in England*, Southampton: The Independent Commission for Transport, University of Southampton.

Hansard (1999). Column 1016, 5 May, London: HMSO.

House of Commons (2005). Uncorrected transcript of oral evidence, to be published as HC 218 - I, Minutes of evidence taken before Transport Committee, 12 January 2005.

Lam, T. C. and K. Small (2001). "The Value of Time and Reliability: Measurement from a Value Pricing Experiment," *Transportation Research* E, Vol. 37, pp. 231 - 51.

London Assembly (2000). *Congestion Charging: London Assembly Scrutiny Report*, London: Greater London Authority.

Lyons, G. and K. Chatterjee (eds) (2002). *Transport Lessons from the Fuel Tax Protests of 2000*, Aldershot: Ashgate.

Ministry of Transport (1964). *Road Pricing: The Economic and Technical Possibilities*, London: HMSO.

Ministry of Transport (1967). *Better Use of Town Roads*, London: HMSO.

Mohring, Herbert (1976). *Transportation Economics*, Cambridge, MA: Ballinger.

Mumby, Denys (1968). *Introduction to Transport: Selected Readings*, Harmondsworth: Penguin Modern Economics.

Newbery, David (1995). *Reforming Road Taxation*, Basingstoke: The Automobile Association.

Pigou, A. C. (1920). *The Economics of Welfare*, London: Macmillan.

RAC Foundation (2002). *Motoring towards 2050*, London: The RAC Foundation.

Richards, M. G. *et al.* (1996). "The London Congestion Charging Research. Programme," a series of six papers in *Traffic Engineering and Control*, Vol. 37, Nos 2 to 7.

Roth, Gabriel (1966). *A Self-Financing Road System.* Research Monograph 3, London: The Institute of Economic Affairs.

Roth, Gabriel (1967). *Paying for Roads: The Economics of Traffic Congestion*, Harmondsworth: Penguin.

Roth, Gabriel (1996). *Roads in a Market Economy*, Aldershot: Avebury Technical.

Shoup, Donald (1997). "Evaluating the Effects of Cashing Out Employers Paid Parking: Eight Case Studies," *Transport Policy*, Vol. 4, No. 4.

Shoup, Donald and Richard Willson (1992). "Commuting, Congestion and Pollution: The Employer-Paid Parking Connection," in *Papers Presented at the Congestion Pricing Symposium, June 10 - 12, 1992*, Publication FHWA - PL - 93 - 003, Washington, DC: Federal Highway Administration, US Department of Transportation.

26 Small, Kenneth (1992). *Urban Transport Economics*, Switzerland Harwood, Academic.

Supernak, J., J. Golob, T. Golob, C. Kaschade, C. Kazimi, E. Schreffler, D. Steffey (2001). 1 - 15 *Congestion Pricing Project, Phase II Year Three Overall Report*, San Diego: association of Governments.

The Guardian, 2003. "Ready, Ken?" by Andy Beckett, 10 February.

Vickrey, William (1955a). "A Proposal for Revising New York's Subway Fare Structure," *Journal of the Operational Research Society of America*, 3. Reprinted as William Vickrey (edited by Richard Arnott, Anthony B. Atkinson, Kenneth Arrow, Jacques H. Drèze), *Public Economics: Selected Papers by William Vickrey*, Cambridge: Cambridge University Press.

Vickrey, William (1956). "Some Implications of Marginal Cost Pricing for Utilities," *American Economic Review*, Vol. 45, No. 2. Reprinted in Mumby (1968).

Vickrey, William (1959). *Hearings before the Joint Committee on Washington Metropolitan Problems*, 86th Congress, 11 November 1959, pp. 454–77, Washington, DC: United States Government Printing Office. An edited version was published in *Journal of Urban Economics*, Vol. 36 (1994), pp. 42 - 65.

Vickrey, William (1992). *The Principles of Efficient Congestion Pricing*, New York: Columbia University.

Wachs, Martin (2003). Presentation to "Value Pricing for Transportation in Washington, DC," Conference, Washington Metropolitan Council of Governments, June 2003.

Walters, Alan A. (1961). "The Theory and Measurement of Private and Social Cost of Highway Congestion," *Econometrica*, Vol. 29, No. 4.

Walters, Alan A. (1968). *The Economics of Road User Charges*, World Bank Staff Occasional Papers Number 5, Baltimore, MD: The Johns Hopkins University Press.

27

3 如何收费?

导　言

面对交通拥堵收费带来的挑战，人们尤其是寻求回避决策困难的政治家经常发生争论，认为“原理是可靠的，但是技术上还不可行”。在历任交通大臣中，芭芭拉·卡斯尔、乔治·杨爵士和阿利斯泰尔·达林都曾以技术不足为由拖延这些艰难决策。在1990年代初，新加坡想要用电子道路收费系统替代纸质收费系统时，对于这种电子技术仍是怀疑的。但是，他们带头实施了一种创新的公共交通储值卡，在新加坡的三大公共交通运营公司之间通用，这使新加坡能够利用电子道路收费系统。他们委托了三个财团开发和试验必需的设备和系统，从中选择一个财团负责最终阶段的开发和实施。由于有明确合理的实施计划，供应商愿意投入巨额资金以补充政府资金。

利文斯通虽然没有时间也没有预算来资助技术开发，但他并没有因为他人对自己建议采用的技术表示怀疑而退却。利文斯通准备利用已有的技术来运行收费方案。

一些指导原则

1964年的《斯米德报告》（见第2章）认为任何一个交通拥

堵收费方案都要满足9个“重要的”条件而任何一个道路收费方案还有8个被认为“值得拥有的”条件（Ministry of Transport，1964）。40年后，大多数条件仍然有效，因此值得再次列举如下。 28

“重要的”条件有：

（1）费用必须与道路使用的多少密切相关；

（2）针对不同的道路（或区域），每年、每周或每天的不同时段，以及不同类型的车辆，应该有一定程度上的收费价格变动；

（3）收费价格应该是稳定的，道路使用者在行程开始之前就可以确定自己需要缴纳的费用；

（4）虽然在一定条件下允许使用信贷工具，但提前支付费用应该是可以的；

（5）应该公正地承认这个收费系统对道路使用个人的影响；

（6）收费方式应该简单明了，以便于道路使用者理解；

（7）使用的所有设施应该具有很高程度的可靠性；

（8）收费方式应该能够有效避免有意或无意的欺骗或逃避付费的行为；

（9）如果必要的话，收费方式应该能够应用于整个国家，或拥有车辆的人口超过3000万的国家。

“值得拥有的”条件有：

（1）如果用户愿意，可以选择大额支付，但小额支付并十分频繁地多次支付也是可以的；

（2）应该让在高收费区域的驾驶者注意到他们正在产生的费用；

（3）不应该让驾驶者过度专注，而忽略其他责任；

（4）应该让从国外来的道路使用者也毫无困难地使用这种收费方式；

（5）执法措施应尽可能少地把额外工作强加给警察，应该利用交通管理员的力量；

（6）如果这种收费方式也能用于街道停车收费，那就更完美了；

（7）如果可能的话，这种收费方式应该显示不同地段对于道路空间的需求强度，以便为新路改造的规划做指导；

29 （8）收费方式从实验阶段开始，应该可以通过逐渐引入而得到修正。

维克瑞（1992）补充了两条有用的标准：

（1）收费不应该被当作一种再分配的手段，因为有更高效、更公平的手段能实现再分配；

（2）所有车辆无一例外都应该付费，既为了避免关于免费权资格的争吵，也为了确保弄清操作车辆的真实成本，即使付费仅仅是一种转账的形式。

其他条件包括：

（1）收费系统应该方便、快捷和低成本，适用于偶尔使用者和观光客；

（2）收费系统应该允许使用者查询产生费用的有效期限，以及查询预付系统的余额；

（3）收费应该在一条宽阔（多车道）的道路上进行，使车辆在从“停停走走”的交通拥堵到合法限速值最上限的车速范围内，能够穿越到这条道路的任何位置，而不至于打乱车流；

（4）在所有合理的交通、照明和天气条件下，系统的有效执法应该是可行的。

收费基础

第2章我们讨论了交通拥堵收费的经济学原理，表明最有效的收费基础应能够反映在特定时间和地点发生的交通拥堵的真实水平，并能够反映技术观念已有所发展，该技术会有助于某种形式的交通拥堵水平测量。通常，这样一个系统将决定车辆在某一路段的平均速度，其与预定的“自由流动”速度有关。然而，我们也可以看到这一系统存在一些致命的缺陷。第一，系统没有承认斯米德的必要条件，即收取的费用应该是稳定的，并且在行程开始之前就为驾驶者所了解，如果收费会以一种合理方式影响出行的话，应该满足这一条件。第二，当交通事故、车辆抛锚、街道清扫或其他事件引发交通拥堵时，追责就会遇到困难。第三，存在一种非常现实的可能性，即（至少部分地）以现行的行驶速度为基础收费可能会鼓励危险驾驶。正是因为上述这些原因，伦敦交通拥堵收费研究项目组放弃了对交通拥堵水平的测量，我们将在第 4 章中详述（DTp，1995）。

30

在某些方面，我们可以看到，以时间为基础的收费方法被视为交通拥堵水平测量的一种选择，其与车辆行驶经过一个区域或一个路段所用时多少有关。但是，伦敦交通拥堵收费研究项目组对基于时间的收费方式和基于交通拥堵的收费方式存在同样的担心，因此也放弃了这种方式。

第三种可能的收费基础是里程。虽然里程作为一个直接的交通拥堵水平测试方法很少有效，但假如预先知道费率及里程，那么费用是可以预测的。最初的想法是使用一种与车辆里程表相关的设备，但这容易出错，也为欺诈和逃避付费打开了口子，因此没有满足斯米德的不易被欺诈这一条件。然而，全球卫星导航系统（GNSS），如美国的全球定位系统（GPS）一样，有能力为车辆沿着一条道路或在一个区域内行驶测算里程提供令人满意的工具。

伦敦交通拥堵收费被描述成一个区域通行许可，因为这种收费要求使用者为自己的车辆领取一个许可证，作为在收费时段、收费区域内的公路上行驶的凭证。一般来说，区域许可通行费用随车辆类型、每天的时段和每周的时日（在实际规定的期限内）变化而变化；一旦付费，使用者可以在收费区域的路网中无限制地使用道路。因此，行驶里程越长，或者说出行次数越多，收费对个人出行决策的影响就越小。

准入证是区域许可证的一种变体，只有在车辆于收费时段内进入收费区域时才需要。因此，在收费时段开始之前就已经进入收费区域的车辆，可以在收费区域内行驶，也可以离开。如果使用者已经支付了一天的费用，那么在某种程度上车辆就可以自由通行。因为只有进入收费区域才需要准入证，所以在收费区域的入口或接近入口处才需要看准入证，而一个区域许可证则在收费区域的任何地点有效。虽然以区域通行许可方案（ALS）著称，但 1975 年新加坡中央商务区（参见第 5 章；Watson and Holland，1978）采用的方案是一种准入证。

1998 年，新加坡的区域通行许可方案被以点为基础的电子收费方案所取代（参见第 5 章）。由于以点为基础收费，驾驶者每经过一个收费点，就会产生费用。这些点能够围绕一个区域串联成一根警戒线（cordon），这样驾驶者每次进入（或离开）这个区域都需要支付费用；或形成一系列的单元格（cells），当车辆每次从一个单元格移动到另一个单元格时就会产生费用；或创设一些“交通越阻线”（screen lines），就像沿着一条河流行驶，驾驶者每次穿越就需要付费。原则上，费用是根据每天时段、每周时日和车辆的类型以及点与点、线与线或交通越阻线之间的变化而变化。

31

虽然以点为基础的收费对使用者来说相当容易理解，但如果收费方案想要满足斯米德的条件，即“收费方式应该简单明了”，那么该系统的复杂性使其具有一些现实的局限性。

纸质许可证

新加坡的区域通行许可方案（参见第 5 章）是世界上第一个真正的交通拥堵收费方案，使用一种纸质的辅助许可证，在收费时段内，所有要进入收费区域的车辆都必须出示许可证。许可证可以按天或按月购买，在证上清楚地显示了许可证的有效期限，及其适用的车辆类型。这个方案是通过路边观察来执行的。

纸质许可证虽然本质上简单、实施成本低廉，但有三个重要的缺陷。第一，考虑到识别一辆车是否携带有效许可证的需要，纸质许可证能够适应的收费等级数真的很有限。以电子道路收费方案取代以纸质为基础的新加坡方案，理由之一就是认为不同许可证使用的数量（约 24 种）实际上已达到上限。第二个缺陷与许可证的售买制度有关。由于许可证有一定的票面价值，其销售应在安全的条件下进行，票面价值也会导致成本昂贵。第三个缺陷可能是至关重要的，就是执法问题。由于许可证价格高昂，造假的可能性是非常大的。虽然现代防伪印刷设备能够抑制造假，但即使造假成本与许可证的票面价值一致，让一个人在路边就能准确地识别真伪是不可能的。事实上，不管真伪，透过行驶中的汽车挡风玻璃检查许可证本身就不是一件容易的事。

在伦敦交通拥堵收费实施之前，只有 20% 进入伦敦市中心的车辆在路上停车；其余车辆要么是经过这个区域，要么在路边停车，主要是在私人停车场停车。考虑到伦敦的各种可能性，伦敦道路收费选择工作组（见第 6 章）得出结论，纸质许可证的有效实行范围应该包括停在路上的车辆（ROCOL，2000）。然而，即使 20% 的车辆检查率也会增加交通拥堵，该工作组的结论是，为了使制度的遵守达到可接受的水平，与违反其他交通规则要缴的罚款水平相比，比可接受的程度更高的罚款是需要的。此外，在英国只有警察有权要求行驶中的车辆停车（特殊情况除外），考虑到警察也拥有其他优先权，因而也可能需要立法以使其他人有权为检查许可证而叫停车辆。 32

因此，纸质许可证可能适用于少数收费方案和特定情况，却不可能适用于大多数交通拥堵收费方案。

虚拟许可证

伦敦方案是一种区域许可证，使用者在收费时段内使用收费区域的公共道路，需要支付费用。在放弃了纸质许可证以后，伦敦道路收费选择工作组认定，一种利用摄像头的车牌自动识别“虚拟许可证”是可行的替代方式，而且这个系统可以在三年目标期内投入使用（见第6章；ROCOL，2000）。车牌自动识别的优势在于已经有成熟的技术。伦敦市警察局利用这一技术来控制“钢圈”（Ring of Steel）——作为一种反恐措施创建的；英国海关税务局（Customs and Excise）利用这一技术识别经过多佛的英吉利海峡轮渡港口的车辆；更重要的是，几家私营公司也利用这一技术来管理多伦多407高速公路和墨尔本城际高速公路，征收通行费，也有一些临时用户选择使用电子收费系统（EFC）标签。

车牌自动识别方案的原理是，首先记录已经付费的车辆牌照图像，利用以计算机为基础的车牌自动识别系统解读，然后与已经注册的用户（即那些当天已经支付费用的用户）数据库进行比对。对那些没有付费的车辆的车主可以参照全国车辆注册系统加以识别，并实施执法行动。

相较于纸质许可证，虚拟许可证的主要优点是除了车牌外不需要在车辆上展示任何东西，执法操作对车流没有任何影响，这个系统还能提供图像证据，以支持任何执法诉讼。虽然伦敦收费方案的运行已被证明是相对昂贵的，但407高速公路和墨尔本城际高速的经营者使用车牌自动识别系统，说明伦敦方案可能存在某些使成本增加的要素。

33

电子标签

现在全世界的收费公路运营方都在使用电子收费系统，基于安装在行驶车辆上的一个电子标签，能够识别该车。这些标签大多是“单片的”和“无源的”，没有内置电源，只能被路边的发射器激活，发射器向认证成功的标签发送一个信号，路边的一个相关接收器进行读取，并从一个集中持有的信用卡或借记账户中增加或扣减费用。更加精致的系统是，自身配备电源的主动标签拥有需要支付费用的资金。例如，在新加坡的电子道路收费（ERP）方案（见第5章）中，一张具有现金充值功能的智能卡可以塞入电子标签内。这张智能卡可以使用全城的自动柜员机（ATMs）进行现金充值。这样的系统需要安全协议来确保非授权代理人不能扣减金额，而它能够为每笔交易提供匿名服务。我们也可以使用基于电子标签的系统为使用者提供追加的、有“附加价值的”信息。

为了简化执法，装有收费设施的电子收费系统通常要求车辆在收费站驶入一条分隔的车道，以中等车速行驶。然而，为了避免限制车流——这样可能造成交通拥堵——交通拥堵收费系统一般需要在“自由流动”的条件下操作，即允许车辆在没有任何干扰的情况下，在车道的任何位置和较大的速度域值内行驶。与新加坡的电子收费系统一样，墨尔本城际高速公路、多伦多407高速公路、加利福尼亚SR91和I-15的高承载率收费车道以及奥地利的货车收费方案（见第5章）等，也有这样的“开放”收费系统。

电子标签可以与各种各样的收费构想一起使用，比如准入证、区域许可证、警戒线、单元格和交通越阻线，等等。电子标签本身可以与一种特定的车型联系起来，这为根据车型变化来收费提供了可能。然而，有效执法要求对车辆的各种类型加以区分识别。在车辆按照规定通过既定的收费区车道时，利用人工观察或自动识别是可行的；但在车辆自由流动状态下，由于其可能处于车道的任何位置，利用自动系统可靠地识别车辆类型存在明显的限制。长度和重量是最主要的区别特征，因为这些数据可以由埋在整个车道表层下的设备加以测量。虽然我们可以记录和分析车辆的侧面轮廓，但这只有在一辆车没有被另一辆车部分或全部遮挡的时候才可行，而俯视图一般需要龙门架，在有些地点设置龙门架可能会被认为是不美观的。 34

几种不同的电子标签技术在全世界各地使用，其中很多技术特别对应某种设备或某个经营者的网络。然而，为了确保在几个国家或整个欧洲的可互通性——使车辆业主避免不得不适应太多不同的电子标签——一种通用技术出现，它基于5.8千兆赫的微波（ISO，2003）或专用的短程通信（DSRC），尽管其中一些兼容问题仍有待于解决。

另一种发展方向是射频识别（RFID），它为一些收费方案的实行提供了极大的可能。这些非常小的、低成本的设备已经用于跟踪货物运输，也可用作电子车牌，使收费系统不必非要使用车牌自动识别系统，这些设备也可用来取代现有的电子收费技术。虽然利用射频识别已经开发了一个商用的电子车辆识别（EVI）系统（*Financial Times*，2004），但在整个欧盟，采用电子车辆识别系统被欧盟委员会视为“既宏大又复杂”（EU，2003a），尽管日本正在策划几个大规模的试验（Yomiuri，2005）。

35

为了与电子标签进行信息交换，并且给不兼容的车辆及其车牌拍照，相对来说，电子标签在路边设施方面需要大投入。如果费用随车辆类型不同而变化，那么还需要对车辆类型加以区分的设备。以新加坡的电子道路收费系统为例，需要在道路上方建设三个龙门架（如图3－1所示），还要在道路表面埋设一套复杂的感应线圈。

图3－1　新加坡的电子道路收费：一种典型的路边装置

全球卫星导航系统

虽然美国和苏联方面出于军事目的开发了全球卫星导航系统，但美国的全球定位系统拥有广泛的民用功能。

全球定位系统已经被货车经营者广泛用来跟踪所属车辆的位置，德国和瑞士已经运用全球定位系统对重型货车（HGVs）进行收费（见第5章）。虽然德国的收费系统仅在高速公路网中使用，与现行的欧盟规则相一致，但瑞士已经将全球定位系统应用于整个瑞士路网。正如将在第14章讨论的，英国政府正在计划采用以里程为基础的收费来取代现有的重型货车税收系统，因为他们认为“基于卫星的系统……可能提供了最好的收费方式”（Treasury，2003）。

要计算道路使用者的所在位置，至少要使用全球卫星网络中三颗卫星的信号。在正常情况下，美国的全球定位系统能将定位确定在3米之内。然而，如果定位精度是重要的，那么就可以认为对精确定位有95%的信心，误差在30米左右（Appelbe，2004）。由于全球卫星导航系统依赖卫星的直接“视线”，它在城市区域就会遇到问题，因为建筑物能发挥盾牌一样的作用，制造“城市峡谷”；这个系统在隧道中也不能运用。使用附加的地球静止卫星为特定区域服务，或者使用地面发射机，可以提升定位精度，而使用“航位推测”系统可以从已知的最后位置计算定位；然而，这些方法需要与车辆里程表连接，以测算车辆与全球定位系统最后接收到的 36 位置的距离，还要与一个陀螺仪连接，以判定行车方向。

记录车辆位置的精确度对于区域或定点收费方案（警戒线等）是十分重要的，因为判定一辆车是否真的进入收费区域或经过一个收费点，是至关重要的。鉴于可能有误差存在，应该确定一些警戒系统，当一辆车在法定边界线内X米时收费才产生，但以点为基础的系统可能更难确定误差范围。对以里程为基础的收费系统而言，最重要的是识别车辆行驶的里程，几米的不精确不会引起大的问题。虽然在两条并行且里程数非常接近的公路之间产生的费用不一致可能会带来问题，但从平行路段前后的路段识别正确的公路应该是可能的。伽利略定位系统（见下文）比全球定位系统提供了一个更好的解决方案，尤其在得到已规划的卫星地面接收站的补充信息时。全球定位系统和伽利略定位系统的结合肯定会提供一个高水平的解决方案。然而，虽然伽利略系统定于 2008 年开始运行，但评论者认为其完全运行可能要到 2012 年。而全球定位系统定于 2010 年左右升级。

尽管全球定位系统信号是免费的，但这个系统由美国国防部控制，出于美国安全的理由，全球定位系统性能可能降级，结果是定位信息更加不精确或会关闭。为了提供一个备选的、完全民用的系统，欧盟委员会和欧洲太空署正在建立一个新的卫星定位系统——伽利略系统，预计在 2008 年投入使用（Galileo，2004）。不像全球定位系统，使用伽利略信号需要支付费用，这些信号拥有城市收费系统可能需要的完整性（定位精度）。

全球卫星导航系统需要向收费机构传送里程信息，或传送车辆刚好经过收费点的事实。对以里程为基础的收费系统来说，持续跟踪不是一个现实的选择，不仅因为大量的信息需要传送和处理，还因为其严重涉及个人隐私和公民自由。因此，信息需要记录在车辆的车载装置（OBU）中，并间隔传送给收费机构。还有两个基本的选项。其一，简单地记录跟踪信息，由收费机构分析及计算费用；其二，车载装置具有制图的信息，拥有基于使用的道路、可能使用的时间和时日计算费用以及给驾驶者出示产生的费用的能力。这样一个系统可以使用智能卡支付，这就化解了（或至少减少了）对个人隐私被侵犯的担忧。然而，车载装置必须拥有升级地图和收费税率的能力，还有计算费用和可能完成收费交易的能力。这样成熟复杂的车载装置不仅昂贵，而且升级过程和智能卡的使用都是错误、欺诈、故障或不兼容的潜在来源。

瑞士的货车收费系统将跟踪信息存储在智能卡内，每个月删除一次，记录的信息被下载下来，通过互联网发送给收费机构，或把智能卡邮寄给收费机构。德国方案是通过一个蜂窝数据（GSM）手机直接连接车载装置，定期下载数据。其他方式还包括专用短程通信技术，即利用路边基站收集和下载经过车辆的信息，车载储值的智能卡就能被自动扣费。然而，后者是需要通过车载装置来计算费用的，而其他系统仅需要传输定位信息和其他必要的信息，比如时间和日期，收费机构就会从这些信息中集中计算费用。不过，如果费用会影响驾驶者的决策，就非常需要车载装置对费用产生过程的计算和显示。

因为以里程为依据的收费系统，特别是那些使用全球卫星导航系统的收费系统，需要在收费区域或收费道路的收费时段持续记录一辆车的位置，所以，确保车载装置在需要时充分运行是必要的。固定的路边定位或流动巡逻都可以完成这个任务；事实上，流动巡逻可能成为任何全球卫星导航系统实施执法的一个必要部分，以减少使用者在已知执法点之间不能使用该系统的可能性。

执法：处理违规

对于一个成功的交通拥堵收费系统来说，有效执法是其得到高度遵守的关键。前文主要探讨了特定收费技术的关键执法特点，这部分将关注其对可能违规者的识别和追踪。

一个基本的执法原则是，除了极少数故意违规以外，对违规者的处罚和违规被识别的概率二者的结合能够杜绝所有的违规行为，38 但处罚也必须是公正的。由于法庭可能采用的观点是处罚的“合理性”，研究表明需要一个强力的执法机构（如 ROCOL，2000）。伦敦道路收费选择工作组的结论是，高达 200 英镑的处罚不可能被法庭认为是合理的，利文斯通的伦敦市中心方案将基本处罚定为 80 英镑（后来增加到 100 英镑），违章停车的处罚也是一样的金额，及早缴纳罚款则减少费用，逾期缴纳罚款则增加费用。即使一些违规是无意的，也可能存在少部分持续违规者，对他们的处罚应该是合理的；在伦敦，这些人的车辆可以被扣押，极端的可以被没收。

任何一个执法系统的其他核心条件包括：

- 公正
- 准确
- 快速处理
- 简单易懂，易于遵守
- 公平有效的管理，包括对可能不合理处罚申诉的管理

从一开始便使用户感受到这是一个公正有效的系统，是特别重要的，这样可以确保用户更高程度地遵守规则。如果用户一开始就认为他们可以“逃脱付费”，就真的存在违规程度增加的危险；而一旦放任这种情况恶化，要提高遵守程度通常远比维护一种已经形成的高水平状态难很多。

与英国很多的路上违章停车一样，对交通拥堵收费方案的违规是根据民法来处理的，并由交通拥堵收费机构来执行。这有两个主要的好处：第一，行动快速，递交的资料由交通拥堵收费机构而非警察来判定，考虑到警察负有其他的责任和事务，追踪违规者不可能总是一个首要事项；第二，交通拥堵收费机构可以保留处罚收入，将其用于运行成本，然而，上诉程序必须交由一个独立于交通拥堵收费机构的团体公正地处理。

由于大多数的收费系统在车辆的“自由流动”状态中运行，执法系统不得不在车辆“违规”当时识别出可能的违规车辆，而后可以追踪违规者。这总是要求记录可能违规车辆的车牌，其后通过车辆许可证记录查找车主。虽然最初的新加坡纸质许可证方案依赖人工调查，但是所有现代方案都会利用车牌自动识别系统。一个摄像头记录车牌，计算机借助人工加以解读；另一个摄像头记录一个“背景”图像，用于帮助解读有麻烦的车牌，或为申诉案例提供证据。车牌自动识别系统能够准确地识别 90% 以上的车牌号（Breeman，Lagerweij and Jägers，2003）。

39

由此可见，收费系统的执法依赖于车辆许可记录的准确性，以及获得车辆许可记录的速度。然而，也有人真的担心英国记录的即时性和准确性，英国驾驶和车辆许可局（the Driver and Vehicle Licensing Agency）集中保管这些记录；2002～2003 年，英国交通部估计 5.5% 的英国车辆没有缴纳每年的车辆消费税（DfT，2002）。对于各种各样的交通执法要求来说，记录的使用导致了对违法过程的回看，以确保确实发生了违法行为。

可互通性

由于道路使用收费方案——无论是交通拥堵收费、高速公路收费还是以里程为基础的重型货车收费——的数量越来越多，必须确保用户在城市与城市之间或在整个欧洲行驶过程中不需要过多的车载装置。为了避免这种情况的出现，必须使由不同机构经营的收费方案和收费道路使用一种车载装置成为可能。这不仅要求可兼容的收费技术，而且需要一种能够在不同机构之间转移所收取费用的手段。一份欧盟指令要求所有在 2007 年 1 月以后引入的新系统使用一个或多个卫星定位系统、利用全球移动通信系统—通用分组无线服务技术（GSM-GPRS）标准的移动通信和 5.8 千兆赫的微波专用短距离通信技术（EU，2004）。然而，这份指令却推荐使用全球卫星导航系统与移动通信，并承诺到 2009 年 12 月 31 日会提交一份关于其他（现有）系统转换成以上两种系统的报告。在不同收费机构之间需要转移支付已取得共识时，一份指令草案却建议创建一个中央交通收费机构（EU，2003b）。与确保在不同的地方收费机构之间设置有效的“结算机构”（clearing house）相反，一个单一集中的收费机构是否具有现实和政治的可行性是完全可疑的（如 Debell and Jeanes，2003）。指令终稿提出建立一个欧洲电子收费服务中心。 40

虽然需要一个跨欧洲的可互通性收费系统是明确的，但这也存在一种一致化的风险，即伴随可互通性而来的必然是对技术发展的扼杀。然而，与收费相关的技术正在快速发展，重要的是可互通性的设置会推进而非抑制技术的持续发展。

支付安排与公民自由

使用电子收费，有四种主要的付费方法：

（1）下车，再通过一个集中的管理账户来付费；

（2）下车，在一个集中管理的充值账户中扣除费用；

（3）在车上，使用一张可充值的智能卡，从中扣除产生的费用；

（4）电子钱包，使用车载智能卡授权借记卡直接付款。

这些方式都需要建立或使用已有的“后台”（back office）设备来促成交易、保存记录和管理执法过程。这些设施的规模和功能随着收费选择的变化而变化，并与其他支付系统相结合；收费系统（和支付选择）越复杂，其成本就越高，用户和管理者出错的风险以及不兼容的风险就越大。我们将在第 12 章讨论后台的运行被证明是伦敦方案最初的一个弱点。

在香港 1980 年代的试点项目（见第 5 章）中，一个主要的担忧是个人隐私问题，因为在当时的技术条件下，集中核算需要将每辆车的监视画面都集中保管，每月都会列一个账单（除非另有要求），以便用户核对自己的费用，很多账单上有非常详细的电话呼叫记录。当用户认为高速公路的电子收费技术证明个人隐私不再是一个问题时，在这样的方案中参与付费就是可选的；在常规情况下，还有一种现金的选择。采用这种方式的两个特例是多伦多 407 高速公路和墨尔本城际高速公路。在这两个案例中，不存在传统意义上的收费站，而是使用车牌自动识别系统对那些没有电子标签的车辆使用者进行收费。

任何对车辆通过一个点加以记录的收费系统，如区域收费方案和警戒线收费方案，或对车辆沿着一条道路行驶加以记录的收费系统，如以里程为基础的收费方案，都存在两个重大的风险：第一，合法机构（如安保部门、法庭、税务局）或那些没有得到授权的机构是否可以不当获取集中保存的记录；第二，发送给用户的详细记录可能将信息泄露给其配偶或雇主，这些是用户希望他们不知道的信息。但是，记录是必需的，也可以让用户确认产生的费用是正确的，也可以让收费机构核实交易并追查违规者。因此，这些信息必须保留至双方——收费机构和用户——都满意交易的合法性，或者直到申诉或法律程序已经终结为止。

在新加坡，使用储值卡支付交通费用与“用多少付多少”的移动电话概念非常相似，储值卡没有公开的账单记录。但是，因为收费机构需要确保那个系统没有被欺诈，所以用户可以通过车载装置妥善保留记录，虽然这种需求没有与车辆或车主的身份识别联系起来。

虽然严格控制对集中保存信息的获取，并且尽可能地通过立法进行保护，但个人用户也要对自己的账户负责。香港做出了这样的决定：用户必须在一个详细账户和一个简要账户之间做出选择，对于英国政府道路收费可行性研究来说，值得参考的概要条款中有一个条件，即该系统必须“尊重个人隐私”（DfT，2003）。毫无疑问，当个人隐私受到关注时，很多人看到了其中的好处，安全部门可以通过获取这些信息，成功地追捕罪犯和恐怖分子。在伦敦，虽然已经达成了协议，允许大伦敦警察厅为了特殊目的获取有效的摄影图像，但已付费车辆的图像会被清除。

小　结

虽然从芭芭拉·卡素尔到阿里斯泰尔·达林，英国政治家像世界其他地方的政治家一样，都以“技术尚未准备好”为由拒绝采纳交通拥堵收费方案，但世界各地收费公路广泛应用电子收费系统——墨尔本和多伦多使用的车牌自动识别收费系统，新加坡的电

42 子道路收费方案，伦敦市中心的交通拥堵收费方案，奥地利、德国和瑞士的货车收费系统，还有很多挪威城市很早就建立的“通行收费环”（toll rings）——表明，在有政治意愿和担当的地方，就会有合适的系统可以应用；“好的”就足够好了，或许我们不需要等待“最好的”，就像“明天”（mannana，西班牙语），永远是即将来临但还未来临的。

由于德国和瑞士的货车收费方案已经采用了全球定位系统，计划中的英国货车收费方案也可能采用这个系统，与此同时，欧盟委员会正推动整个欧洲的交通收费系统的可互通性，因此，全球卫星导航系统极有可能在一个既定时间内形成一个更广泛的、全国范围的收费体系基础。然而，这个系统成本高昂，而专用短程通信技术（电子标签和信标）已经得到广泛配置，未来几年可能为大多数收费系统项目应用。在开发的方案过程中，至关重要的是要先明确系统应该做什么，然后考虑技术；政策应该推动技术的发展，而不是相反。

参考文献

Appelbe，H. （2004）. “Taking Charge，” *Traffic Technology International*，October/November.

Breeman，J. P. Lagerweij and W. Jägers（2003）. “Under Licence，” *Traffic Technology International*，Annual Review.

Debell，C. and P. Jeanes （2003）. “Is the Commission's Latest Draft a Directive Too Far?” *Traffic Engineering and Control*，Vol. 44，NO. 9.

DfT（2002）. “Vehicle Excise Duty Evasion 2002，” *Transport Statistics Bulletin*，London：Department for Transport.

DfT（2003）. *Managing our Roads*，London：Department for Transport.

DTp（1995）. *London Congestion Charging Research Programme*，London：Department of Transport，HMSO. （Note：a report of the principal findings is also available from HMSO，and a summary of the Final Report is available in a series of six papers published in *Traffic Engineering and Control*：see Richards *et al.*，1996.）

EU (2003a). http://europa.eu.int/comm/transport/road/roadsafety/its/evi/index_en.htm.

EU (2003b). *Proposal for a Directive of the European Parliament and of the Council on the Widespread Introduction and Interoperability of Electronic Road Toll Systems in the Community*, Brussels.

EU (2004). *Directive 2004/52/EC of the European Parliament and of the Council of 29 April 2004, on the Interoperability of Electronic Road Toll Systems in the Community*, Brussels.

Financial Times (2004). "The intelligent number plate leads the way," 30 August.

Galileo (2004). http://europa.eu.int/comm/dgs/energy transport/galileo/index_en.htm.

ISO (2003), CEN ISO/TS 17573: 2003. *Electronic Fee Collection – System architecture for vehicle related transport services*, Geneva: International Organization for Standardization.

Ministry of Transport (1964). *Road Pricing: The Economic and Technical Possibilities*, London, HMSO.

Richards, M. G. *et al.* (1996). The London Congestion Charging Research Programme, a series of six papers in *Traffic Engineering and Control*, Vol. 37, Nos 2 to 7.

ROCOL (2000). *Road Charging Options for London: A Technical Assessment*, London: HMSO.

Treasury (2003). *Modernising the Taxation System of the Haulage Industry – lorry-road-user Charge*, *Progress Report Two*, London: HM Treasury, Customs and Excise, Department for Transport.

Vickrey, William (1992). *The Principles of Efficient Congestion Princing*, New York: Columbia University.

Waston, P. and E. Holland (1978). *Relieving Traffic Congestion: The Singapore Area License Scheme*, World Bank Staff Working Paper 281, Washington, DC: World Bank.

Yomiuri (2005). " 'Smart' car license plates eyed to combat congestion," *The Dally Yomiuri*, Japan, 8 February.

43

4 伦敦市长之前伦敦的公路与交通限制

导　言

彼得·霍尔在1960年代初开始研究伦敦，到2000年已经近40年，他的结论是，交通“与任何其他问题相比是一个更加直接、更长时间影响我们大多数人的问题”，而“解决这个问题的关键是控制”（Hall，1963）。最近出现了对于引导和抑制需求的预测，霍尔认为，“除非加以控制，否则任何改革不管如何引人注目，在短期后都将陷入困境”。他认为可以做出的一个限制是，进入伦敦市中心的车辆需要有一个许可证。虽然他已经想到停车费是一种更好的选择，但他断言，“电子技术的进步将使‘测量’所有车辆的移动以及向使用部分街道系统的车辆收取一定费用成为可能”。

规划新路网

1944年，中央政府任命帕特里克·阿伯克龙比为二战后的伦敦及其周边区域进行规划，阿伯克龙比指出，“二战前的伦敦最明显和普遍存在的缺陷就是交通问题”（Abercrombie，1945）。阿伯克龙比以道路层级为基础制定公路规划，创设单元格，在最低层级的单元格只有地方交通；而最大的单元格则要创建 5 条主要的环形公路，从一条环绕伦敦市中心的内环路，到一条间距为 18 英里（29 公里）的外环路，每一条环形路与其他放射状的道路相连接。1947 年，英国城乡规划部虽然采纳并将其作为政府对伦敦长期政策的中心，但在 1950 年放弃了内环路，那时人们意识到，内环路的建设成本将占用伦敦郡议会未来 120 年的所有道路预算（Hart，1976）。

45

由于内环路计划终止，1965 年新成立的大伦敦议会颁布首批法案，其中之一就是确认关于"高速公路箱"（motorway box）的承诺，即总计 33 英里（58 公里）长的系列高速公路，距离伦敦市中心约 4～6 英里（6.5～10 公里）。"高速公路箱"与一个阿伯克龙比规划的变体结合，构成了 1969 年公布的"大伦敦发展规划"（GLDP）中的大部分交通规划的基础（GLC，1969）。除了"高速公路箱"（后来成为一号环形公路）之外，还有二号和三号环形公路，前者距伦敦市中心约 7 英里（11 公里），后者距伦敦市中心约 12 英里（19 公里）。二号环形公路连接所有当时规划的主干道、国道、放射状高速公路和干道的内环终点，有几条道路连续穿过高速公路箱。环形公路和放射状高速公路提供了一个长 400 英里（640 公里）的城市高速公路网，这个公路网由约 1000 英里（1600 公里）的二级公路作为补充，而这些二级公路大部分已经存在。但是，大伦敦议会认识到即使这个路网完成，伦敦仍然会有某种程度的交通拥堵。虽然这些规划在大伦敦议会中获得了所有党派的支持，但并没有被其他党派更广泛的"联盟"所接受。

为了整体评估"大伦敦发展规划"，中央政府组建了一个由弗兰克·莱菲尔德领导的专家组。虽然"大伦敦发展规划"关心伦敦发展的各个方面，但专家组认为 3 万个抗议中的 3/4 与交通有关，这反映了一系列问题，比如修建规划的公路涉及拆迁，影响到 2 万个家庭；又如这个规划是否充分考虑过其他的交通模式。哈特认为大伦敦议会高估了自己的权力，低估了无党派反对的力度（Hart，1976）。反对者包括伦敦公共设施和交通协会（London

Amenity and Transport Association)，这个协会曾任命 J. M. 汤普森为斯米德委员会（见第 2 章）的秘书，主导了一项关于交通选择的详细研究（Thomson，1969）。莱菲尔德专家组在 1972 年发表报告，认为“大伦敦发展规划”中关于交通的部分过于依赖道路，建议一个做出修正的交通政策是有必要的，包括大幅减少新的公路网（Hart，1976）。1973 年，内阁接受了这个专家组提出的几项原则，批准了一个包括高速公路箱和阿伯克龙比 B 环线在内的路网。然而，几个月后，工党取代保守党，获得了对大伦敦议会的控制权，并放弃所有交通主干道规划。1976 年，国务大臣批准了“大伦敦发展规划”的定稿，其中交通战略的四个关键要素之一就是限制汽车的使用，尤其在交通最繁忙时段的繁忙区域（GLC，1976a）。

46　虽然 1977 年大伦敦议会控制权回到保守党的手中，1981 年又转回工党手中，但公路规划没有恢复。然而，随着 1986 年大伦敦议会被撒切尔政府取消（见第 6 章），主干道路网的规划职责转到了交通部，其委托做了一项“评估研究”（Assessment Studies），对伦敦四个区域的可能交通情形进行评审。尽管这些研究证实额外的公路容量供给是有效的选择，但最终证明，除了少数例外，建设新路或大量增加已有道路容量，无论在政治、社会还是环境方面都已经无法被伦敦接受。因此，在阿伯克龙比的规划和“大伦敦发展规划”公布以后，伦敦市内虽然修建了几条主要道路，拓宽了一些已有道路，但唯一要建的环形路主要在伦敦之外（M25，伦敦的环形高速公路），保守党和工党政府都决定不将首都主干道容量的增加列入议程。

“更好利用城市道路”

虽然斯米德委员会（第 3 章）提出在伦敦试行道路收费，但直到 1965 年布坎南报告《城市交通》（Ministry of Transport，1963）和《斯米德报告》（Ministry of Transport，1964）公布之后，政府才组建了以 J. M. 汤姆森为首的工作组，开始第一个关于伦敦道路收费的专项研究，并考虑以之作为限制城市交通的手段（Ministry of Transport，1967）。汤姆森针对泰晤士河南岸区域外的伦敦市中心区域，除此之外，还研究高峰期和全天的辅助许可证方案，这与利文斯通的方案相类似（Thomson，1967）。他的结论是，每天收费 30 便士（按 1965 年物价水平，相当于 2004 年的 4 英镑），会减少大约 80% 的汽车出行，终止大约 40% 的汽车出行；总体减少 23% 的峰值流量，使高峰期平均车速提升 25%，而在非高峰时段，减少 26% 的交通量会使平均车速提高 21%。由于 15 便士和 40 便士（按 1965 年物价水平）能获得 80% 的净收益，所以 30 便士的收费在成本收益方面接近于最佳值。

虽然这个工作组的汤普森报告指出："没有理由去怀疑收费对中心区域交通状况改善的程度与价值……的总体情况"，但他们依然对道路收费的净收益和现实可能性持非常谨慎的态度，交通大臣芭芭拉·卡素尔认为："无法确定道路收费能够提供一个解决方案；无论如何，道路收费不会是一个马上实行的方案。"（Ministry of Transport，1967）就这样，这位因在交通方面的工作而广受尊敬的大臣使继任的英国大臣（和国务大臣）无法对交通收费方案视而不见。

大伦敦议会的辅助通行许可证方案

大伦敦议会意识到公路规划遭到反对，开始推动一种更加均衡的交通政策；1972 年绿皮书《交通与环境》的发布是一个标志，绿皮书认为可能需要实施限制性政策（GLC，1972）。在公平合理的情况下，设定限制的目标包括：会导致最严重的环境与交通公害的出行方式、最容易转向公共交通的出行方式，以及最不重要的出行方式。1973 年 3 月，另一绿皮书《交通生活》公布，几个月后，在选举中工党取代保守党，财政措施确定为"最有可能的交通限制形式”，把辅助通行许可证方案视为“为伦敦市中心实现必需的车辆交通减少，提出了最好、最直接的前景”（GLC，1973）。随后，《辅助通行许可证方案研究》（GLC，1974）发布；1975 年一个咨询程序启动，以获取伦敦民众的意见，帮助大伦敦议会“决定接下来的两个重大交通战略步骤：是否采用辅助通行许可证方案；是否寻求控制写字楼的停车场”（GLC，1975b）。

大伦敦议会的基本方案是引入区域通行许可证，即在收费区域内的大多数车辆在周一到周五的早 8 时至晚 6 时之间，需要出示区域通行许可证。虽然在伦敦市中心和内城使用通行许可证的可能性均经过考察，但只有在伦敦市中心限制车辆才能获得最好的交通效益，这个中心即是由内环路来确定的，利文斯通也选择了相同的区域（GLC，1974；May，1975）。所有合格的车辆都必须出示许可证，其有效期为一天或一整个月。这个方案由人工执行，由警察负责。方案建议收取的汽车费用按 1973 年物价水平确定，每天 60 便士至 1 英镑（略低于 2004 年物价水平下的 5～8 英镑），商用车辆许可证的价格根据车重收取 1.8～3 英镑的费用。公共巴士、出租车、救护车和摩托车免于许可证，并建议给当地居民 50%～75%的折扣。

48

虽然在伦敦内环路的一些路段车流会增加，但据估计，伦敦市中心的车流量会减少 1/3 左右，而伦敦内城会减少 10% 左右。这个方案对于汽车和过境交通影响最大。为了缓解收费区域之外车流量增加而产生的交通与环境影响，政府需要花费 200 万～1000 万英镑（按 1973 年物价水平）来实施交通和道路方案。总体而言，预计每年收益将超出成本约 2500 万英镑（按 1973 年物价水平）。大伦敦议会预计包括立法程序的需要，要花大约两年半的时间才能实施这个伦敦市中心方案。

虽然这项工作由保守党政府开启了，但工党在 1973 年上台之后就正式着手。在新政府意识到需要对交通拥堵采取行动时，据报道他们依然把辅助通行许可证视为“最后的手段”。在工党集团内部做出决定后，可能因为即使他们批准了这一方案，保守党政府也不可能对之进行必要的立法，他们拒绝的理由包括执行的复杂性、对不得不使用汽车的低收入驾驶者的影响以及难以满足特殊需求的人群，因此，这些提议并没有得到进一步的发展（GLC，1979）。

停　车

为了减缓日益增长的交通拥堵，1958 年发生过一次激烈的讨论，有人提出在伦敦市中心为停车引入一种收费方式（与减少路上停车容量相结合），设置停车计时器和收费装置，以有利于短时停车。然而，在整个 1960 年代，对新开发项目需要配备停车场的规定导致再开发地块附近路边停车的增加，使汽车使用增加，特别是通勤人员增加了汽车使用。到 1960 年代末，大伦敦议会修正了最拥堵区域——伦敦市中心和内城——的标准，下调了该标准；根据《1969 年（伦敦）交通法案》，大伦敦议会获得了控制路边公共停车位的权力。工党政府批准了这个法案，但这个法案使保守党主导的大伦敦议会有权控制伦敦交通，同时，也使大伦敦议会能够将所有向公众开放的路边停车区域纳入控制，除了那些为地方机构拥有的停车区域——那些需要经地方机构许可，地方机构有权确定可用的停车位数量，短期和长期、临时和定期停车的分配，收费等级（或最低收费标准）以及开放时间。地方机构被赋予很大的权力，可以监督车辆是否符合许可的条件。由于采取自愿原则，包括使收费结构不再有利于长期停车者的变动的尝试失败了，在保守党执政时期，1973 年公布的《交通生活》曾提议在西区（伦敦市中心）的部分地方创设一个控制区（GLC，1973）。虽然不会马上实施，但 1973 年上台的工党政府根据《1969 年法案》，1976 年发布了在伦敦市中心和哈默史密斯部分区域实施控制停车方案的规定（GLC，1976b），这个方案在 1977 年大选不久前实施。虽然保守党

49

在1973年提出了一个相似的方案，但在大选宣传中反对这个提案，在赢得1977年大选后，保守党撤销了该方案。

由于伦敦市中心的大多数路边非居住区停车场所都是私有的，大伦敦议会寻求降低这种总量，就如在《交通生活》中提出的那样，对“过多”的停车位征税（GLC，1973）。这些想法在与环境部门的联络中得到发展，促使一份咨询报告与《辅助通行许可证》的报告的同时公布，提出对写字楼停车位征税的可能性，建议标准是每年250英镑（按2004年物价水平为3100英镑）（GLC，1975a）。这是一个由保守党政府提出的方案，1970年代中期工党政府决定不再继续该方案。

区域控制研究

单独实施停车控制不足以控制交通拥堵，这一点正变得越来越明显，大伦敦议会启动一项更深入的道路收费研究，目标是克服辅助通行许可证方案所带来的困难（GLC，1979）。这项研究提出一种准入证的方案，在工作日的早8时到晚6时，车辆进入泰晤士河以北的伦敦市中心（以内环路为界到西边、北边和东边，以泰晤士河为界到南边）需要准入证。这项研究估算汽车和货车的单次费用为50便士（按1977年物价水平，按2004年物价水平约2英镑），可以使收费区域内早高峰时段车流量降低31%，非高峰时段降低20%。与辅助通行许可证方案相比，这一方案明显考虑到更 50 多的豁免和减价，包括为收费区域内的居民、那些在非正常工作时间工作的人以及企业汽车驾驶者提供折扣，为高承载汽车、货车以及残疾车使用者提供免费通行。虽然这项研究表明，“开发一个使困难和阻碍最小化的特许方案显然是可能的，（只是要）任何商业活动避免增加成本”，但它也确认这些可能性在操作过程中会遇到很多困难。

这些提议没有得到进一步发展，虽然利文斯通从1981年起主导了大伦敦议会，但交通拥堵收费在1986年大伦敦议会被撤销前再没有被提及。

伦敦评估与其他同时期的研究

1986年，交通部负责伦敦的交通战略以后，组织了4次评估研究，得出的结论是，通过轨道交通的大力扩张，以及通过物质的、法律的或者财政的限制减少汽车的使用，并不完全有效（见1991年格莱斯特的附录、小结）。其中一个成果是决定在长500公里（300英里）的主要道路上实施一个“优先路网”，限制停车和载货，公共巴士优先，这样可以加快公共巴士和其他车辆的流动，称为“红色道路”。中央政府对伦敦的政策提出了自己的方法，指出“尽管我们认为道路收费是一种限定稀缺道路空间的方式……但其实行会存在非常严重的困难”（DTp，1989）。我们看到的主要困难有运行成本、执法、对“传统的和简单的收费方法”缺乏可感知的敏感性以及公众的不接受。然而，国务大臣意识到“理论上的吸引力”，他的结论是，尽管收费需要研究和讨论，但他“不愿意排除其可能性”。

在评估进行的同时，交通部委托对道路收费进行初步（案头）研究，得出的结论是，一个包含伦敦大部分地方的警戒线系统对于减少交通拥堵是有效的，在经济上也是正当的。然而，我们认为，“一个局限于伦敦市中心的方案对于缓解评估研究中证实的问题，以及对伦敦内环和外环的其他区域几乎没有作用”（Halcrow Fox Associates，1989）。

伦敦规划咨询委员会

在大伦敦议会撤销后，伦敦规划咨询委员会（LPAC）成立（1986年4月），伦敦各自治市通过该委员会向负责伦敦战略规划

51 的国务大臣提交有关规划事务的战略指导。对交通战略选项进行初步研究后（LPAC，1988b），伦敦规划咨询委员会（LPAC，1988a）向国务大臣建议：

> 一个集中于伦敦市中心的道路收费方案显然是一个选择，道路系统的效率可以实现一种重大的提升……如果我们接受了这个原则，收入……将花费在为伦敦市中心提供服务的公共交通项目上，那么，出行者会体验到这种收益和支出。这可以增加公众的可接受度。

紧随这些研究的是对各种各样的交通政策措施进行更加详细的调查研究，包括对公路与铁路的重大资本投入、公共交通服务的改造、交通与环境管理、取消对雇主提供汽车的税收优惠、交通拥堵收费以及降低公共交通的出行补贴，这些调查与评估研究同时进行。他们发现改善公共交通对减少汽车使用影响有限，部分是因为对汽车出行的潜在需求；他们得出的结论是，虽然停车措施和取消对雇主提供汽车的税收优惠可能有效，但“对出行车辆实行收费是难以回避的”（May and Gardner，1990）。

尽管伦敦规划咨询委员会意识到实行交通拥堵收费的实际困难，但认为“真正的困难绝大多数是政治上的”，而且“政治家所感知的收费有可能不受欢迎是夸大了的”。1991 年，一项关于伦敦人对道路收费态度的研究最终有 4 项重要发现，支持了上述观点：

- 交通拥堵是在伦敦生活的一个最大问题
- 交通拥堵收费不是伦敦人强烈倡导的
- 道路使用收费本身是不可接受的
- 道路使用收费仅仅为大多数人接受……假设那一收入会重新投入公共交通，改进道路或其他措施（由个人受访者列举说明，国家经济发展办公室，1991）

在这项研究的支持下，伦敦规划咨询委员会在给国务大臣的《1994年指南》中建议："中央政府应该利用道路收费研究的成果（DTp，1995a）在伦敦实施一种道路收费系统，除了其更多地受到重视的交通和经济影响外，还有公正、环境、可实现性和发展的意义。"这份建议特别引人注目，因为伦敦所有的33个区都赞成了，且不论政治控制力如何，伦敦规划咨询委员会的自由民主党主席、工党与保守党副主席都签名了。伦敦规划咨询委员会主席萨利·汉威后来当选为伦敦议会主席，而工党副主席尼基·加夫龙也被选入伦敦议会，成为伦敦副市长，在成为2004年市长选举的工党候选人（尽管是暂时的）之前，加夫龙还主持了伦敦市长《空间发展战略》的准备工作（见第14章）。 52

"一个更洁净、更便捷的伦敦"

与评估研究和伦敦规划咨询委员会的初步研究同时，英国公共政策研究所研究员帕特丽夏·休伊特写了一个研究报告《一个更洁净、更便捷的伦敦》，她在报告中总结道：

> 伦敦人面临一个简单的选择。如果在交通拥堵的中心区域对私人汽车的使用征收费用，那么能够大大地缓解交通拥堵和环境污染。如果拒绝道路收费，那么其他旨在改善公共交通和交通管理的措施，并不能阻止伦敦市中心道路状况的进一步恶化。最近的调查表明，公众已经接受了在伦敦市中心使用私人汽车有必要支付费用。现在，政治家们也应该这样做。

休伊特后来成为工党议员，并且成为布莱尔内阁的一员。

伦敦交通拥堵收费研究项目

伦敦评估研究和伦敦规划咨询委员会的研究明确提出，以基本投资来缓解伦敦越来越严重的交通拥堵问题，（无论从社会、环境、政治还是财政的角度）不存在很多可接受的选项。由于交通限制被重新提上议程，1991 年交通部启动了“伦敦交通拥堵收费研究项目”（LCCRP），投入 250 万英镑，耗时 3 年，“对 M25 高速公路实行交通拥堵收费，评估赞成和反对的情况以及现实可行性”（DTp，1995a；Richards 等，1996b）。这个研究项目旨在收集解决各种问题的信息，包括收费区域和时段，收费水平和结构，交通、环境、社会和经济影响及其范围，减轻负面效应和补充费用的措施，收费系统的技术与管理，实施成本和运营成本及收入，以及实施进程。

53

这项研究的一个关键要素是预测（模拟）收费模式可能引起的反应。这些反应包括因收费而转向另一种出行模式或者目的地，或做出放弃出行的决定，或更改已经决定行程的出行时间（即是否在无收费或低收费时段出行，或与以前经历相比，在收费较高但较不拥堵的时段出行）。在出行序列进程中，一个行程的时间、方式和目的地的改变会影响其他行程，无论这个序列是一个复杂的家—学校—工作—购物—回家的链条，还是一个简单的家—工作—回家序列，这些行程决定可能与家庭类型相关，包括其拥有的汽车和收入。这种预测必须使用完整的家到家序列，而不是其他大多数交通模型使用的个人出行（如家到工作地），还必须考虑到一系列的个人/家庭类型。而且，随着出行模式的改变，路网内的车流与速度也在变化，公共交通系统或者较不拥挤，或者更拥挤，结果是其他出行决定可能会改变。因为没有现成的模式可以适合所有可能的反应，而预想这些都是必要的，也是可行的，所以这项研究设计了一个由三个层次构成的结构（Bares et al.，1996）。中层是一个已为大家所接受的传统伦敦范围的模型 LTS，提供基本的预测，把出行信息发送给交通网络。在 LTS 之上有一个全新的增量平衡模型 APRIL，处理主要的出行反应，包括大量的个人、出行和方式类型以及时段。在 LTS 之下的层次是伦敦一部分的详细交通模型，用来判定当地的交通流量变化。

最初的一系列收费选择被缩小到以点为基础的收费，即依据环绕收费区域的警戒线和通过收费区域的交通越阻线，利用基于电子标签的电子收费系统收取费用。正如第3章说明的，有各种各样的理由拒绝把交通拥堵、时间和距离作为收费的基础，包括安全理由，而拒绝纸质许可证是因为其执法困难和缺乏灵活性。这项研究考虑了四种基本的收费方案：

（1）在内环路内侧设一条警戒线，与利文斯通采用的方案一致；

（2）市中心的警戒线与伦敦内环的警戒线相结合，随后是南环路以及在北部一样距离的地方设置警戒线； 54

（3）三条警戒线：市中心、内环以及沿着北环路和在南部一样距离的第三条警戒线；

（4）三条警戒线和交通越阻线相结合：三条警戒线与伦敦市中心以外的区域被放射状交通越阻线分成8个单元格（见图4－1和 Richards 等，1996a）。

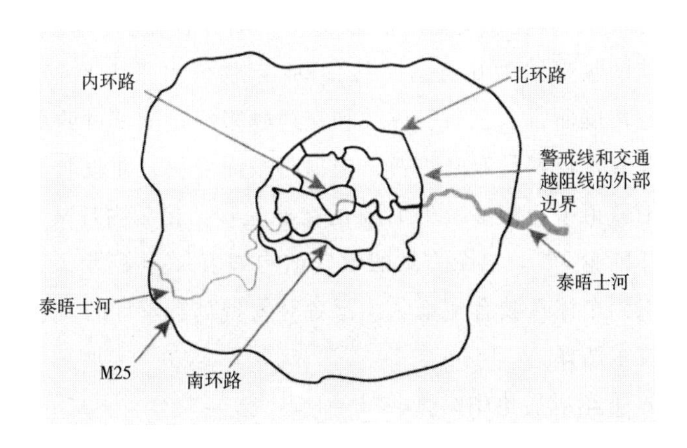

图4－1　三条警戒线和交通越阻线方案

第五种方案，将每条警戒线内的区域划分为半径为1英里（1.6公里）左右的近似六角形的单元格，其与以里程为基础的收费方案有相似的效果，但因为高昂的实施成本和运营成本以及低下的经济效益而被放弃了。

为了进行比较，伦敦交通拥堵收费研究创建了一套市中心区域固定的单程收费标准，从“低的”收费2英镑，经4英镑到“高的”收费8英镑（按1991年物价水平；按2004年物价水平为2.75英镑、5.5英镑和11英镑），所有其他地点的收费以这个标准为基础。除了摩托车不需要缴费之外，收费并不区分车辆类型。免征汽车消费税的车辆也被认为可以免除交通拥堵费，如公共巴士、出租车、救护车和行动不便人群所驾驶的车辆。此外，这项研究认为“必须公正合理地使用优惠（折扣或免费），而且必须让它们对交通拥堵收费的效应产生很小的影响”。

接受评估的最简单方案是设置一条进入伦敦市中心的警戒线。据估计，在每周工作日早7时到晚7时之间，每辆车每次进入收费区域都须付费8英镑（按1991年物价水平，按2004年物价水平为11英镑），在伦敦市中心可以减少交通流量22%，而每辆车每次付费2英镑，则只能减少交通流量8%（May, Coombe and Travers, 1996）。虽然在付费4英镑时能够实现大部分收益，但从净收益来看，最佳的收费约为6英镑（按2004年物价水平为8.25英镑）。从净收益角度而言，三条警戒线和交通越阻线是测试过的最有效方案。每个收费点都是双向收费，根据时段而变化，在收取最高费用时段，伦敦市中心能够减少17%的交通流量，伦敦内环减少11%，伦敦外环减少3%。这个方案的收费结构如表4-1所示。

意识到个体驾驶者和车队经营者对收费都有审计的要求，付费有四种技术选择：

（1）下车以后集中结账；

（2）可储值的智能卡，允许匿名交易；

（3）电子钱包，操作非常像借记卡；

（4）一种混合方式，电子钱包或匿名的智能卡，可以为车队经营者提供一种下车以后结账的选择。

表 4－1 三条警戒线和交通越阻线的收费结构："高的"收费（按 1991 年物价水平）

单位：英镑

		7 时至 10 时	10 时至 11 时	11 时至 15 时	15 时至 16 时	16 时至 19 时
市中心警戒线	入境	4.00	3.00	2.00	1.00	—
	出境	—	1.00	2.00	3.00	4.00
内环内交通越阻线		0.50	0.50	0.50	0.50	0.50
内环内警戒线	入境	1.00	0.75	0.50	0.25	—
	出境	—	0.25	0.50	0.75	1.00
外环内交通越阻线		0.50	0.50	0.50	0.50	0.50
外环内警戒线	入境	1.00	0.75	0.50	0.25	—
	出境	—	0.25	0.50	0.75	1.00

资料来源：The London Congestion Charging Research Programme（Department of Transport, 1995a）。

虽然那时没有能满足核心条件的电子道路收费系统可用，但新加坡还是致力于实施一个电子道路收费方案（见第 5 章），试验顺利进行，而其他更简单的自动收费系统也已设置。然而，我们可以看到管理临时用户和游客会增加复杂性，这并不适合新加坡这个岛国，与新加坡系统相关联的路边设备如果用于伦敦，在视觉上会太过突兀（见图 3－1）。这项研究的结论是，在伦敦实施电子道路收费之前，应该进行广泛的实地试验以降低一些关键风险，或者应该应用在其他地方已经得到证明的适宜的技术。 56

在详细评估了所有方案以后，最高收费水平的收益净现值（Net Present Value）超过 4 年内的实施成本，而三条警戒线和交通越阻线的方案可在不足两年内收回投资。然而，在低收费水平，投资回收期是 3 年或更长，而一些方案（包括三条警戒线和交通越阻线）除非使用电子钱包付费（其成本相对较低），否则永远无法收回投资。

为了补充交通拥堵收费，这项研究也试验了各种交通策略。包括为公交优先和车辆减速而做的道路空间再分配，提高轨道交通服务的频率，改进公共巴士和轨道交通的发车频率，给公共巴士提供优先权，提供新的轨道交通设施，使新的轨道交通设施与公共交通服务改造结合起来。除了道路空间再分配之外，每种策略单独使用时都能获得净收益，而一旦与交通拥堵收费结合，净收益将少于每种策略（收费与一项补充策略）单独使用时所获得的收益总和，唯一的例外是，在中心区域的警戒线以低费用（2 英镑）入境收费，同时实行道路空间再分配，这会产生额外的净收益。因为收费和补充策略正在影响同方向的出行模式选择，缺乏协同配合不会令人特别惊讶，而且这也并不意味着一系列的措施不值得补充。社会经济效益的分配也差别巨大，道路使用者在较简单的警戒线方案中通常会有较大损失，而整个社会则通过净收益来获利。然而，三条警戒线和交通越阻线方案是最公平的，对道路使用者来说受损相对较低。

考虑到具体实施，方案的关键部分将包括：

57　（1）收费界线的详细设计，平衡全区的收益与当地的损益；

（2）提供车载装置的安排，对临时用户的安排；

（3）免费或折扣的对象、性质和管理；

（4）理解匿名的重要性；

（5）遏制无赖违规者；

（6）净收入的使用（对公众态度和伦敦经济而言净效益是重要的）。

伦敦交通拥堵收费研究项目的结论是，交通拥堵收费不仅能够减少交通拥堵，降低交通对环境的影响，而且在财政和经济周期内能够提供快速的投资回报。然而，实施收费方案需要一种共识，那就是收费是一个合理的交通政策要素。我们可以想到实施的主要风险是：公众的反对、技术的可靠性、管理体系的复杂性以及执法的能力。

在马尔科姆·里夫金德担任交通大臣时，伦敦交通拥堵收费研究项目才启动。他的继任者约翰·麦格雷戈，在特许物流与运输学会（Chartered Institute of Transport）演讲时说："决定哪一种交通限制形式是最好的，不是一件容易的事……政府不能在这个选择面前退缩……即使交通拥堵的成本没有上升。"但是，1995 年，乔治·杨爵士（他刚接替布莱恩·马威尼成为交通大臣，而马威尼则接替了麦格雷戈）在研究报告公布时宣称："我们现在没有计划采用交通拥堵收费……也没有提出初步立法的建议。"（DTp，1995b）杨的结论是，技术和复杂性阻碍了收费方案的较早实施，这与近 30 年前芭芭拉·卡素尔《更好利用城市道路》报告中的结论惊人相似。但是，杨没有把话说死，他说："然而，中央政府对是否采取交通拥堵收费仍保持一种开放的心态，从长远来看交通拥堵收费可能是一个必然或理想的选择。"

小　结

除了有限的几个例外，任何政治派别都不再接受给伦敦提供额外公路容量的政策，其注意力已经转移到了交通限制政策。虽然自 1960 年代中期以来，一系列的研究已经周密地考察了伦敦的交通拥堵收费，并且看到这种方案在减少交通拥堵方面是有效的，但是，无论是保守党还是工党，无论是地方还是中央，政治领袖们无数次地拒绝了这个方案。有趣的是，斯米德委员会在一个政党政府领导下发表报告，但其后续研究的最终报告是在另一个政党政府领导下公布的；大伦敦议会的辅助通行许可证方案在一个政府机关领导下启动，却在另一个政府机关领导下公布报告。虽然伦敦交通拥堵收费研究项目的工作是在一个单一的政治机构里进行的，但连续四任国务大臣都忽略了这个项目；在项目报告公布之前数日，乔治·杨爵士还没有接替布雷恩·马威尼，大家都认为，这个理念肯定会被拒绝，而不是长期搁置。政治稳定或者维持党派间的共识，显然是采用交通拥堵收费政策的一个必要因素。

58

尽管汤姆森、大伦敦议会辅助通行许可方案和伦敦交通拥堵收费研究项目在考虑收费水平上有惊人的一致性，其似乎都认可约5英镑（按2004年物价水平）的费用，利文斯通后来也采用了这一标准；但在预测交通流量会持续减少超过30年方面，汤姆森却与伦敦交通拥堵收费研究项目意见不一。

参考文献

Abercrombie, P. （1945）. *The Greater London Development Plan1944*, London: HMSO.

Bates, J., I. Wiliams, D. Coombe and J. Leather （1996）. "The London Congestion Charging Research Programme: The Transport Models," *Traffic Engineering and Control*, Vol. 37, No. 5.

DTp （1989）. *Statement on Transport in London*, London: Department of Transport.

DTp （1995a）. *London Congestion Charging Research Programme*, London: Department of Transport, HMSO. (Note: a report of the principal findings is also available from HMSO, and a summary of the Final Report is available in a series of six papers published in *Traffic Engineering and Control*: see Richards *et al.*, 1996.)

DTp (1995b). *Young Publishes London Congestion Charging Study*, Press Release, London: Department of Transport.

Glaister, Stephen (ed.) (1991). *Transport Options for London*, London: Greater London Group, Greater London Papers 18, London School of Ecnomics.

GLC (1969). *The Greater London Development Plan*, London: Greater London Council.

GLC (1972). *Traffic and the Environment*, London: Greater London Council.

GLC (1973). *Living with Traffic*, London: Greater London Council.

GLC (1974). *Supplementary Licensing*, London: Greater London Council.

59　GLC （1975a）. *Parking (a consultation paper)*, London: Greater London Council.

GLC (1975b). *Supplementary Licensing: GLC Seeks Londoners' Views*, Press Statement NO. 90, London: Greater London Council.

GLC (1976a). *Greater London Development Plan: Notice of Approval*, written statement, London: Greater London Council.

GLC (1976b). *Licensing of Public Off-street Car Park*, TP1903, London: Greater London Council.

GLC (1979). *Area Control*, London: Greater London Council.

Halcrow Fox Associates (1989). *Road Pricing in London: A Preliminary DeskStudy*, London: Department of Transport.

Hall, P. (1963). *London 2000*, London: Faber & Faber.

Hart, D. (1976). *Strategic Planning in London: Rise and Fall of the Primary Network*, Oxford: Pergamon Press.

Hewitt, Patricia (1989). *A Cleaner, Faster London: Road Pricing, Transport Policy and the Environment*, London: Institute for Public Policy Research.

LPAC (1988a). *Strategic Planning Advice on Guidance for London, Policies for the 1990s*, London Planning Advisory Committee.

LPAC (1988b). *Transportation Strategic Advice: Scenario Testing Exercise*, The MVA Consultancy in association with Colin Buchanan and Partners and the Transport and Road Research Laboratory, London Planning Advisory Committee.

LPAC (1994). *Advice on Strategic Planning Guidance for London*, London Planning Advisory Committee.

May, A. D. (1975). "Supplementary Licensing: An Evaluation," *Traffic Engineering and Control*, Vol. 16, No. 4.

May, A. D. and K. Gardner (1990). "Transport Policy for London in 2021: The Case for an Integrated Approach," *Transportation*, Vol. 16, No. 3.

May, A. D., D. Coombe and T. Travers (1996). "The London Congestion Charging Research Programme: Assessment of the Impacts," *Traffic Engineering and Control*, Vol. 37, No. 6.

Ministry of Transport (1963). *Traffic in Towns*, London: HMSO.

Ministry of Transport (1964). *Road Pricing: The Economic and Technical Possibilities*, London: HMSO.

Ministry of Transport (1967). *Better Use of Town Road*, London: HMSO. (For a fuller study of transport modelling see Thomson, 1967.)

National Economic Development Office (1991). *A Road User Charge? Londoners' Views*, London.

Richards, M. G. et al. (1996a). "The London Congestion Charging Research Programme," a series of six papers in *Traffic Engineering and Control*, Vol. 37, Nos 2 to 7.

Richards, M. G., C. Gilliam and J. Larkinson (1996b). "The London Congestion Charging Research Programme: The Programme in Overview," *Traffic*

Engineering and Control, Vol. 37, No. 2.

Thomson, J. M. (1967). "An Evaluation of Two Proposals for Traffic Restraint in Central London," *Journal of the Royal Statistical Society*, Part 2, p. 130.

Thomson, J. M. (1969). *Motorways in London*, for the London Amenity and Transport Association, London: Gerald Duckworth.

Transport (London) Act (1969). London: Her Majesty's Stationery Office.

5 世界各地的经验

导 言

关于交通拥堵收费和有效率的道路收费的著名原理在第2章已做了比较笼统的说明，但已采取收费方案的地方寥寥无几——虽然有几个城市或国家即将实施。本章的目的是首先提供一个综述，介绍那些在英国之外已经变成现实的收费方案，然后介绍一个正在进行中的收费方案（斯德哥尔摩）和两个已经纳入考虑但尚未实施的收费方案。

新加坡的区域通行许可方案

1975年，新加坡正式启用区域通行许可方案（ALS），这是第一个真正的交通拥堵收费方案。最初，周一到周六的每天早上7时半到9时半，进入中央商务区（面积大约610公顷，2.4平方英里）的车辆必须出示一个辅助通行许可证，价值3新币（1英镑）；商务车辆、公共巴士、乘客4人以上的汽车和出租车免费。辅助通行许可证是一种贴纸，上面清晰地显示日期信息，颜色代码表示日期或月份，形状随车辆等级而变化。对于进入收费区域的车辆，通过路边的人工观察来执法，如遇到可能的违规者，则通过车牌来追踪。

收费的最终目标是在早晚高峰时段缓解中央商务区的交通拥堵，四个核心条件使区域通行许可方案从其他方案中脱颖而出。

（1）应该维护中央商务区的经济生命与活力，而不鼓励通勤人员使用汽车；

61 （2）应该只在特定时段和地点不鼓励使用汽车；

（3）方案应该易于实施和执行；

（4）应该有可选择的有效可靠的交通替代方式，优于标准通勤的公共巴士（Watson and Holland，1978）。

在引入区域通行许可方案的同时，提高收费区域内的停车费用；所有商业停车场经营者需要至少与公共停车场一样收费，设计的费率有利于短时间停车。此外，引入两条空调大巴专线，在收费方案区域外侧设置1万个停车位的"停车换乘"方案，以及通往中央商务区的主要目的地的公共巴士。每月停车换乘需要花费30新币，而与之相较，每月的区域通行许可证要花60新币。收费方案开始后不久，收费时段延长到上午10时15分，出租车免费政策取消，汽车的每日通行许可费上涨到5新币。而停车换乘和两条空调大巴专线也因为使用有限而取消。违规一次罚款50新币（对比60新币包月通行许可证费用），因此遵守度很高。这个修改后的方案导致交通流量下降44%，在收费时段前30分钟，交通流量上升13%，而在收费时段后30分钟，交通流量增加10%。

在随后的20多年，区域通行许可方案涉及几个方向的发展，到1998年，电子道路收费取代了区域通行许可方案，区域通行许可方案的主要特征如下所示。

（1）通行时段

①完全通行许可：周一至周五，上午7时30分至下午6时30分；周六，上午7时30分至下午2时。

②非高峰期通行许可：周一至周五，上午10时15分至下午4时；周六，上午10时15分至下午2时。

（2）收费标准

①完全通行许可：3 新币（1.1 英镑）；公司所属车辆 6 新币。

②非高峰期通行许可：2 新币。

（3）免费车辆

公共巴士、警车和救护车。此外，在东海岸公园大道引入一个高峰时段的收费方案，作为电子道路收费实行之前的一个试验。

区域通行许可方案是一个综合交通政策的组成要素（参见 Willoughby，2000）。其他要素包括：

（1）征收高昂的汽车购置税，限制车辆增加。自 1990 年开始，这些税包括在配额制下竞标购买新车，很典型的是，一辆新车售价增加了约 4.5 万新币（1.7 万英镑）（Olszewski and Turner，1993；Santos，Li and Koh，2004）。 62

（2）投资公共交通，建设公共轨道交通网络，升级公共巴士系统以及采用一种全系统的储值出行磁卡。

（3）投资战略性高速公路网络和交通控制系统。

新加坡的电子道路收费系统

随着新加坡越来越富裕，希望拥有一辆汽车的公民也越来越多，即使他们用车的机会并不多。一种政策选择是降低汽车购置税，针对那些在路网中最易受交通拥堵影响的时段和路段，提高道路使用费。然而，区域通行许可方案只要具有现实可行性，就一定会进一步发展。1990 年代初，新加坡政府启动了对电子道路收费的研究。在开发该方案时，一个重要的条件是，用户应该在支付费用时就意识到每次交易的金额，否则可能会导致用户在事后拒绝结账。此外，使用“现金”智能卡（费用能够从卡上扣除）与新加坡政府的一个宏大政策相一致——推进一个不使用现金的社会（Menon and Chin，1998）。

虽然电子道路收费系统的基本组成部分都是可用的，但它们没有在一个电子道路收费方案环境中使用过。因此，新加坡政府决定把合同交给财团，由他们去开发和测试特别的系统原型。针对一种功能的专门化，邀请竞标，签订了3份合同。每个承包商获得150万新币（50万英镑），要在一系列广泛和高要求的试验中证明他们的系统。其中一个条件是，车辆可以高速穿过整个公路的路幅，没有车辆（特别是摩托车）能够躲藏在高车顶车辆（如双层公共巴士）的旁边、后边或者长拖车的后边，能够高水平综合地完成收费交易。付给承包商的150万新币只能满足他们的部分费用，剩下的则需要在新加坡和其他地方充分证明其系统是合理时才能得到，这样投入才能期待回本。在试验完成时，政府要求每个承包商提交一份完整的系统设计，并提供一个前期产品系统以进一步进行彻底的试验。这个举措被证明是非常有用的，通过试验证实了许多问题，如果这些问题出现在产品系统中，就会导致运行中的很多困难。1995年新加坡政府圆满完成了前期的产品试验，签订了实施合同，1998年电子道路收费方案开始运行。

63

这个收费系统由四个关键要素构成：

- 车载装置（IU，在一些其他系统中也以OBU命名）
- 储值智能卡，现金卡
- 路边设备
- 控制中心

车载装置是一个贴在汽车挡风玻璃或者摩托车手把上的专用短程通信附件，不同类型的车辆用不同的颜色来区别。当一个行程要求付费时，用户将一张现金卡插入车载装置。现金卡由一个银行财团发行，可以用来进行其他各种类型的支付，并能够在整个城市的所有ATM上充值，保持账户盈余。免费车辆则需要有一个特殊的、不需要现金卡的车载装置。这种专门化要求车载装置应该：

（1）永久固定在车辆上，并在20分钟内安装好；

（2）由车辆电池供电（已证明干电池在挡风玻璃后经高温就变得不可靠了）；

（3）在车辆启动和故障报警时，做好包括现金卡在内的自查；

(4) 建议驾驶员在插入现金卡以及每次付费后看一下卡内余额;

(5) 在现金卡余额不足时提醒驾驶员;

(6) 使用语音信号补充视觉信息。

在每个收费点,许多路边设备安装在三个跨过道路的龙门架上(见图3-1)。收费点的第一个操作阶段是,辨认经过的车载装置及其等级,发送一个指令到车载装置,扣除现金卡内相应的费用。在车辆经过第二个龙门架前开始付款过程,那里车载装置会确认是否成功完成了支付。成功支付会伴随一个短暂的哔哔声,车载装置会显示现金卡的最新余额,而交易明细被传送到控制中心。如果没有现金卡或现金卡余额不足而支付失败,则会伴有一个长哔哔声,并显示“信息错误”,与此同时,车辆尾部牌照会被拍照,如果车辆有其他违规行为或者没有车载装置也会出现这种情况。随后,这个车牌图像和支付信息一起被传送至控制中心,以利于分析和采取行动。整个过程由路边监控分站的一台属地计算机来管理。在每天收费结束后,现金卡的发卡机构会把交易总额转账给收费代理机构——新加坡陆路交通管理局。

64

实施电子道路收费系统的总成本大约2亿新币(7000万英镑),其中一半用于安装车载装置、架设龙门架、建设监控分站和中央控制系统。200个安装站花了10个月时间,为所有大约70万辆登记在册的车辆安装车载装置;到访新加坡的外来车辆可租用临时车载装置。为了推广安装,避免最后时刻的蜂拥而至,每辆应该安装车载装置的车被分派到一个特定的月份。考虑到第一辆车安装车载装置和开始收费之间的延后,在正式收费之前的三个月内,大多数收费点都实行零收费。政府鼓励发现问题的车主去检查车载装置和现金卡。虽然在安装车载装置过程中已经告知所有车主将要实行电子道路收费,但电子道路收费系统开始实施之前,1998年4月1日,政府还是在高速公路的两个收费点开启了一场大规模的公共宣传运动。1998年9

月 1 日，最初的收费方案，包括中央商务区在内，已经完全实行。其后，收费方案又扩展至其他高速公路和交通干线，收费点增至 45 个，其中 28 个位于中央商务区，17 个位于 6 条高速公路和干线公路。

中央商务区的电子道路收费系统以一种准入（或警戒线）收费方式来运行，也像所有其他道路上的定点收费一样运行。中央商务区全天收费，从周一到周五的早 7 时 30 分至晚 7 时，现在免费通行的窗口期在早 10 时至中午 12 时；而高速公路和交通干线的免费窗口期在早 7 时 30 分至 9 时 30 分。收费标准根据车辆类型而变化，这反映了车辆对交通容量的影响，摩托车收费最低，“超重货车”和“大巴”收费最高。2003 年 8 月，高峰期进入中央商务区的收费是：摩托车 1.25 新币，汽车 2.5 新币（0.9 英镑），重型货车 3.75 新币，超重货车 5 新币。

用户很快就适应了这个系统，到第一年年底，违规行为的比例从最初的 0.44% 下降至 0.26%，而 84% 的违规者是因为没有在车载装置中放现金卡。虽然用户每次进入中央商务区都需要付费，而不是一整天就付一次单程的区域通行许可费，但相对于区域通行许可方案，电子道路收费系统最初的收入下降了 40%。部分原因是，那些进入中央商务区每天只需要付一次费用的车辆少了，部分原因是电子道路收费系统周六不收费。梅农认为这足以证明新加坡政府的目标是寻求解决交通拥堵，而不是寻求收益最大化。

采用电子道路收费系统为整个新加坡的收费结构提供了相当大的灵活性。现在收费可以在引入的地点之间有变化，而不再只是一种单一的中央商务区收费，在那些非常拥堵的地段可以收取更高的费用。同时，费用也可以随着每天的时段而变化，在形成交通高峰时，费用逐步增加，之后逐步下降。收费标准每三个月评估一次，设定达到的目标是，高速公路平均车速在每小时 45 ~ 65 公里，交通干线和中央商务区内的平均车速在每小时 20 ~ 30 公里。

由表5－1可以看到这个系统的灵活性，表格给出了汽车在大多数收费点驶入中央商务区要缴的费用。现时的费用在各收费点显示在可变的信息屏上。

表5－1 2004年8月新加坡汽车进入中央商务区的费用（在大多数收费点）

单位：新币

时间段	07:30～08:00	08:00～08:05	08:05～08:30	08:30～09:00	09:00～09:25	09:25～09:30	09:30～09:55	09:55～10:00
费用	0.00	1.00	2.00	2.50	2.00	1.50	1.00	0.50
时间段	10:00～12:00	12:00～12:30	12:30～17:30	17:30～18:00	18:00～18:25	18:25～18:30	18:30～18:55	18:55～19:00
费用	0.00	0.50	1.00	1.50	2.00	1.50	1.00	0.50

资料来源：Land Transport Authority（2004）。

新加坡政府既采用电子道路收费系统，又辅之以降低每年的道路税和增加新车的进口配额，从而降低购车成本。现在它正考虑使用一个以全球卫星导航系统或全球定位系统为基础的收费系统，以实施第三代交通拥堵收费。

挪 威

1986年，在挪威最先采用城市道路收费的是卑尔根市，此后许多城市也采用这一做法。然而，不像新加坡和伦敦，这些收费方案设计的初衷是为当地高速公路投资增加资金，而不是控制交通拥堵。事实上，根据挪威的立法，当允许通过收费来筹集基金的时候，是不允许将其用来调节交通的（Skogsholm，1998）。 66

1986年，卑尔根市在一个为高速公路项目收费融资行之有效的实践基础上，设计引入“收费环”来吸收基金，以完成一个高速公路项目。如果以传统的方式筹集基金，估计需要30年才能完成这个项目。现在政府通过相应的通行费来筹措资金，1克朗接1

克朗，15 年内就能完成这个项目（Larsen，1988）。周一至周五，早 6 时至晚 10 时，车辆到达卑尔根市需要缴纳通行费。车主可以在收费站支付现金，也可以购买一张辅助通行证。考虑到收费的目的是筹集资金，而不是管理交通拥堵，汽车单程收取的费用被设定在一个相对较低的水平，以 1986 年的物价水平来算，只需 5 克朗（0.45 英镑）；而年度汽车通行费是 1100 克朗（100 英镑），重型货车是 2200 克朗。唯一预定免费通行的是公共巴士。这一举措的净影响就是执行时段的交通流量减少了 6% ~7%。拉姆吉迪估算资本和年度运营成本占收入的 19% 左右（Ramjerdi，1994），而戈麦斯 - 伊巴涅斯和斯莫尔则认为应该是 17.6%（Gomez-Ibanez and Small，1994）。

1990 年奥斯陆市、1991 年特隆赫姆市也跟随卑尔根市的步伐，实施道路收费。这两个城市有与卑尔根市一样的目的，即为一系列的交通改造筹集资金，但是，奥斯陆市有 20% 的项目是公共交通的改造，很多高速公路的计划是旨在为城市街道分担车流。一个重大项目就是以预期的收费收入来融资的，在收费开始前两周正式开工。特隆赫姆市的交通改造项目也包括公共交通改造，还有人行道和自行车的设施改造。自实行收费环来为交通项目提供资金以后，另外两个城市——克里斯蒂安桑（Kristiansand）和诺德杰伦（Nord Jæren）也如法炮制。另一个相对孤立的城市特罗姆瑟市（Tromsø，位于遥远的北方）引入了燃油附加费。1990 年，最初设计的费用是每升 0.5 克朗（0.04 英镑），1996 年燃油附加费上升至每升 0.65 克朗。

奥斯陆市和特隆赫姆市开始实施电子收费，装有电子标签的车辆可以实现不停车付费。在奥斯陆市，征收通行费的成本是收入的 19%，特隆赫姆市的比例是 17%（Ramjerdi，1994）。奥斯陆市提供年度通行证；而特隆赫姆市的收费系统则更像一个交通拥堵收费方案，用户的每次行程都需要付费（那些有电子标签的车辆每月最多支付 75 次行程），在早高峰（上午 6 时至 10 时）

和其他时段（上午 10 时至下午 5 时）收取的费用相应变化。在奥斯陆市，一辆汽车通行的基准费用是 11 克朗（1 英镑），特隆赫姆市是 10 克朗（0.9 英镑）。奥斯陆市还提供一种批量购买选择，通行 350 次价格 2700 克朗（245 英镑），通行 25 次 240 克朗。虽然拉姆吉迪报告，特隆赫姆市方案对交通的整体影响“十分小”，奥斯陆市方案对交通的影响大约有 10%（Ramjerdi，1994），但这个方案对购物出行的影响相对较大，因为零售商延长了营业时间，要到收费时段结束之后关门（Gomez-Ibanez and Small，1994）。

67

卑尔根市的第一个收费方案，从 1986 年至 2001 年已经实施了 15 年，被认为是成功的；一个新的方案也获得了认可，从 2002 年算起已运行了 10 年。基本的通行费增加到 15 克朗（1.3 英镑），只有 45% 的净收入专用于高速公路项目。第一批奥斯陆一揽子项目运行已有 10 年，现在为一个新的通行费协议所承接，运行至 2011 年，所得的净收入全部用于公共交通的投资（Tretvik，2003）。1998 年，特隆赫姆市对方案进行了修订，预定于 2005 年终止，期待那时会有一个新的以通行费为融资手段的一揽子交通改造方案出现。

卑尔根市和奥斯陆市更新原有方案的决定证明，这些通行费方案不仅在政治上而且在舆论上都是可以接受的。然而，在新的方案中净收入使用的重点从高速公路转移到公共交通，意义重大，允许交通拥堵收费的立法变为可能（Norwegian Government，2002）。

虽然收费方案已经被证明是可以接受的，但它们不一定是受欢迎的。卑尔根市、奥斯陆市和特隆赫姆市的大多数居民在这些方案实施之前都持反对意见，但是方案实施以后，反对就明显减少了。在卑尔根市和特隆赫姆市，因为受益于收费环，反对者越来越少；但在奥斯陆市一直存在一种完全反对的态度，2001 年新的收费方案确定实施，意见分歧大大增加（Tretvik，2003）。2002 年，在奥斯陆市，对于持肯定态度的人来说，最常见的理由是收费计划能够筹集到资金，第二常见的理由是其具有限制市区交通流量的作用。

对于持否定态度的人来说，主要理由是方案对开车的人不公平；大多数的其他理由与通行费征收的影响相关，包括其作为一种筹集资金手段的低效性，以及因收费而产生的各种延迟。

罗 马

1989 年，罗马第一次把一种“进入控制系统”引入这个城市的历史核心区域（4.6 平方公里），那时进入该区域的车辆被限于居民和一些其他类别的用户。1998 年，非本地居民需要支付年度许可证才能获得授权进入该区域，费用与年度公共交通卡相同；残疾人用户和一些服务车辆被授权免费通行。2001 年，这个系统进行了升级，专用短程通信电子标签取代了许可证，车牌自动识别投入使用（Progress，2003）。车辆进入通过 23 个入口大门来控制，工作日在上午 6 时 30 分至下午 6 时，周六在下午 2 时至 6 时。总体来讲，每天大约有 7 万辆车进入控制区，其中，居民注册车辆约 3 万辆、免费进入的残疾车辆 5 万辆、服务车辆 3 万辆；此外，还有通过付费获得许可进入的 2.9 万辆个人车辆和 0.8 万辆货车。

68

墨尔本城际高速公路与多伦多 407 高速公路

墨尔本城际高速公路没有实行交通拥堵收费，而是由私人投资的、以收费融资方式运营，这里相关的是，此高速公路针对日常用户使用了一套自由流动的电子收费系统，而允许临时用户注册使用车牌自动识别技术，这是一种可以为交通拥堵收费方案所使用的办法。为了鼓励使用电子标签，汽车通过此高速公路的每次行程都需要付费，任何车辆一年最多被允许 12 天免费通行（CityLink，2004）。像墨尔本城际高速一样，多伦多私人融资的 407 电子收费公路让用户在电子收费标签与车牌自动识别之间做出选择，使用车牌自动识别的用户，一次付费3.35加元（1.5英镑），一年付费次数没有限制（407 ETR，2004）。

美国：评估收费

在第2章已经指出，美国采用评估收费的原则，根据一般的收费原则，低承载率车辆使用为高承载率车辆保留的车道时，需要缴纳通行费，但这种车道（所谓的高承载率收费车道）并没有获得充分利用。

第一个实施这一方案是在加利福尼亚州奥兰治县，由私人筹资在91州际高速（SR91）上设置一条额外收费的“快车”道，全长16英里（26公里）。1995年，开通了4条新的车道，只能由配备了FasTrak电子标签并能够自动支付通行费的车辆占用。通行费随每周时日和每天时段的变化而变化，根据以往经验提前设定一种有意维持针对性服务水平的层次。乘客在3位以上（包括3位）的车辆免费通行。由此，91州际高速的使用者可以在付费避免交通拥堵和免费使用“公共”车道行驶之间做出选择。虽然预计“快车道”主要由高收入驾驶者占用，但经验显示快速通行收费车道为社会普通大众使用；那些高收入者比低收入者可能更频繁地使用这些“快车道”，但是在那些低收入者或中等收入者之间则几乎没有什么差别（Sullivan，2000）。

根据后来公开的一项收费方案，圣地亚哥I-15号州际公路也决定动态地开通FasTrak高承载率收费车道，根据交通情况，每6分钟调整一次通行费，目的是控制车辆进入以维持其自由流动（DoT，2000）。另一条高承载率收费车道方案是在得克萨斯州休斯敦市的凯蒂高速公路（I-10）上，替代那些承载2位乘客的车辆过度利用HOV车道，要求3位以上乘客的车辆才能免费使用，而2位乘客的车辆则需要缴纳通行费；不允许1位乘客的车辆使用高承载率收费车道。

评估收费的另一种形式是可变动的通行费，费用根据每天的时段而变化。许多公路设施采用这种收费形式，包括弗吉尼亚州的杜勒斯绿色公路，佛罗里达州李县的珊瑚礁大桥（Cape Coral Bridge）和中点纪念大桥（Midpoint Memorial Bridge），纽约的乔治·华盛顿大桥、戈瑟尔斯大桥（Goethals Bridge）、巴约纳大桥、林肯隧道、荷兰隧道以及奥特布里奇通道（Outerbridge Crossing）（Value Pricing，2004）。2004 年，杜勒斯绿色公路征收定向的高峰附加费，对上午 6 时至 9 时的东行车辆，下午 4 时至 7 时的西行车辆，征收 15% ~20% 的附加费。

在美国的很多城市，高承载率收费车道没有得到充分利用，但对建设额外交通容量的需求越来越大，而资金却有限，高承载率收费车道的概念极有可能成为一个更加广泛的有效措施（FHWA，2003）。美国几个州正在制定相关方案，包括明尼苏达州（I－394 号州际公路）和弗吉尼亚州（I－95 号和 I－495 号州际公路）。

其他地方的可变通行费

根据每周时日和每天时段而变动通行费，在其他地方也已经实行，目的是影响出行决策。例如，巴黎北部的 A1 高速公路、巴黎西部的 A14 高速公路、多伦多 407 高速公路和英国的 M6 收费公路。法国的 A1 高速公路在周日下午 4 时 30 分至晚 8 时 30 分，通行费上涨 25%（此时段是周末结束返程巴黎的一个交通高峰），而在下午 2 时 30 分至 4 时 30 分、晚 8 时 30 分至 11 时 30 分，则实行 25% 的折扣。在 A14 高速公路，2004 年的基准费用是 6.5 欧元，但工作日的上午 10 时至下午 4 时以及晚 8 时至凌晨 5 时之间的通行费下调至 4.5 欧元。在 407 高速公路，2004 年汽车在工作日早晚高峰时期的通行费为每公里 0.1395 加元，非高峰时段为每公里 0.1310 加元。在 M6 高速公路，除了为用户提供免费的 M6 车道

70

（全天使用繁忙）以外，还有一种可选择的收费车道，2004 年汽车通行费用是白天 3 英镑，晚上 2 英镑。

欧洲：卡车收费

对于国际交通运输对德国公路造成磨损的担忧，以及这些运输对公路的融资没有做出贡献，促使欧盟达成一个协议，一些国家可以向重型卡车收取高速公路使用费（EC，1999）；虽然根据共同市场的规则，一切收费也应该适用于东道国的车辆。一些欧盟国家最初采用一种带图案的纸质通行证，但德国和奥地利像瑞士一样决定推行以里程为基础的电子收费系统。如第 14 章所述，英国计划在 2008 年引进以里程为基础的货车收费系统。瑞典也有以里程为基础的收费方案。最初《欧盟指令》只允许对 12 吨以上的车辆收费，后来则建议把这些规则扩大到包含 3.5 吨以上的车辆，并扩大允许收费的路网（EC，2003）。

瑞士收费系统（LSVA）于 2001 年 1 月启用，所有总重量超过 3.5 吨的货车都需要按照行驶的公里数支付费用，不管道路类型如何，依据卡车重量和排放量付费（LSVA，2004）。作为一种收费的补充，车辆的最大重量上限从 28 吨增加到 40 吨。最初每吨每公里的基准费用是欧 0 标准的卡车（即相对高的排放量）2 瑞士分（0.38 欧元），欧 Ⅰ 标准的卡车 1.68 瑞士分，欧 Ⅱ 及欧 Ⅲ 标准的卡车 1.42 瑞士分（0.27 欧元），这一收费标准逐步上升至 2007 年；2005 年欧 0 标准、欧 Ⅰ 标准、欧 Ⅱ 及欧 Ⅲ 标准发动机卡车的费用分别是每吨每公里 2.88、2.52 和 2.15 瑞士分。设计的这些费用包含了卡车使用的所有外部成本，由重量和排放量构成的基本成分与其对那些成本的相对作用成正比。

安装车载装置是所有在瑞士注册的卡车的一种义务，外国的车辆则可以选择是否安装。车载装置连接车辆的行车记录仪，计算行驶距离，并利用卫星定位来验证；在车辆进入或离开瑞士时，通过

71　一个微波信号来开启和关闭行车记录仪。行驶里程记录在一张智能卡中，使用者每个月下载或寄送给瑞士海关。没有车载装置的外国车辆可以根据付款说明以及车辆的重量和排放量等级，在边境的终点站预定行程。在离开瑞士之前，他们必须核对里程表，证明通行费已经如数缴纳：可以使用信用卡、燃油卡或现金支付，但现金支付需缴纳额外的手续费。

实行收费与提高最大限重导致2001年卡车交通运输量减少4%，2002年减少3%，2003年维持一种稳定的状态，与之相比，以前每年卡车交通运输量会稳定上升7%。征收这种费用的成本是总收入的7%左右。净收入的1/3分配至瑞士各州，并为铁路的现代化建设提供补偿资金。

奥地利在1995年启动收费方案的可行性研究，并做出一个原则性的政府决策，但差不多12年之后，即2004年1月才采用这个收费方案。收费适用于所有使用高速公路系统的总重超过3.5吨的车辆（更一般地说，扩大收费不符合现在欧盟的规定）。费用根据车辆轴数而变化，在一些高速公路上除已有的通行费以外需要另加，二轴车辆每公里0.13欧元，四轴或以上车辆每公里0.273欧元。所有货车（奥地利和外国的）都必须花5欧元安装一个车载装置，记录行程明细，并利用专用短程通信技术将记录明细传送至高速公路路口之间的接收器。车载装置可以在大约230个地点（大多是自动售货机）买到。用户可以预先充值，费用从车辆用户的银行账号扣款，或他们授权直接收取费用。收费是通过固定的和流动的收费站以及“流动车”一起执行的。不论是因为没有安装车载装置还是车载装置发生故障，每次到5小时的时间段（从第一次没有付费起）就要付罚款（代收费）220欧元，如果使用了与车型不符的车载装置则罚款110欧元（GoMAUT，2004）。在最初的几个月里，违规行为的发生率少于2%。虽然有一些抵扣税，但货运的净成本还是增加了。总的来说，奥地利周边的国际交通运输量得到了一定程度的分流，有一小部分从高速公路分流到其他（免费）公路上。据估计，征收费用的成本占总收入的 10% ~ 15%。净收入全部用于投资高速公路系统。

2003 年 8 月，德国已经有意利用全球定位技术，引进以里程为基础的货车道路使用收费（Ikw-maut）。然而，由于巨大的技术困难（部分由于太过复杂），政府与提供和运行这个系统的收费财团（Toll Collect consortium）中断过合同，到 2005 年 1 月 1 日，才以一个简化的方案开始收费；预计 2006 年以一个完整的方案实施收费（Toll Collect，2004）。因方案推迟实施导致了 45 亿欧元的损失，德国政府向收费财团索赔（*Financial Times*，2005）。

72

收费限定于高速公路（某些路段除外），只适用于总重量在 12 吨及以上的车辆。费用每公里 0.09 ~ 0.14 欧元不等，根据车辆的排放量和轴数而定。用户有两种基本的支付方式可选：安装一个计算费用的车载装置（用户必须支付安装费），利用全球定位系统记录车辆在高速公路上的行驶里程，通过蜂窝数据手机将记录传送给收费机构；或者，用户可以通过在高速公路入口附近的 3500 多个终端、服务站或通过因特网（仅仅是注册用户）提前预订并支付高速公路行程的费用。这个系统通过高速公路上的 300 个固定点和 300 个流动组，以及访问交通总站来执行。如果不支付通行费又不能判断行驶的里程数，那么就征收一笔相当于 500 公里行程的费用。

政府特意以抵扣税来补充收费方案的实施，尽管抵扣税不可能完全抵消这种新的费用。据估计，征收费用的成本是总收入的 20% 左右。净收入用来为交通基础设施（主要是高速公路）的改造提供资金。

澳大利亚停车场征税

悉尼和珀斯对非居住区的停车位实行征税，但有几个例外和调整。1992 年，悉尼对停车位征税，目的是阻止人们在商业区使用汽车，税收用于资助、开发和维护交通基础设施，以促进和鼓励使用公共交通进出适用征税的商业区（OSR，2004）。在市中心，2003～2004年度的税收标准是840澳元（350英镑），偏僻的商业区是420澳元，这个费率成为与2003～2004年度相关的指数。在上述地点有停车位的业主必须给停车位注册，并提交这些停车位的年度收益报税。1999年，珀斯引入停车位征税，在一个限定的停车管理区域向非居住区的地产征收停车税，这种收益“主要用于运行并扩展珀斯的CAT（中央区域运输交通）公共交通系统，为那些在这个城市游览和工作的人提供一种便捷、优质的服务”（DPI，2004）。2004年对公共停车区域短暂停车的年度征税是160澳元（65英镑），长时停车和租用停车是185澳元（75英镑）。地产业主必须注册停车位，并会收到一份年度评估报告。

73

斯德哥尔摩

随着斯德哥尔摩、哥德堡和马尔摩公布各种方案，其中道路收费是其中之一，1990年，瑞典政府为每个城市指派了一位协调员，寻求一种有关交通政策的地方共识。斯德哥尔摩的协调员是瑞典银行行长本特·丹尼斯。他与省市政治领袖一道，起草了最初的方案，该方案获得了广泛的认同。此后，他与三个主要政党一起继续开发这个方案，但出现了三个他不能同意的关键要素，每个政党分别反对一个要素。其中两个要素是具体的道路方案，而第三个要素是道路收费，这个要素被社会民主党和自由党接受，却遭温和党反对。

地方大选以后，丹尼斯重新开始他的协调工作。1992年9月，他与三个政党就一揽子方案达成协议，其中道路收费用来资助道路建设，也用来限制内城的交通流量。总体来说，“丹尼斯协议”提出在1992～2006年期间以1992年物价水平投资360亿瑞典克朗（34亿英镑）；投资的45%用于公共交通，其余的用于道路；利用绕城公路内以及一条新的西部外轨道（Outer Western Orbital）的警戒线来收费，道路使用收费几乎全部投资于道路（Gomez-Ibanez and Small，1994；Johansson and Mattsson，1995）。然而，这个详细协商的协议当时未能实施，1997 年政府正式取消对该协议的支持，部分原因在于越来越多的人反对道路方案，也由于变化了的政治优先权和政治平衡（Peterson，1999）。

然而，到 2003 年，道路收费又被提上政治议程。2003 年 6 月，斯德哥尔摩市议会决定引入一项环境收费试点方案，从 2005 年开始，为期一年，到 2004 年 6 月已经获得必要的立法（Stockholm，2004）。不过，由于在一个关键合同的授予上产生了法律纠纷，方案的实施被推迟了。方案的目标是：

74

- 减少最繁忙道路 10% ~15% 的交通流量，增加平均车速
- 减少内城的汽车尾气排放量
- 改善街道环境
- 为公共交通提供额外的资源

这个试点方案是一条环绕内城的单一警戒线，在工作日早 6 时 30 分至晚 6 时 30 分进出车辆都需要缴纳通行费，费用在非高峰时段是 10 瑞典克朗（1.1 欧元），高峰时段是 20 瑞典克朗（2.2 欧元），峰间时段是 15 瑞典克朗（1.65 欧元），每日每车最高的总收费是 60 瑞典克朗（6.5 欧元）。与试点相关的净收入将用于投资公共交通和基础设施，而政府资金不会减少。免费的车辆包括摩托车、出租车、班次定期的公共巴士、校车、持有残疾证的车辆、为残疾人服务的车辆、免税车辆、应急车辆以及低排放量车辆。试点方案完成后，2006 年将有一次公投，以决定斯德哥尔摩收费方案的未来。

香　港

香港的主要城市区域沿着香港岛的北海岸线以及九龙半岛展

开，受到地形和海洋的严格限制。开发商通过建造高楼大厦来应对这种情况，从而强化了提供高品质、不拥堵的交通的重要性。港英政府认识到限制交通流量增长势在必行，也认识到一种新加坡式的区域通行证对于香港的特殊环境来说是不适合的。1982 年港英政府将新汽车征收的首次登记税（First Registration Tax）翻倍，根据发动机排量征税，占其进口价格的 70% ~90%；另外，政府还将年度牌照费增至原来的 3 倍，燃油税增至原来的 2 倍。再加上当时的经济衰退，1981 ~1984 年汽车拥有率下降了 42%，尽管汽车使用率仅下降 22%，但说明很多作为处理对象的车辆使用有限。

港英政府认识到这些新的税收不能有效地解决问题，它对那些乡村地区收入相对较低的人影响更大，与城市区域相比，乡村几乎没有交通拥堵，对汽车的需求也更大，1983 年政府启动了香港电子道路收费试点项目。该项目有两个主要组成部分：收费技术和可行收费方案的设计与评估（Dawson and Brown，1985）。就技术因素而言，政府做出的决定是采用已经得到试验证明的“电子车牌”——与 1959 年维克瑞向美国国会说明的概念非常相似（见第 2 章）——以及现代专用短程通信电子标签的初期形式。以现在的标准而言，那种设备庞大却相当简单。焊接在车辆底盘下面的电子车牌没有内置电源，通过埋设在路面的线圈产生的低频电波激活，并发送车辆身份信息给同样埋在路面的接收器。试验证明了这种设备可以如预期般可靠运行（Catling and Harbord，1985）。

这种技术要求收费方案是以点为基础的，需要测验各种各样的可能性，这导致收费方案选用一种蜂窝结构，有三种选择获得了进一步的研究（Harrison，1986）。最复杂的方案有 13 个单元、185 个收费点和高峰期定向附加收费，对交通流量影响最大，估计在高峰时段出行汽车可以减少 24%，全天减少 13%（Transpotech，1985）。虽然发现更高的汽车购置税对高峰时段的交通流量有类似的整体影响，对日常的交通总流量影响更大，但那种减少不是集中于交通拥堵的城市区域。所有的选择方案都提到巨额的净收入。

香港政府认为收费的目的不是从汽车驾驶者身上获得更多的净收入，而是把电子道路收费作为“一个要实现的公平方式”提出，交通拥堵收费要与降低车辆税互补，还提出税收中性的一揽子方案。从不在城市区域内开车的市区以外汽车业主，以及那些在城市区域内生活但工作日不使用汽车的人，都将从降低的费用中获益；而那些在高峰期开车前往香港市中心的人，费用就会大大增加。然而，这些建议并没有被广泛接受，最终还是被拒绝了（见 Dawson，1986；Gomez-Ibenez and Small，1994）。

被拒绝的原因是复杂的，其中个人隐私是一个关键问题，还有一些问题与交通拥堵收费原则无关。在电子道路收费研究开展的同时期，中英两国之间的谈判达成一致，1997 年香港回归中国。在准备移交的过程中，一些先前任命的香港区议会成员在 1982 年直接当选，成为政府内部第一批直接当选的代表，政府也致力于更多地向区议会进行咨询。因此，在 1985 年 6 月提交最终报告之前，政府就电子道路收费方案向区议会进行了咨询。由于电子道路收费是向政府递交的第一批政策问题之一，所以有些人决定要显示自己的独立性。这个 19 人的区议会中有 11 人对这个提案正式投票，其中 9 票反对，2 票表示要推迟执行，其他人也被认为不支持这个提案。根据这些回应，加上面临经济衰退，而政府从车辆税增长的持续效益中获得好处，并且地铁和干线公路网的扩张使得交通容量增加，政府搁置了这个方案。

76

几年之后，这个想法作为香港《第二次综合交通运输研究》的一部分而被重新提出。虽然港英政府决定电子道路收费只应该是一个长期的选择，到 1994 年它仍是一个长期选择，但政府又一次越来越担心交通拥堵，发表了一个讨论稿《交通流动或阻塞：我们面临的选择》，概述了短期、中期和长期的可能政策（Transport Branch，1994）。提出长期政策的唯一选择就是实行电子道路收费，1997 年港英政府委托开展第二个电子道路收费研究项目，目标是“检验在香港实行电子道路收费的可行性，评估这样一个收费系统如何满足交通目标的需要”。这项研究有三个主要焦点：可行方案的设计与评估；首要技术选择的确认与实地评价；方案实施和运行的管理。

技术研究证实了两个选择，一种是以专用短程通信电子标签为基础的系统，另一种是以全球定位系统为基础的系统。虽然现场试验证明这两种技术都有令人满意的功能，但人们对于专用短程通信电子标签需要路边设备一事仍有担忧，包括在调整这个系统满足多变的需求（比如与其他智能交通系统的整合、应用）方面可能存在困难，以及地下管线密集带来的安装困难。尽管预计以全球定位系统为基础的系统在前期花费更多，但它可能更容易调整以适应未来的需求，包括与其他智能交通系统功能的整合，而且可以预料全球定位系统设备的成本会下降。这次研究的结论是，全球定位系统是最佳选择，其实施大约需要 6 年时间，而与之相较，实施以专用短程通信电子标签为基础的系统则需要 5 年时间。

虽然以全球定位系统为基础的系统可以允许一种以里程为基础的收费，但警戒线系统是可以优先考虑的，因为一个单一的分区涵盖了沿香港岛北岸的主要商业区域。收费可以是定向的（上午进入，下午/晚上离开），在高峰期收取较高的费用。然而，在 2006 年以前，大家认为香港岛不太可能需要电子道路收费，其后，这种需求取决于公众的接受度、汽车购置的增长以及干线公路和公共交通的改善，但在 2010 年，对电子道路收费的需求缩减了，那时一条新的交通要道中央湾仔环线预计要修建完成。预计在 2011 年之前，九龙也不需要电子道路收费系统。

77

香港特区政府关于实施电子道路收费系统的决策推迟了好几年，现在它决定推进一项智能交通系统的战略，包括驾驶信息、停车、干线公路收费以及公共交通的票价，这些必须与未来的交通拥堵收费系统相兼容。

荷 兰

1987 年，荷兰首次提出引入道路收费的建议，一部分计划是针对这个国家人口稠密而发达的西部——兰斯台德地区，包括阿姆斯特丹、海牙、鹿特丹和乌特勒支。作为建议的一部分，在其发展过程中起了主导性作用的交通部确定的一个目标是，到 2010 年将汽车使用增长限制为 35%。其他目标还包括减少交通对环境的影响和为新的基础设施提供资金。一个名为“道路收费”（Rekening Rijden）的方案发展起来，该方案设计了一系列穿越兰斯台德地区的警戒线，大多数在高峰时段，超过 7.5 公里的出行都需要缴费，最高 3 荷兰盾（0.9 英镑），而非高峰时段低至 0.3 荷兰盾。这些费用利用一个以电子标签为基础的收费系统来收取。为了保护个人隐私，政府计划使用一种储值的智能卡，这在概念上与后来新加坡使用的智能卡相似（Stoelhorst and Zandbergen，1990）。预计在高峰时段收取 2.5 荷兰盾、非高峰时段收取 1.5 荷兰盾的费用，这样能够减少高峰时段 17% 的交通流量及 7% 的交通总流量（Gomez-Ibenez and Small，1994；Pol，1991）。 78

1991 年，最初的“道路收费”方案被放弃，那时这个方案遭到各种理由的强烈反对，包括为一些以前看起来是“免费”的东西支付费用，以及担心次生效应、个人隐私和技术问题——正是技术原因使得一个重要公共部门的计算机化项目失败。这个方案被一个更加简单的“通行费项目”（Project Tollheffing）取代，该项目对主要高速公路使用者收取通行费，净收入用于投资道路，容许政府为公共交通增加以税收为基础的支出。修建收费站（the toll plaza）需要土地，以及项目会使车辆向不收费道路分流的担心使项目遭到强烈反对，这个方案被放弃；1993 年，一个高峰时段辅助通行许可证（Spitsvignet）的新建议被提出。然而，该方案基于一种年度收费，效果有限，因为其对于单程出行的边际成本并没有产生影响。尽管政府批准了该方案，但在1994年5月大选以后，一个新的执政联盟选择了放弃。

虽然有许多挫折，但有关道路收费选择的研究仍在继续，这些研究导致一个新的道路收费（Rekening Rijden）方案的发展，围绕兰斯台德地区所有主要城市设置收费警戒线，这是在阿姆斯特丹或乌特勒支的试点项目之前做的。通行费可以通过带储值智能卡的电子标签支付，也可以利车牌自动识别来辨别车辆回顾性付费，后来伦敦方案也使用这种方式。由于荷兰汽车组织荷兰国家旅游协会（ANWB）发起了一场声势浩大的停止“道路收费”活动，并获得了《电讯报》（*De Telegraaf*）的支持，努力引进道路收费的方案又一次失败了（Boot，Boot and Verhoef，1999）。

与通行费警戒线同时，有建议也提出发展一种利用车载里程表以里程为基础的收费。这个建议的理论基础是，最初的和年度的汽车税是与汽车使用无关的，比如燃油税，轻松冒险跨境补充燃料削弱了荷兰及其邻国比利时和德国之间燃料差价的有效性。以里程为基础的收费可以根据时间和地点的不同而变化，这不仅可以取代固定税，而且对于燃油税来说至少部分地是一种可替代的方案。有研究表明，每公里收费0.062欧元将减少19.6%的汽车使用（Boot，Boot and Verhoef，1999）。尽管建议提出由私营企业提供车载设备和基础设施，但随着一次大选和新的联合政府的形成，这个方案被放弃了。

在15年的规划和详细的技术研究，包括一系列不同道路收费机制的研究以后，由于一些政治联盟的垮台，已经达成的政治协议之后也遭到否决，道路收费肯定暂时不会出现在荷兰的政治议程中了。即使内阁有时大力支持收费方案，但是力量仍不够强大，以致在面对公众反对时无法从不同执政联盟获得必要的、持续的支持。但是，荷兰是一个特别注重环境保护的国家，也是交通安静化和“家园区”（Home Zone）的发源地，荷兰有完善的公共交通系统，因而实行道路收费的可能性并没有完全消失。

79

小 结

道路收费是新加坡综合交通政策的组成部分，已经实行了30年，其目标是提供高品质的交通运输体系，避免在其他地方发生的交通低效率和交通拥堵病。这证明道路收费获得成功需要远见、强有力的领导和政治稳定。电子道路收费系统也证明了可以利用道路收费来管理整个交通网络的流量，使流量与一个网络的性能指标相一致。在挪威的城市里，道路收费已经被证明是一种强有力的政策措施，将收费与各种中期投资项目联系起来；而奥地利和瑞士则证明了以里程为基础的收费方案的可行性，至少对货车来说是如此。在一次重大挫折之后，斯德哥尔摩承诺进行一项交通拥堵收费方案的试点。

在世界其他地方，尽管有详细的技术研究、清晰的基本原理的发展以及最初的政治支持，变化着的政治优先权以及对公众反对的担忧，逐渐使实施收费方案遇到更大的压力。

参考文献

407 ETR (2004). http://www.407etr.com.

Boot, J., P. Boot and E. T. Verhoef (1999). "The Long Road Towards the Implementation of Road Pricing: The Dutch Experience," paper presented at ECMT Workshop on Managing Car Use for Sustainable Urban Travel in Dublin, ECMT, Paris.

Catling, I. and J. Harbord (1985). "Electronic Road Pricing in HongKong: The Technology," *Traffic Engineering and Control*, Vol. 26, No. 12.

CityLink (2004). "CityLink Passes: terms and conditions," CityLink Melbourne, http://www.citylink.com.au.

Dawson, J. (1986). "Electronic Road Pricing in HongKong: Conclusion," *Traffic Engineering and Control*, Vol.27, No.2.

Dawson, J. and F. Brown (1985). “Electronic Road Pricing in HongKong: A Fair Way to Go? ” *Traffic Engineering and Control*, Vol.26, No.11.

DoT (2000). *Report on the Value Pricing Pilot Program*, Washington, DC: Federal Highway Administration, US Department of Transporation.

DPI (2004). “Licensed Parking in Perth,” Department for Planning and Infrastructure, Government of Western Australia, http://www.dpi.wa.gov.au/planning/parking/guide.html.

EC (1999). *Directive 1999/62/Ec of the European Parliament and of the Council of 17, June, 1999 on the Charging of Heavy Goods Vehicles for the Use of Certain Infrastructures*, Brussels: European Commission.

80

EC (2003). *Proposal for a Directive of the European Parliament and of the Council Amending Directive 1999/62/EC on the charging of heavy goods vehicles for the use of certain infrastructures*, Brussels: European Commission.

FHWA (2003). *A Guide to HOT Lane Development*, Washington, DC: Federal Highway Administration.

Financial Times (2005). “Autobahn Toll System under Way 16 Months Late,” 3 January.

Go-MAUT (2004). www.go-maut.at.

Gomez-Ibanez, J. A. and Small, K. A. (1994). *Road Pricing for Congestion Management: A Survey of International Practice*, Washington, DC: National Cooperative Highway Research Program, Synthesis of Highway Practice 210, Transportation Research Board.

Harrison, B. (1986). “Electronic Road Pricing in Hong Kong: Estimating and Evaluating the Effects,” *Traffic Engineering and Control*, Vol. 27, No. 1.

Johansson, B. and L.-G. Mattsson (1995). “From Theory and Practice Analysis to the Implementation of Road Pricing: The Stockholm Region in the 1990s in Road Pricing,” in B. Johansson and L.-G. Mattsson (eds), *Theory*, *Empirical Assessment and Policy*, Boston, MA: Kluwer Academic.

Larsen, O. I. (1988). “The Toll Ring in Bergen, Norway-the First Year of Operation,” *Traffic Engineering and Control*, Vol. 29, No. 4.

LSVA (2004). www. lsva. ch.

Menon, G. (2000). “ERP in Singapore-a Perspective One Year on,” *Traffic Engineering and Control*, Vol. 41, No. 2.

Menon, G. and K. K. Chin (1998). “The Making of Singapore's Electronic Road Pricing System,” in *Proceedings of the International Conference on Transportation into the Next Millennium*, *September 1998*, Singapore: Nanyang Technological University.

Norwegian Government (2002). Improving the Urban Environment, *State*

Report, *No.* 23 (2001 - 2002) .

Olszewski, P. and D. J. Turner (1993). "New Methods of Controlling Vehicle Ownership and Usage in Singapore," *Transportation*, Vol. 20, No. 4.

OSR (2004). *Parking Space Levy*, Office of State Revenue, New South Wales Treasury, http: //ww.osr.nsw.gov.au.

Peterson, B. (1999). "Eliminating Institutional and Organisational Barriers to Implementing Integrated Transport Strategies," paper presented at ECMT Workshop on Implementing Strategies to Improve Public Transport for Sustainable Urban Travel in Athens, ECMT, Paris.

Pol, H. D. P. (1991). *Road Pricing: The Investigation of the Dutch Rekening Rijden System*, The Hague: Netherland Ministry of Transport and Public Works (for a summery, see Gomez-Ibanez and Small, 1994) .

Progress (2003). www. progress-project. org/rome. html.

Ramjerdi, F. (1994). "The Norwegian Experience with Electronic Toll Rings," in *Proceedings of the International Conference on Transportation into the Next Millennium*, *September 1998*, Singapore: Nanyang Technological University.

Santos, G, W. W. Li and T. H. Koh (2004). "The Case of Singapore," in G. Santos (ed.), *Road Pricing: Theory and Evidence*, Oxford: Elsevier.

Skogsholm, T. (1998). "Evaluating International Policy Objectives and Regulatory Approaches to Urban Traffic Control," address to Urban Transport Development and Financing Conference, Berlin, 10 December 1998.

81

Stockholm (2004). www. stockholm. se/miljoavgifter.

Stoelhorst, H. J. and A. J. Zandbergen (1990). "The Development of a Road Pricing System in the Netherlands," *Traffic Engineering and Control*, Vol. 31, No. 2.

Sullivan, E. (2000). *Continuation Study to Evaluate the Impacts of the SR91 Value-Priced Express Lanes*, *Final Report*, San Luis Obispo: CalPoly State University.

Toll Collect (2004). www. toll-collect. de.

Transport Branch (1994). *Traffic Flow or Gridlock: The Choices We Face*, *and Report of the Working Party on Measures to Address Traffic Congestion*, Hong Kong: The Government Printer.

Transport Department (2001). *A Smart Way to Travel and A Smart Way for Transport Safety and Efficiency: Final Report of the Intelligent Transport Systems Strategy Review*, Hong Kong: Government of Hong Kong.

Transpotech (1985). *Electronic Road Pricing Pilot Scheme: Main Report prepared for Hong Kong Government* (for a summary see Gomez-Ibanez and Small, 1994) .

Tretvik, T. (2003). "Traffic Impacts and Acceptability of the Bergen, Oslo and Trondheim Toll Rings," paper presented at the Theory and Practice of

Congestion Charging: An International Symposium, Imperial College London, August 2003.

Value Pricing (2004). http://www.hhh.umn.edu/centers/slp/projects/conpric/index.htm.

Watson, P. and E. Holland (1978). *Relieving Traffic Congestion: The Singapore Area License Scheme*, World Bank Staff Working Paper 281, Washington, DC: The World Bank.

Willoughby, C. (2000). *Singapore's Experience in Managing Motorization and its Relevance to Other Countries*, TWU Series 43, Washington, DC: Transport Division, The World Bank.

6 新开端：布莱尔政府、交通拥堵收费和一位伦敦市长

导言

在1986年之前的近一百年，伦敦有一个直选的区域政府：最初是伦敦郡议会（London County Council），从1965年起是大伦敦议会（Greater London Council，GLC）。肯·利文斯通是一位工党左翼人士，在1981年后领导大伦敦议会。利文斯通被指责为把大伦敦议会"当作政治运动的一部分，既反对中央政府，又捍卫社会主义的政策"（*The Times*，1983），他经常在与国会大厦隔泰晤士河相望的伦敦郡政厅上悬挂大横幅来表达自己的观点，这使首相玛格丽特·撒切尔非常生气。出于对利文斯通实施的政策以及对其他大都市机构成员的失望，撒切尔政府在1986年取消了大伦敦议会和其他6个英格兰大都市议会（English Metropolitan Councils）。

1997年的工党大选宣言最初由托尼·布莱尔领导起草，宣言提出"伦敦是唯一一个没有直接选举市政府的西方国家首都"，并承诺了"一个伦敦新政府，包括一个战略机构和一个市长，都将由直选产生"（Labour Party，1997）。在竞选的三个月里，布莱尔的新政府发布了一份绿皮书《伦敦的新领导》，承诺就这一提案进行公投（DETR，1997b）。虽然只有34%的伦敦选民参与了1998

年5月举行的公投，但是其中有72%的选民支持这个政府提案。

1997年的工党宣言还包括了另一个承诺，“为了向交通拥堵和环境污染宣战，要制定一个综合的交通政策”（Labour Party，1997）。到1997年8月，新政府发布了一份交通绿皮书《形成一种综合的交通政策》，借此寻求其他人对于交通问题的回应：“是否有……一种作用，更多地利用经济手段去影响人们的出行选择……有可能……使用道路收费？”（DETR，1997a）

83

交通十年计划

在交通绿皮书发布一年之后，中央政府又发布了一份白皮书《交通新政：对大家更好》（DETR，1998c），强调必须改变行为模式，鼓励采用胡萝卜加大棒的方法，因为“经验表明，完善公共交通以及相关的交通管理措施是必要的，但在很多情况下也是不充分的”。接着绿皮书中提出的收费问题，白皮书提出了两种可供选择的地方道路收费方案，即直接的交通拥堵收费和对工作场所停车征税，同时承诺实施必要的立法。

这些想法在一份公开补充白皮书的咨询文件《打破僵局》中有更加详细的展开（DETR，1998c）。在这份文件的序言中，副首相及国务大臣约翰·普雷斯科特做了说明：“工作场所汽车停车收费能够抵消给予……通勤汽车交通免费停车空间的实在补助。道路使用收费可以精确地解决不同区域不同时段的特定交通拥堵热点。”关于伦敦，这个文件认为“对于解决伦敦的交通拥堵来说，一个伦敦市中心计划或一个涉及更大区域的计划是最重要的”。

这些计划也伴随着财政部观念的突破。财政部长期以来的教条是，赋税或征税的收入应该是国家收入的一部分，支出应该与中央政府的优先事项相符合，而不是指定给赋税的征收部门使用。因此，来自车辆税和消费税的收入完全独立于中央政府在道路甚或整个交通方面的支出。然而，绿皮书得到的回应却澄清了这一点，支持道路使用收费主要取决于征收资金的使用方式："人们告诉我们，面对交通拥堵，如果这些钱能够循环利用，那么他们愿意接受这些措施。"这说服了财政部接受净收入抵押原则，即来自地方道路使用收费的净收入，至少最初十年的可以质押。事实上，道路使用收费极有可能被视为一个机会，即这种费用可以创造一种额外的收入来源，而财政部可以有效地控制地方政府支出，同时可以通过减少中央政府的拨款来简单弥补这样一部分收入，这几乎没有任何下行风险。84 实际上，英国工业联盟（Confederation of British Industry）就利文斯通计划把伦敦市中心方案向西延伸的提案，向伦敦议会提交了证据，说明"我们失望的是……中央政府平行资金似乎已经减少的部分，几乎等于来自交通拥堵收费获得的实际收入"（London Assembly，2003）。

然而，伦敦白皮书指出："这些措施将因而提供一种收入来源，支持在公共交通和交通管理方面的重大改造，以防止交通拥堵。换句话说，这些措施将着手处理交通拥堵问题，也将有利于提供一种交通拥堵的解决方案。"（DETR，1998b）

新政府在执政后的15个月内先后发布了交通绿皮书和白皮书，这是一个良好的开端，但制定"十年计划"花费了比预计更长的时间。这部分是由于对一些措施具有的政治影响的担忧，它导致约翰·普雷斯科特抱怨"唐宁街的隐匿奇观"（*The Times*，1999），罗恩斯利在描述新工党时指出："普雷斯科特是……新工党的受害者，新工党倾向于走一步看一步，这种方法特别不适合制定交通政策。"（Rawnsley，2000）在唐宁街，最受关注的问题是不要冒失去"蒙迪欧男"支持的风险，因而要避免实施被视为"反汽车"的激进交通政策（蒙迪欧是福特旗下一款中档车；"蒙迪欧男"指英国的中产阶级，新工党把他们的选票视为在未来竞选中胜利最关键的因素）。由于普雷斯科特的顾问强力支持道路收费，普雷斯科特却因唐宁街交通顾问的干涉而在道路收费上受到越来越多的挫折，直到罗恩斯利的报告发表，布莱尔政府才最终不得不同意普雷斯科特撤换顾问的要求。

2000年7月，“十年计划”最终公布，坚定地承诺将会实施道路使用收费政策，但它却将收费实行与否的实际决定权留给了地方政府（DETR，2000）。也许这反映了唐宁街的政治考虑，中央政府在关键政策的决定方面，如在什么时候、什么地方、什么人和收多少费用，一直是袖手旁观的；《2000年交通法案》仅仅为地方收费方案授权，中央政府不能担任类似公路管理机构那样的角色，为干线公路和高速公路引进道路收费方案（Transport Act，2000）。当把收费交给地方政府之后（虽然在伦敦以外的所有地方收费方案都需要中央政府的批准），“十年计划”认为在接下来的十多年，到2010年，8个交通拥堵收费方案将会在“我们最大的城市和城镇”采用，此外，还有12个工作场所停车收费方案，为伦敦以外的英国地方政府产生总额12亿英镑的收入，为伦敦产生15亿英镑的收入。总体来说，“十年计划”设定了一个降低现有交通拥堵水平的目标——“尤其在大城市区域”，并进而强调地方政府被赋予的责任。虽然“十年计划”认识到，除了地铁和英国铁路以外，解决伦敦的交通问题是新当选市长的职责，但如果只是为了帮助伦敦实现国家的目标，并证实“过度拥挤和交通拥堵”是伦敦众多重大问题之一，那么，伦敦并不缺少可行的政策、方案和项目。

85

伦敦市长、大伦敦政府和伦敦议会

伦敦绿皮书发布后到直选市长公投前，中央政府发布了一份白皮书《伦敦市长和伦敦议会》，列出了详细的建议（DETR，1998b）。其中四个关键要素是：

（1）一位直选的市长，具有执行权；

（2）建立一个大伦敦政府（GLA），包括一个新的执行机构伦敦交通局；

（3）建立伦敦大都会警察局（Metropolitan Police Authority），按英格兰其他地方的模式，把“苏格兰场”的职责从内政大臣转移到伦敦大都会警察局；

（4）一个直选的伦敦议会。

根据《1999 年大伦敦政府法案》，这些建议逐渐付诸实行（GLA Act，1999）。虽然约翰·普雷斯科特在进入二读时，说到大伦敦政府会把权力交还给伦敦人民，但是，人们真的担心中央政府会收回最初的想法，截留部分权力（Pimlott and Rao，2002）。在普雷斯科特否定这一点时，人们仍存有一种疑虑，害怕肯·利文斯通成为市长，使得中央政府利用保留的权力在关键领域持有最终的权威。

伦敦市长领导下的大伦敦政府对交通、规划、经济发展和恢复、环境、治安、消防和应急计划、文化、传媒、体育和公共卫生负有责任。其中，交通管理看起来是最重要的一个职责。伦敦市长负责任命伦敦交通局主席和董事会成员，伦敦交通局合并了以前由中央政府掌握的大多数交通职能，包括伦敦交通（但最初排除了地铁，直到中央政府的公私合营方案实施）、道克兰轻轨、由公路管理局负责的干线公路（但不包括 M1、M4、M11 及 M25 高速公路），还负责伦敦交通指挥官（如对红色线路）、伦敦公共运输局（Public Carriage Office，负责出租车、小型出租车以及出租车司机的执照）的业务，以及内河客运服务。全长 550 公里（340 英里）的战略路网也归属于伦敦交通局，从而构成了大伦敦政府的路网（后更名为“伦敦交通局路网”）；伦敦市长通过伦敦交通局对这个路网拥有绝对的权力。高速公路以外，对伦敦路网的其他 1.3 万公里公路的管理是 32 个伦敦自治市和伦敦市法团的职责，它们既保留了公路管理机构，也保留了交通管理机构。

86

除地铁之外，英国铁路是另一个明显的例外，它也不在伦敦市长的交通管辖权力范围之内，市长的权力被限制为“对运营总监的指示或指导”（GLA Act，1999），英国铁路后来被铁路战略管理局（SRA）取代。然而，如果伦敦市长发布的指令或指导阻碍了对国务大臣要求的遵循，并对伦敦以外的乘客产生负面影响，或者增加了铁路战略管理局的花费，那么，铁路战略管理局不需要执行。因此，实际上，伦敦市长最好拥有由说服支撑的道德权威。但是，中央政府此后提议在大伦敦政府区域内扩大伦敦市长在英国铁路服务方面的权力，同时提议撤销铁路战略管理局（DFT，2004；Railway Bill，2004）。尽管希斯罗机场和伦敦城市机场都位于大伦敦地区，但伦敦市长不负责机场和航空——地面入口区除外。

《大伦敦政府法案》也把大都会警察纳入伦敦大都会警察局的控制之下，其预算由伦敦市长确定，但必须经伦敦议会批准。虽然这个法案没有给伦敦市长直接的警察控制权，但他和伦敦议会对治安优先事项有一定的影响，包括交通和公共巴士的安全。然而，维护伦敦地铁和道克兰轻轨的治安仍是英国交通警察的职责，这是一支专业的武装队伍，依法负责英格兰、苏格兰和威尔士所有铁路的治安。

87　伦敦议会的主要作用是“监督伦敦市长行使法定职能的实施情况”（GLA Act，1999），或者如白皮书中列出的，“使伦敦市长维护伦敦的利益”，监督伦敦市长及其负责的那些执行机构（DETR，1998b）。尽管伦敦议会可以招来市长解释并提出建议，但它不能发布指令。它唯一的实际权力是批准伦敦市长的预算，这个预算需要获得2/3议员的多数通过。

伦敦议会有25位成员，其中14位依据传统的选区“得票多者当选”原则选出，另外11位依据“名单”原则，选民投票给一个政党或一位独立候选人，每个政党（或其他候选人）赢得的席位数与选票数成正比。而每个政党又有一个候选人名单，在榜首的人获得第一个分配的席位，然后依次类推。

伦敦市长的一个特殊职责是准备和发布一个《交通战略》，为“促进和支持大伦敦内外的安全、整合、高效和经济的交通设施和服务”提出他的政策（GLA Act，1999）。然而，无论国会有什么意图，由于伦敦市长对中央政府保留控制权的英国铁路和高速公路网络的作用有限，所以，其《交通战略》的主要焦点不可避免地集中于伦敦市内的交通设施与服务。

《大伦敦政府法案》中包含了引入道路使用收费和工作场所停车征税的条例，在《2000年交通法案》前的近两年，该法案几乎成了法律，也为英格兰和威尔士的其他地方提供了相似的权力（根据权力下放原则，北爱尔兰和苏格兰拥有自己的权力）。只要收费或征税是“为了直接或间接地促进伦敦市长交通战略所提出的各项政策和建议的实施，看起来就是值得的或适当的”，并且任何收费方案“必须与伦敦市长的交通战略相一致”（GLA Act，1999），那么，伦敦交通局、自治市或伦敦市法团都可以引入收费或征税。尽管这个法案包含了不转移占有质押的原则，但仍有几个关键原则。第一，只有在大伦敦政府成立后的10年内生效，这个方案的净收入才可以不转移，而且，不转移占有质押的权利仅仅持续自该方案实施起的一个十年期，但国务大臣可以延长这一期限。第二，净收入应该用于国务大臣满意的“一种与交通相关的目的”，即它们“物有所值”，关于“评估一个申请是否……物有所值”，国务大臣被授权发布指南。这个法案也要求大伦敦政府为使用他们获得的净收入份额以及为使用他们分配给他方的任何份额提交一个十年规划和一个四年计划，这些都必须获得国务大臣的批准。因此，这是中央政府保留关键权力的一个例子。这条规定反映中央政府对利文斯通当选市长后可能实施政策的担忧，假如他的票价公平（Fares Fair）政策是在其作为大伦敦议会领袖时推出的，那么他可以通过一种补充税——房产税——来资助，并降低公共巴士和地铁票价25%，但这被上院推翻，理由是伦敦交通需要经济地运行，当然这可能是有争议的（Travers，2004）。事实上，值得注意的是，在《2000年交通法案》中，对伦敦以外的政府没有明确的条款要求“物有所值”，因为资金“只对申请……为了直接或

88

间接地促进实现中央政府的地方交通计划政策……才可用”，根据《2000 年交通法案》，需要一份这样的文件（Transport Act，2000）。然而，有争议的是，既然国务大臣批准了地方交通计划而非伦敦市长的《交通战略》，那么这个批准过程充分证明了伦敦以外地区的物有所值。进一步说，《2000 年交通法案》也规定了国务大臣“关于一个申请是否……物有所值可以发布指导意见”。

根据《大伦敦政府法案》，另一个条款是道路收费使用的设备也需要国务大臣批准。如果一台设备“不符合国家标准……而且这种不一致损害了居住在大伦敦以外的英国个人的利益……那么这种不标准的设备不可以再使用……除非有国务大臣的批准”。

对于伦敦来说，国务大臣没有直接介入制定《计划纲要》的程序，引入一个收费方案需要以立法的方式进行。事实上，伦敦市长在这方面拥有更多的自由，经过协商，他“可以”决定是否举行一个（公共）咨询（一个正式的公众听证）；如果他这样选择，他可以任命几个人举行咨询会，决定对方案做什么样的修正。这与英格兰其他地方的方案形成了鲜明的对比，其他地方的方案必须“提交”并得到国务大臣的“确认”。在其他地方的收费机构召集一次听证会并决定由谁主持咨询会时，国务大臣也可以召集一次咨询会。

89

伦敦道路收费选择

被特拉弗斯描述为“一个有抱负的天才”（2004）的伦敦中央政府办公室主任杰尼·特顿，认识到《大伦敦政府法案》中包含的道路使用收费权可能很重要，伦敦市长候选人的竞选宣言中也可能包含了这一政策；他提出一个开创性的想法，即建立一个专家小组去辨识伦敦市长在其中会以哪些方式行使其权力。伦敦道路收费选择工作组于 1998 年 8 月第一次开会，2000 年 3 月发表了工作组的最终研究报告（ROCOL，2000）。工作组由一系列利益相关群体中的个人构成，包括汽车、公共交通和环境组织（如英国汽车协会、皇家汽车俱乐部和“2000 年交通”）、学术机构、公共部门（伦敦政府协会、伦敦中央政府办公室、环境交通和区域局、公路管理局、伦敦发展合作伙伴、伦敦规划咨询委员会、伦敦交通局、铁路战略管理局以及伦敦交通指挥官）、伦敦游说团体“伦敦第一”以及政府顾问。这个工作组得到一个技术秘书组的支持，技术秘书组负责管理和指派顾问，开展工作组所要求的研究。这个工作组的目标是对一些重大问题提供独立于政府的客观评估，其中就有关于伦敦市长对道路使用者进行收费的权力使用问题。虽然工作组提供了一些附带说明的选择，但很明显它没有提出任何建议。

工作组很快一致认识到，应该集中研究一些方案，这些方案或者在伦敦市长的第一个任期内实施，在 2004 年 5 月第二次选举之前顺利运行；或者在第一个任期内准备，第二个任期初实施。工作组既考虑了交通拥堵收费，也考虑了工作场所的停车征税，这些方案覆盖了伦敦市中心和整个大伦敦。关于交通拥堵收费的方式，考虑过纸质许可证、带车牌自动识别的区域通行许可证和电子道路收费。

因为纸质许可证方案需要人工检查，所以有人对这一方案的实施有很现实的疑虑。由于伦敦市中心的私人路边停车场和过境交通比例很高，执法不能仅仅依靠检查停放在街道上的车辆。因此，要检查许可证就必须截停足够高比例的车辆，并确保有足够的遵守。90 估计要达到 20% 的检查率，需要 400 名执法人员，他们（如果不是警察）必须被赋予叫停车辆的权力。然而，即使这种程度的执法也会增加交通拥堵，还必须以相对高的罚款作为补充手段。因此，虽然一个以纸质许可证为基础的方案可以在两年内实施，但工作组还是决定不再更深入推进该方案的可行性研究。

电子道路收费提供了一种灵活的收费系统，收费可以根据行车方向、时段和车辆类型的不同而变化。然而，考虑到实施电子道路收费方案所需的估算时间、期望（即使非必需的）与国家标准兼容的调整时间，以及中央政府最终敲定这些方案所需的合理假设时间，工作组的结论是，电子道路收费方案在伦敦市长第一个任期内实施是不可能的。

关于纸质许可证和电子道路收费的结论为道路使用收费留下了一个选择，即一个虚拟的、使用车牌自动识别系统的区域通行许可证方案。工作组认为在伦敦市中心，一个以车牌自动识别为基础的方案到2003年秋季可以实施，并且在2004年伦敦市长选举（预计在5月）之前顺利运行，他们还把这个方案作为一个核心示例性方案开发。其基本概念是对在收费时段内在收费区域公路上行驶的车辆收费。收费区域被限定在伦敦内环路以内的市中心（见图6－1）。在伦敦市长第一个任期内实行一个更大区域范围的收费方案被认为是不可行的，部分是因为其规模，但也因为这个方案几乎肯定要求使用电子道路收费。

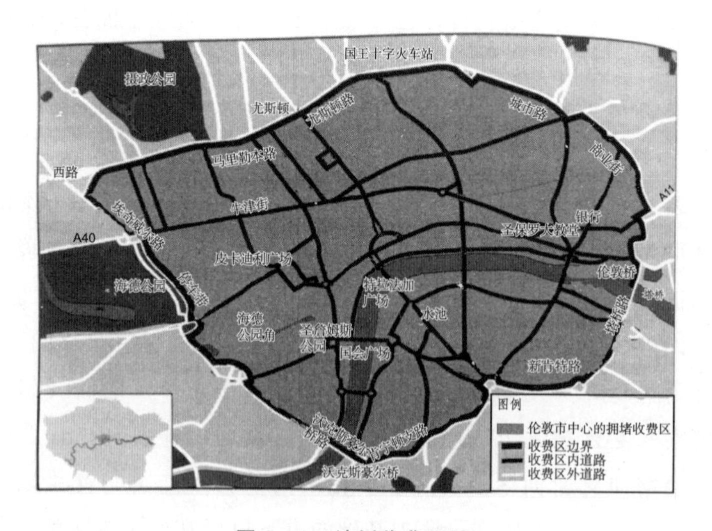

图 6－1　计划收费区域

把收费区域限定在内环路的一个好处是，为选择绕行而非通过收费区域的车辆提供了一条环绕收费区域边界的直接的替代路线，这样在驾驶者接近收费区域时，能够转而避开。此外，构成内环路的道路都是大伦敦政府路网的组成部分，因此处于伦敦市长的管辖范围之内。

内环路之内的区域包括伦敦西区、伦敦市和在威斯敏斯特的中央政府区域。虽然泰晤士河南岸的区域通常不被视为伦敦市中心，但工作组认为，把收费区域局限在泰晤士河北岸，将会使收费方案实施和运行复杂化，因为环绕南部边缘的可替代道路不全是大伦敦政府路网的一部分，并直接受到将特拉法加广场和国会广场建为世界广场的计划的影响。

除了区域通行许可证之外，工作组还考虑了一种准入证。虽然这种方式的可能好处是，允许收费区域的居民在收费区域内免费使用自己的汽车，但这也可能鼓励其他人在收费时段前到达，然后在收费时段的收费区域内使用他们的车辆。更重要的是，这种执法将会是非常困难的，因为要证明一辆车没有付费即进入收费区域，需要在收费界线内一小段道路上强制执法。而与之相比，区域通行许可证可以在收费时段内的任何时间以及收费区域路网上的任何地点执行收费。

除了以车牌自动识别为基础的虚拟区域通行许可证之外，工作组还考虑了许多其他的可能性。一种是纸质许可证，与一个获得许可的车辆注册号数据库结合，但需要基于注册号进行人工执法来支持。然而，这种方式需要建立一个数据库，类似于在相关的驾驶者获得一本实际许可证的同时，一个虚拟许可证也是必需的；这种方式必须有一个庞大的执法团队，确保高价的许可证销售。因而，相对于虚拟许可证，纸质许可证看起来有严重的不足。另外可供选择的方式是一个简单的电子标签和信标系统，这可能是迈向一种完全的电子道路收费方案的第一步，但工作组没有把它看成在伦敦市长第一个任期内可以实施的提案，由于采购和安装都需要时间，又因为相对于中央政府计划的全国标准，这个方案可能是不成熟的。

92

以核心图像说明的虚拟区域通行许可证方案，在周一到周五的早7时至晚7时进行收费。虽然公认娱乐行业宁愿收费时段早点结束，但工作组担心过早结束收费会降低收费对晚高峰交通拥堵的影响。尽管交通拥堵在晚上和周末也可能很糟糕，但工作组的结论是，在正常工作日以外，公共交通并没有为汽车提供一种可接受的替代方式。

工作组注意到，“当收费水平直接反映边际用户施加给其他交通用户的成本时，道路收费的经济效益是最大的”，其得出的结论是，一种“有效的收费”不仅难以精确地确定，而且不能以一个区域通行证来实现。然而，有可能使收费在重型货车与其他车辆之间做出区分。根据这些车辆对交通拥堵的影响，工作组考虑了三个基本的收费档次——2.5英镑、5英镑和10英镑，重型货车7.5英镑、15英镑和30英镑，小汽车5英镑和重型货车15英镑被作为这个核心图像说明方案的基础。

根据估算，5英镑（重型货车15英镑）的收费能够减少早高峰时段收费区域内10%的交通流量（每公里车辆数），在早6时和晚8时之间的14个小时里减少12%的交通流量。早高峰的平均车速将提升3公里/每小时，达到18公里/每小时；14个小时内的平均车速将提升2公里/小时，也达到18公里/小时。在伦敦内城，平均交通流量将减少3%，尽管某些道路的交通流量会有所增加。

提供一周、一月或一年的定期票，对用户来说是方便的，对运营方来说是高效的，但工作组的结论是，这种定期票的实用性“将削弱收费与车辆使用之间的联系”，如果要使用它们，就不应该有价格折扣。工作组还得出结论，免费、优惠或折扣的经济理由

93 都是不充分的，因而所有的道路使用者都应该付费，除非支付的费用在不影响出行的情况下进行转移支付。只有两类车辆——应急车辆和定时运行的公共巴士——具备充分的免费理由。

虽然工作组认为其他车辆免费的理由是不充分的，但还是考察了两个群体：当地居民和行动不便的人。因为收费适用于所有公路

上的车辆，整天停在路上的居民车辆也属于这个范围，即使车辆没有被使用。根据预测，伦敦市中心的居民车辆完全免费对交通水平的影响相对有限，但工作组还是考虑了交通拥堵收费是否应该扩大到伦敦的其他地方。因为居民的路上停车方案存在于整个区域，所以提出的解决方案是，当那些停在居民停车位上的用户出示居民停车许可证的时候，那些车辆就可以免费。

虽然中央政府已经表示行动不便者可以免收道路使用费，但考虑到那时通行的“橙牌”（现在是“蓝牌”）申请条件，工作组担心免费权（或者折扣）可能会被滥用。然而，对那些因为残疾而免交个人车辆消费税的车主实行免费，被认为是可行的。

任何想要随时在收费区域内驾车出行的人，必须为他们的车辆注册车牌号，这些号码会保存在一个数据库中。注册可以在零售店进行，也可以通过电话和网络，还可以用邮寄的方式来完成。收费区域的边界有安装摄像头，而收费区域内的一些地点将记录所有经过车辆的车牌号。这些图像将利用车牌自动识别技术来解读，并与存在于数据库中的车牌号进行比对。考虑到个人隐私问题，那些比对成功的图像会被马上删除，而那些无法比对的图像会保留下来，进行人工检查和可能的执法行动。如果发现有车辆没有付费，就会通过英国驾驶和车辆许可局的记录来追踪注册车辆的持有者，并发出罚款通知。有人建议在出行那天午夜前，驾驶者都可以为车辆注册，以便让那些原先没有计划进入收费区域或者忘记提前注册的用户有时间注册，以免违反规定。核心图像说明方案设定的罚款是40 英镑。

94

执法需要两个图像，一个是用于车牌自动识别过程的车牌号图像，另一个则是记录车辆及其街道背景的图像，在车牌识别有疑问时，它帮助执法人员确认车辆，也为罚款通知有争议时提供证据。与其他依赖于车牌执法的任何系统一样，不论是交通拥堵收费，还是超速或闯红灯，总存在无法追踪车辆的问题，这既可能因为驾驶和车辆许可局保存的信息过期或者错误，也可能因为车牌是无效的。这个问题也适用于任何一个电子道路收费方案或一个图像说明的车牌自动识别方案。工作组担心引进交通拥堵收费会刺激更多的驾驶者使用无效的车牌。然而，《大伦敦政府法案》规定可以用轮夹锁锁定或扣留屡次违规者的车辆，这被认为是一种威慑手段。

根据估算，实施这个以图像说明为核心方案的许可证发放和执法要素将花费 3000 万 ~5000 万英镑的成本，而其年收入也在 3000 万 ~5000 万英镑。由于估计每年收费收入在 2.5 亿 ~2.8 亿英镑，罚款收入在 3000 万 ~4000 万英镑，年净收入预计为 2.3 亿 ~2.7 亿英镑。然而，年净收入这个数字没有算入装备成本的摊销以及配套交通管理措施、公共交通和其他措施的成本。降低收费标准至 2.5 英镑（重型货车 7.5 英镑），预计将减少年净收入 1.2 亿 ~1.5 亿英镑。相反，如果提高收费标准至 10 英镑（重型货车 30 英镑），预计年净收入将增加 4.5 亿 ~5 亿英镑。

根据《大伦敦政府法案》的授权，工作组也调研了工作场所停车征税的作用，法案要求雇主为他们的员工和访客使用的停车位、每块地产或场地申请许可证；但他们的顾客使用的停车位不需要许可证。雇主可以选择减少他们使用的停车位，但为此也需要交税。工作组的结论是，在混合使用的场所征税将是困难的，由于需要确定哪些汽车属于雇主和业务访客，哪些属于顾客和居民。在多个所有权的场所征税也是困难的，因为需要确定谁对违规负责。工作组认为，为了避免车辆转移到街上停车，停车税只能适用于那些控制街上停车的区域（即在停车控制区内，停车控制区可以延伸到超出停车征税边界 15 分钟的步行范围）。

95

工作组以两个可能的区域来加以说明，这两个区域都满足停车控制区的条件：一个是内环路以内的伦敦市中心，另一个是“扩展的中心区”，包括威斯敏斯特、肯辛顿和切尔西、哈默史密斯和富勒姆的所有地方。这个扩展区形成了以图像说明为核心的方案的基础。

由于在伦敦市中心路边停车一年的费用约为 3000 英镑（每天

12～25英镑），将停车征税的一年额度增加到3000英镑以上，会导致停车转向公共的路边停车位，同时会减少收入和交通造成的影响，而操作和执法成本仍完全不变。根据估计，每年工作场所停车征税3000英镑，可以在早高峰时段减少收费区域4%的交通流量（每公里车辆数），在整个14个小时（早6时至晚8时）内减少交通流量3%。对伦敦内城的交通流量影响来说，平均减少1%～2%。

设备成本估计为约500万英镑，每年运行成本为500万英镑。由于年收入在9000万到1.1亿英镑之间，估计征税将提供1亿英镑的年净收入。工作组没有预测因车辆不遵守规则而获得的罚款收入。

工作组还受到了众多领域研究成果的支持，包括社会调查、适合区域通行许可证的进一步发展的伦敦交通拥堵收费/伦敦道路收费评估模型（DTp，1995）、收费和执行系统的研究以及图像说明选择的成本与编程。

伦敦市长选举

毫无疑问，从伦敦应该拥有一个直选市长的想法起，肯·利文斯通就站了出来，在大伦敦议会撤销以后，利文斯通成为东布伦特选区（Brent east）的工党国会议员。问题是他是否会成为工党的正式候选人，因为如罗恩斯利所指出的，利文斯通代表了“布莱尔所痛斥的，一切分裂的、自我毁灭的、不可能在选举中获胜的过时的工党”，而且“身为新工党建筑师的布莱尔会去负责复活一个他如此深恶痛绝的政治家不符合逻辑”（Rawnsley，2000）。

96

虽然利文斯通确实设法寻求成为工党的正式候选人，但正如平洛特和拉奥所解释的，“新工党的本能是找到一个可靠的官员”（Pimlott and Rao，2002）。然而，“领导阶层越急于找到一个人，就会发现某些特定个人越来越勉强，利文斯通的挑战，看上去越来越像一只有毒的酒杯”。最后，克里斯蒂安·沃尔默在关于公私合营（PPP）的研究中描述，一个选举派别为了阻止利文斯通当选，特意划分了选区，他们选择卫生大臣弗兰克·多布森为工党的正式候选人（Woolmar，2002），即使特拉弗斯把多布森描述为“在竞选伦敦市长的问题上，是一个明显的怀疑论者”（Travers，2004）。尽管他们对选区做了划分，给选举团成员压力，让其不要支持利文斯通，但是，多布森的支持率仅仅比利文斯通高3%。

然而，民意调查显示利文斯通是一个更受欢迎的候选人，尽管利文斯通意识到以一个无党派人士的候选人身份去参选会被工党开除，但他还是决定这样做。在利文斯通做出这个决定并被他的政党开除之后，工党越是尽力阻挠他，伦敦人就越支持他，而多布森是“首相的贵宾犬”的观点也对他有利（Pimlott and Rao，2002）。由于获得了不同政治阶层的支持，特别是工党正常选民的支持，在第一轮计票中，利文斯通获得了39%的选票，领先多布森13%，这使他能在第二轮（第二轮选举以单一可转移选票为基础）与保守党候选人史蒂夫·诺里斯进行“决赛”，史蒂夫·诺里斯是前交通大臣，负责伦敦的交通事务。最终，利文斯通以58%的选票当选伦敦市长。显然，伦敦需要的是一个能为伦敦服务的市长，而不是一个政府的傀儡，即使布莱尔断言利文斯通会是伦敦的一个灾难。

伦敦议会的席位选举也证明是一个意外——保守党赢得了大多数的选票，绿党仅获得3个席位。结果是，议会中保守党和工党各有9位成员，自由民主党4位成员，绿党3位成员。

小　结

到2000年，1997年当选的布莱尔政府已经实施了两项关键政策：伦敦有了一个区域政府，有一位直选的执行市长，由一个直选的伦敦议会监督；还有一位伦敦市长，拥有实施道路使用收费的权力。伦敦道路收费选择工作组的研究表明，一个伦敦市中心的交通拥堵收费方案可以在伦敦市长的第一个四年任期内实施，其不仅会

97

有效地减少收费区域内的交通拥堵，还会产生净收入。

然而，让中央政府始料未及的是，肯·利文斯通当选为伦敦市长，而工党候选人只有 13% 的选票，伦敦议会因工党无法将其完全控制而“悬置”。

参考文献

DETR (1997a). *Developing an Integrated Transport Policy*, London: Department of the Environment, Transport and the Regions .

DETR (1997b). *New Leadership for London*, London: Department of the Environment, Transport and the Regions.

DETR (1998a). *Breaking the Logjam*, London: Department of the Environment, Transport and the Regions.

DETR (1998b). *A Mayor and Assembly for London*, London: Department of the Environment, Transport and the Regions.

DETR (1998c). *A New Deal for Transport: Better for Everyone*, London: Department of the Environment, Transport and the Regions.

DETR (2000). *Transport 2010, The 10-Year Plan*, London: Department of the Environment, Transport and the Regions.

DFT (2004). *The Future of Rail*, London: Department for Transport.

DTp (1995). *London Congestion Charging Research Programme*, London: Department of Transport. (Note: a report of the principal findings is also available from HMSO, and a summary of the Final Report is available in a series of six papers published in *Traffic Engineering and Control*: see Richards *et al.*, 1996.)

GLA Act (1999). *Greater London Authority Act 1999*, London: Her Majesty's Stationery Office.

Labour Party (1997). *New Labour because Britain deserve better*, The Labour Party manifesto, London: Labour Party.

London Assembly (2003). *Transport Committee*, 26 November 2003, Transport of Evidentiary Hearing, London.

Pimlott, B. and N. Rao (2002). *Governing London*, Oxford: Oxford University Press.

Railways Bill (2004). House of Commons.

Rawnsley, A. (2000). *Servants of the People , The Inside Story of New Labour*,

Harmondsworth: Penguin.

Richards, M. G. *et al.* (1996). "The London Congestion Charging Research Programme," a series of six papers in *Traffic Engineering and Control*, Vol. 37, Nos 2 to 7.

ROCOL (2000). *Road Charging Options for London: A Technical Assessment*, London: The Stationery Office.

The Times (1983). 6. May.

The Times (1999). 8. July.

Transport Act (2000). London: Her Majesty's Stationery Office.

98

Travers, T. (2004). *The Politics of London: Governing an Ungovernable City*, Basingstoke: Palgrave Macmillan.

Woolmar, C. (2002). *Down the Tube: The Battle for London's Underground*, London: Aurum Press.

7　正式程序：伦敦市长的《交通战略》及交通拥堵收费方案

导　言

“让伦敦动起来”是利文斯通竞选运动的核心政纲。他把改善首都交通系统状况看作伦敦保持“世界城市”地位的关键，而这一地位又需要经济繁荣去支撑起社会与环境政策。他也把交通系统视为他真正拥有权力的一个领域，因此，作为伦敦市长，他有机会有所作为，甚或可以获得未来。

利文斯通曾经在有关中央政府的伦敦地铁公私合营方案以及公共交通票价问题上表达过自己的立场，他认为交通拥堵是一个严重的问题，不像工党和保守党的候选人多布森和诺里斯，他决定接受交通拥堵收费的原则。在竞选宣言中（Livingstone，2000），他这样说道：

> 交通拥堵现在如此严重，不仅毒害了环境、浪费了人们数百万小时的时间……而且现在有一半企业主认为，车辆拥堵的道路是伦敦经济的主要劣势。作为大伦敦议会的领袖，我了解到的最重要的教训是，相比于简单地让汽车使用更困难，让公共交通更有吸引力容易多了……总之我的目标是，到2010年减

> 少整个伦敦的交通量5%……作为这个战略的一部分，我将……广泛地咨询最佳的可行的交通拥堵收费方案，不鼓励在伦敦市中心的小范围内非必要的汽车出行，方案在我的任职中期开始实施，所有的资金都会用于改善交通。

因为大伦敦政府的大多数资金来自财政部，所以伦敦市长的主要地方资金选择是基于市政税的一种概念，这种税是伦敦各自治市按居民房产征收的；据称，利文斯通也对这种净收入税源有极大的兴趣，据伦敦道路收费选择工作组估计，该税源一年的净收入是2.5 亿英镑（ROCOL，2000）。

100

也有人认为，对汽车用户收费简直是一个左翼的、向富人征税的政策。但是，在寻求政策实施的过程中，利文斯通非常明确，为了确保伦敦的繁荣，需要解决商界对于伦敦市中心交通拥堵影响的担忧。他有意与伦敦商界建立一种联合，而不是疏远他们。《泰晤士报》报道称，“大企业和肯·利文斯通共同打造了一个不可能的联盟，目的是使伦敦成为世界上第一个向市中心驾驶者收费的首都”，报道还提到，“这段新友情使‘红色肯’与其谴责资本主义为邪恶力量时有天壤之别”（*The Times*，2001）。根据《伦敦晚报》的说法，利文斯通把自己视为“赞同公共交通、反对交通拥堵但不反对汽车”的人（*Evening Standard*，2001a）。他也可能对两件事感到欣慰——伦敦规划咨询委员会较早地决定支持收费（见第4章），民意调查也显示伦敦民众差不多原则上是支持的。然而，据综合交通运输委员会主席大卫·贝格的说法，利文斯通有7位反对交通拥堵收费的政治顾问，因此“他不得不赞同肯尼迪的格言，‘政策应该先于政治’”（Woolmar，2003）。

正式批准过程

伦敦道路收费选择工作组曾经提出建议，一个承诺引入交通拥堵收费方案的竞选宣言将有助于该方案在正式批准过程中通过（ROCOL，2000）。然而，伦敦议会审查小组调查伦敦市长的提案，表明一个政治承诺并不能回避根据法律需要完成的程序（London Assembly，2000a）。但是，利文斯通在竞选宣言中做的坚定承诺，以及将其优先于竞选，保证他一旦当选，就能在推进交通拥堵收费方面树立起真正的权威。

根据《大伦敦政府法案》，经过伦敦交通局的运作，伦敦市长有权“建立和运行相关的计划，可以在其管辖区域内的道路上对拥有或使用车辆征收费用”（GLA Act，1999）。然而，在《大伦敦政府法案》中，对引入这样一个方案的程序没有做详细说明。因此，虽然需要一个《计划纲要》，但它可以是“大伦敦政府决定的那种形式”。该法案进一步说明，大伦敦政府“可以进行咨询”，“可以举行听证”，伦敦市长（而非国务大臣）可以指定人进行任何听证。因此，从理论上来说，根据《大伦敦政府法案》，制定交通拥堵收费方案既不需要咨询，也不需要听证，尽管判例法要求采用的程序必须是公正的（London Assembly，2000a）。

101

有人向伦敦议会监督小组建议，如果伦敦市长的《交通战略》草案包含对交通拥堵收费方案的详细描述，那么这个草案一定要进行适当的公共咨询，并且在准备《交通战略》终稿的过程中，应该完整地记录收到的有关草案的代表性意见，这样有关交通拥堵收费方案的法律纠纷是难以追责的。这一观点认为，《交通战略》若没有符合法定条件将会引起法律纠纷，这些条件包括促进安全、综合、高效和经济的交通设施及服务。还有人建议，任何有关交通拥堵收费《计划纲要》的咨询或听证不需要考虑伦敦市长《交通战略》中列出的那些特征。

这个过程几乎全部处在伦敦市长的掌控之中，这对于整个过程来说是至关重要的。不像英格兰其他地方的类似方案，交通大臣的参与是非常有限的：他不得不批准净收入使用的提议，但他可以提供指导；他可以批准任何收费设备确保与国家标准或与在伦敦以外使用的设备兼容；他应该批准在干线公路上征收费用；他可以制定有关免费、折扣和最高收费标准的规则（GLA Act，1999）。

利文斯通在竞选宣言中已经承诺进行广泛的咨询，他选择分三个阶段展开：第一阶段，向包括伦敦自治市在内的利益相关方咨询关键性原则；第二阶段，就他的《交通战略》草案进行咨询，这也是他咨询的一部分；第三阶段，就正式的《计划纲要》进行咨询。然而，考虑到采取分阶段回复咨询程序，利文斯通选择不举行任何咨询会。假如他认为应该举行一次咨询会的话，方案的实施就会延迟，最多要延迟好几个月。

第一步：《倾听伦敦的看法》

102

利文斯通当选之后立即听取了伦敦道路收费选择报告的简要内容，认可工作组提出的方案，即使用车牌自动识别的伦敦市中心区域通行许可方案，这为兑现交通拥堵收费的承诺提供了一个良好的基础。作为伦敦市长正式上任四周后，2000 年 7 月 28 日，利文斯通发布了一份咨询报告《倾听伦敦的看法》，报告最初被送到各利益相关方，包括伦敦各个自治市和商业团体手中（GLA，2000a）。然而，2000 年 10 月，当伦敦市长向伦敦议会就咨询一事进行报告时，收到的 229 份反馈近一半来自各个组织，这些组织不包含在原有的近 300 个利益相关方名单中（GLA，2000a）。

在介绍《倾听伦敦的看法》时，利文斯通说："处理我们城市面临的交通危机是我的首要大事。缓解交通拥堵的唯一方法，就是鼓励开车人放弃汽车转向公共交通。"在概述公共交通改善的必要性之后，利文斯通解释道，他"打算就使用交通拥堵收费展开咨询，目的是阻止在伦敦市中心使用汽车、厢式货车和货车的非必要出行"，而且他还想"让伦敦民众参与一个有关交通拥堵收费各个层面的综合协商会"，他正开始"征求主要利益相关团体的意见"（GLA，2000b）。这份文件概述了《大伦敦政府法案》所提供的法律框架，伦敦道路收费选择工作组所提供的区域通行许可方案的主要特征，还解释了利文斯通“有意启动伦敦道路收费选择报告的选择——一个以车辆注册号为基础的区域通行许可系统”。利文斯通主要征求六个方面的意见：收费区域的边界、收费标准和结构、收费运行时段、免费和折扣、罚款费用以及可能的净收入优先用途。

特拉弗斯描述了《倾听伦敦的看法》的准备过程，这项工作由“由市长的亲密顾问控制的几位大伦敦政府和伦敦交通局的职员”承担，而且这个文件在伦敦交通局董事会看到之前就公布了（Travers，2004），这也表明利文斯通想要尽快取得进展的决心。

虽然伦敦政府协会原则上赞同这个方案，但是三个保守党控制的自治市（威斯敏斯特市、肯辛顿和切尔西市、旺兹沃思市）和一些汽车组织表示反对。这个方案至少在原则上还是获得了一些企业团体的支持，包括伦敦工商会（London Chamber of Commerce and Industry）和“伦敦第一”（London First）。三个伦敦自治市反对的主要理由是：收费会导致收费区域外的交通流量增长，到2002年，必要的公共交通改造并不能实现，而该年是利文斯通计划实施收费的时间。

伦敦交通局向利文斯通建议缩短伦敦道路收费选择项目的时间，他们“有信心在这个时间范围内实施……一项重大的公共交通改造项目”（NCE，2000）。利文斯通对此感到满意，一个切实可行的方案可以在2002年晚些时候实施。

为回应那些代表性的意见，利文斯通对伦敦道路收费选择工作组的方案做了几个关键修改。他把重型货车的收费建议从15英镑降低到5英镑，与小汽车、厢式货车和轻型货车的费用一样，理由是重型货车与通勤者的车辆不同，其车主无法转而使用其他方式，所以较高的收费是不合理的。不管重型货车与其他车辆的费用差异是否如利文斯通所说那样的非常不合理，降低费用是一个精明的政治举措，这会减少来自该行业的反对。另一项减少反对的举措是，利文斯通称建议给“蓝牌”持有者100%的折扣，给收费区域居民90%的折扣，但伦敦政府协会认为给“蓝牌”的优惠很难有效执行。显然，利文斯通对《经济学人》的观点更加敏感，该杂志认为收费区域的居民“如果每次使用车辆出行都必须支付全额通行费，他们将会非常愤怒”（*The Economist*，2000）。但是，伦敦道路收费选择工作组指出，通行费打折的经济理由是非常不充分的，所有道路使用者原则上都应该支付通行费（ROCOL，2000）。然而，正如《伦敦晚报》注意到，接下来出现一个进一步妥协的决定，“每次妥协之后，利文斯通又会做出一个新的妥协”（*Evening Standard*，2001b）。利文斯通后来为此进行辩解，称那样“使方案尽可能公平”，并且确保该方案“使人们感到公平”，这在他看来“对该方案的可持续接受是重要的”，他的结论是，虽然这些妥协减少了收入，但这是“一种值得付出的代价，可以使方案在影响方面有更多的社会包容性，并尽可能公平”（Livingstone，2004）。但是，班尼斯特指出，这样做的净影响是进入收费区域付全费的车辆只有45%，享有折扣的占29%，享有免费的占26%，他质疑利文斯通的决定与他的公平目标不一致（Bannister，2004）。

伦敦市长的《交通战略》草案

根据《大伦敦政府法案》，伦敦市长必须“准备和发布一份文件……内容包括他……促进和鼓励进出大伦敦的安全、完整、高效和经济的交通设施及服务……的政策”（GLA Act，1999）。交通是利文斯通的首要大事，他不失时机地推进《交通战略》的制定，这也是推进他的交通拥堵收费方案必不可少的，因为《大伦敦政府法案》规定的任何收费方案都有利于《交通战略》的完成以及与其相一致。

104

为了与伦敦议会及其他职能机构（伦敦发展局、伦敦大都会警察局等）进行协商，第一个草案在利文斯通上任后四个月内发布。然而，这个最初的版本准备仓促，伦敦议会对之表示失望："缺乏远见、时间表、任务、目标、战略或执行方案"（London Assembly，2000b）。为了举行公共咨询，2001 年 1 月，利文斯通又发布了一次草案（GLA，2001b）。在伦敦议会看来，该草案"有了很大改进，更加连贯和协调"（London Assembly，2001）。然而，其仍然被发现了许多缺点，包括对伦敦的交通缺乏一种清晰远见，仅聚焦于伦敦市中心，是一个"一刀切的做法"，没有意识到并促进伦敦范围内的巨大多样性。

这份草案的 11 个关键建议之一就是"2003 年初……在伦敦市中心实施交通拥堵收费"，实施时间从 2002 年晚些时候改到了 2003 年初，其后的目标仍保持不变。这份草案陈述了提议的交通拥堵收费方案有 9 个好处：

- 减少收费区域内外的交通拥堵
- 相比其他措施，能更有效地减少过境交通
- 利用伦敦市中心的大量公共交通服务
- 改进公共巴士的运营
- 产生大量的净收入
- 惠及企业效率
- 整合其他项目，减少交通拥堵，改善公共交通
- 可以相对快速地实施

《交通战略》草案详细描述了这个方案如何运行，归属收费的区域，免费和折扣的建议，以及预期对交通运输、财政、环境和分流状态的影响。

《交通战略》草案咨询

关于《交通战略》草案的咨询为讨论伦敦市中心交通拥堵收费方案的原则及其普遍实施框架提供了机会。然而，根据说明，如　105

果伦敦市长考虑过意见回应后，决定推进那个方案，那么与交通管理方案相关的《计划纲要》和任何《交通运输纲要》也需要进行咨询。

《交通战略》草案是一个300页的文件，被分发给将近3000个组织以及在伦敦的所有国会议员和欧盟议员（MEPs），还放在大伦敦政府网站上。同时，还有一份24页的重点概述也被放到网上，内中包含4页的活页回执，一份传单被投递给伦敦的每户人家，欢迎他们索取一份重点概述。

尽管利文斯通相信，伦敦的交通十分糟糕，但只有6700位居民寄回了重点概述的回执，另外600位以“自由形式”提交了回执（GLA，2001c）。虽然这样小比例的回执不能解释为代表了全体伦敦人的观点，但它们也许代表了那些在任何后续讨论中最有可能发声的人的观点。

这份重点概述的回执列出了11个重点优先事项，以便找出每个重点优先事项的重要程度，以及所有11项重点优先事项的相对排名。一个重点优先事项是“减少整个伦敦特别是伦敦市中心的交通拥堵”，那些通过回执回应的人中有88%将其列为“重要”，有63%的人将其列为“非常重要”，而有35%的人将其列于前三位，作为重点优先事项得分排名第三。回执也要求给出11个要素中每个要素的重要程度，其中一项是处理拥堵的方式，包括交通拥堵收费方案。虽然69%的受访者将其列为“重要”（“非常重要”占44%，“十分重要”占25%），但这在列出的要素中是最低的；它也被排在最“不重要”的排行中，占12%。这些关于解决交通拥堵的观点的差异和“减少交通拥堵”作为优先事项的较高排名，说明受访者抱有一个疑问，即利文斯通是否选择了最佳方式。

支持《交通战略》的交通拥堵处理方式，包括交通拥堵收费最强烈的，是伦敦内城的居民（72%），那些不拥有车辆的人（80%）和那些从来没有用过车的人（79%）。然而，因为在伦敦内城，汽车的拥有量相对较低，所以上述三者之间可能有很大的重叠。那些不使用公共交通的人是不太可能把减少交通拥堵列为“重要的”，但其中至少有一半人这样做了；令人惊奇的是，虽然公共巴士使用者最可能受益于交通拥堵减少，但其中把它列为“重要的”比例（50%）却小于地铁使用者（55%）和铁路使用者（57%）。而极少量以“自由形式”做出回复的人，有一半提到交通拥堵收费，其中67人反对，39人支持（21人给了附加说明）。受访者关心收费方案是否真的有效，关心其对伦敦外圈的影响以及公共交通满足增加需求的能力。 106

作为咨询程序的一部分，2000名伦敦人接受了电话调查（GLA，2001c），这可能反映了利文斯通的看法：以科学为基础的民意调查是公共咨询的最佳方式（London Assembly，2000a）。超过半数的受访者支持交通拥堵收费方案（23%“强烈支持”，26%“支持”）。虽然支持相当平均地分布于整个首都，但支持率最高（57%）的是伦敦市中心的居民（伦敦内城50%，伦敦外圈47%）。然而，有40%的受访者反对这个方案，其中22%“强烈反对”（其中26%来自伦敦市中心）。伦敦市中心的受访者有50%将“解决交通拥堵”列在“需要改善的最重要方面”的第一或第二位，仅次于“改善地铁”（53%）之后，远超第三位“改善公共巴士服务”（34%）。尽管利文斯通的重点在于伦敦市中心的交通拥堵，但伦敦内城52%和伦敦外圈53%的居民把“解决交通拥堵”列为“需要改善的最重要方面”，远超第二重大优先事项选择“改善地铁”（分别为45%和40%）。

回复咨询的组织数量有限，支持交通拥堵收费方案的组织（84）多于反对的组织（反对数量12个，其中7个组织反对方案的原则，另外5个组织反对整个方案）。少数组织提出了特别意见，包括对商用车辆收费（环保人士坚决主张收取更高的费用，而一些企业组织主张100%的折扣）。其他组织也寻求各种免费或折扣。

一些建议要求改变收费区域（使其缩小或扩大）、降低或提高收费标准、改变收费时段。然而，受访者数量太少，没有呈现一种强烈的共识。

《交通战略》终稿

2001年7月10日，在两轮咨询以后，也就是利文斯通正式上任刚一年多，《交通战略》的最后版本发布（GLA，2001a），这个终稿接受并考虑了伦敦民众和利益相关团体的意见。在终稿中，利文斯通重申了自己的承诺，“处理我们城市面临的交通危机”，“减少交通拥堵”将是他一系列交通优先事项中的首项事务；他也确认了自己实施交通拥堵收费方案的目标，声称伦敦交通局“将做出决定，在伦敦市中心实施一个交通拥堵收费方案”，预定的实施日期是2003年1月。

107

《计划纲要》

2001年7月23日，伦敦交通战略的《计划纲要》草案发布（TfL，2001）。草案对收费方案提供了一个详细说明，包括收费方案涵盖的道路、收费时段和车辆、收费标准与罚款、免费与折扣，以及方案如何运行。与《计划纲要》相关的正式通告，发布在《伦敦晚报》和《伦敦公报》（官方报道报纸，法律规定或习惯于在这两家报纸上发布官方通告）上，也发布了受《计划纲要》影响的几处道路。通告对方案及方案本身的正式背景做了一个简要说明，列出了可以阅览《计划纲要》文件的地方，并宣布将举行一次展示会，为收到回应意见提供信息。虽然这个《计划纲要》草案声称收费方案“自市长批准之日起立即生效”，但是正式通告声明“方案启动的最早日期是2003年1月”。

与《计划纲要》草案一起公布的还有一份地图和一些其他文件。尽管这些文件不一定都是必要的，但考虑到《交通战略》草案和终稿已经提供了各种细节，在利文斯通、伦敦交通局及其法律顾问看来，这些文件的公布能够减少任何形式的挑战该方案的可能诉讼。避免出现一场质询或法律纠纷，对于伦敦市长希望在2003年1月开始实施收费的目标而言是重要的。

伴随《计划纲要》草案发布的，是一份民意调查传单、公众信息展示会和两次公众集会，以及可以从伦敦交通局网站和通过一部热线电话获得信息，还有一整套的《计划纲要》草案文件被寄送给500个利益相关团体。尽管给予3个月时间提交意见，但由于威斯敏斯特市议会以及其他自治市议会的对获得支持意见的时间有效性表示反对，提交期限被延长了1个月；而且，迟交的意见也被纳入考虑范围。

108

虽然《计划纲要》草案收到了2000份以上的意见，但这同样是一个相对小的数目；其中149份来自利益相关团体，232份来自其他组织，1893份来自普通民众（TfL，2002a）。大约56%的利益相关方做出了回应，25%的其他组织和36%的个人提出了意见，支持收费方案，而这三方反对方案的比例分别为13%、39%和47%。虽然伦敦交通局报告，这个调查“为那些着意表达个人观点的人提供了机会”，但它声称鉴于一系列精心策划的收集意见的活动，这个结果不应该被解释成一次针对伦敦民众的民意调查。

分析关于特定问题的意见可以看到，大多数人关注以下几个方面。

（1）在方案实施之前，需要改善公共交通（39份来自利益相关方，53份来自其他组织，747份来自普通民众）。

（2）靠近收费区域边界可能会增加交通拥堵（27份来自利益相关方，54份来自其他组织，500份来自个人）。

（3）各种豁免和免费（关于特殊的豁免和折扣，总计有90份来自利益相关方，135 份来自其他组织，493 份来自个人）。建议给予“蓝牌”用户（行动不便者）100% 折扣的意见数量最多的来自利益相关方（38）；建议向商用（运输）车辆收费的意见数量最多的来自其他组织（43）；而建议将给收费区域内居民 90% 的折扣扩大到居住在收费区域附近及外侧的居民的意见数量最多的来自个人（159）；紧随其后的是关于 90% 折扣本身的各种看法（152）。

对方案更加重要的反对者之一是伦敦市法团。虽然伦敦市法团最初是支持者，但它表示了很多担忧，包括增加的交通流量对伦敦塔桥的影响，因为伦敦塔桥构成内环路的一部分，限重 17 吨。结果，伦敦市法团“基于评估这个方案所得到的有限信息”，决定做出“一个有条件的反对”（Corporation of the City of London，2001；NCE，2001）。

在考虑了所有的意见后，伦敦交通局向伦敦市长建议，对

109

《计划纲要》草案做一些修改。一个变化是减少傍晚收费时间 30 分钟，至晚 6 时 30 分收费结束，这样有利于伦敦西区的剧院和餐厅行业以及一些轮班工人。折扣和免费也要做出调整。虽然这些调整不适用于大多数人（或车辆），但使其适用范围有所扩大。特别是，原草案将建议给“蓝牌”持有者的 100% 折扣限定为伦敦居民，将给抢修和救援车辆的 100% 折扣限定为在伦敦注册和经营的车辆，咨询过程也证实了这些（可能是不合法的）方案遭到了严厉的反对。伦敦交通局建议《计划纲要》草案对此加以修改，给所有欧盟“蓝牌”持有者以及所有抢修和救援车辆提供 100% 的折扣。伦敦交通局还建议，《计划纲要》草案中给出的最早启动日期应该是 2003 年 2 月，而不是 1 月。

由于伦敦交通局建议对《计划纲要》草案进行修改，加上咨询又延长了一个月的期限，修改后的《计划纲要》草案于 2001 年 12 月 10 日发布。在咨询的第二阶段收到的大多数意见，关注的是方案的基本内容，而非其修改部分（TfL，2002a）。关于那些提出修改意见的人，虽然数量不是很多，但总体意见逐渐支持那些调

整。在考虑了所有意见之后，伦敦交通局建议伦敦市长批准这份修改过的《计划纲要》。

一次公开听证？

从很早时候起，就有要求对提议的方案进行一次公开听证，其中三个保守党控制的自治市（威斯敏斯特、肯辛顿和切尔西、旺兹沃思）就提出了这样的要求。然而，利文斯通极力回避这样的公开听证，尤其因为听证需要时间，几乎可以肯定会大大推迟其启动收费的目标日期。但是，他也担心收费方案的原则。在向伦敦议会交通拥堵收费监督小组举证时，他曾经说过，尽管会考虑举行一次公开听证来解决那些特别担心的问题，但他感觉某些公开听证会违背其理念；他质疑公开听证是向人们咨询的最佳方式，如希思罗机场 5 号航站楼所做的公开听证（London Assembly，2000a）。尽管有这些看法，但利文斯通和伦敦交通局在开展咨询和相关的决策过程中还是接受了大量的法律建议，以避免为了不举行公开听证的决定而必须去做一次咨询和一次法律诉讼，尽管不举行公开听证的决定对伦敦市长是有益的，但那样引起的延误至少与一次听证相当。 110

在宣布批准《计划纲要》的决策时，利文斯通承认受到举行一次公开听证的压力（GLA，2002a）。然而，他解释说，尽管他承认“举行一次公开听证的要求非常合理”，但他不得不“注意自己目前是否有足够的信息去很好地平衡对伦敦交通局《计划纲要》的支持和反对意见，并由此做出决定”。他声称他满意于：“提出的问题对我来说足够清楚，我对方案及其影响掌握了充足的信息，即使不举行一次公开听证，我也能公正适当地评估这些信息，权衡那些互相冲突的意见。”他还宣称：“批准这个《计划纲要》的决定，现在对我来说并不显得不成熟，或对反对者来说不公平。”

批准《计划纲要》

2002 年 2 月 26 日，利文斯通宣布：

> 今天我做出重要决定，实施伦敦市中心的交通拥堵收费……它是我去年 7 月经广泛的公共咨询之后批准的《交通战略》里的关键内容。伦敦交通局提出的《计划纲要》曾经是两轮公共咨询的主题……根据他们的建议，我们要做一些修改和一些其他相对较小的变动，其中的一个变动是把“启动”日期定为 2003 年 2 月 17 日，我决定批准伦敦交通局的《计划纲要》。这个日期是期中假开始的日子，那时早高峰的交通流量会比其他时间少，应该便于新的收费制度调整。(GLA，2002a)

利文斯通在伦敦市中心实施交通拥堵收费方案的承诺已经实现。然而，最后一个障碍仍需要清除，那就是法律诉讼。

法律诉讼

随《计划纲要》的批准而来的，是两个针对提议方案的法律诉讼。一个诉讼来自威斯敏斯特市，另一个来自肯宁顿的一群居民，肯宁顿位于受到方案影响的泰晤士河南岸区域。

111 威斯敏斯特市请求司法审查有四个理由：

(1) 伦敦市长没有获得允许就批准《计划纲要》的所有必要信息；

(2) 制定《计划纲要》不符合获取和考虑环境影响评估的必要条件；

(3) 伦敦市长不举行一次公开听证就做出决定是违法的；

(4) 根据《1998 年人权法案》，伦敦市长没有依法履行其责任。

由300名成员组成的肯宁顿协会反对的理由是，方案的边界——内环路将把这个社区割裂开来，该边界与肯宁顿支路相连接。他们提出司法审查的理由是基于一个预测：使用肯宁顿支路的额外交通流量将严重影响当地居民的生活。根据《欧洲人权公约》，他们有权在自己的家园愉快生活。

2002年7月31日，法官莫里斯·凯审理了这两宗诉讼并做出判决，对威斯敏斯特市的司法审查请求不予受理，驳回肯宁顿协会的申请，其给出了如下理由。

（1）伦敦交通局有权做出结论，交通拥堵收费不会对空气质量问题产生重大影响。

（2）在伦敦市长决定批准《计划纲要》之前，伦敦交通局和伦敦市长已经举行了充分且有效的咨询。

（3）在向伦敦市长提供有关空气质量或其他问题的信息方面，官员没有任何失责，做出判断是合适的，因为“我们正与高素质和经验丰富的官员打交道。如果他们仅仅是沟通的管道，那么雇用他们就毫无意义”。

（4）没有必要根据英国或欧洲的法律对这个方案做一个正式的环境影响评估（EIA），伦敦市长有权做出决定，在本案中，不需要根据欧盟指令做环境影响评估。

（5）伦敦市长决定不举行一次公开听证并不是“不合理或不合法的”。

（6）法院无法针对有争议的证据即“交通拥堵收费对房产价值的影响”做出精确裁决，因而对“有关房产价值危言耸听的意见”持“深表怀疑”的态度。

（7）用《欧洲人权公约》第8款（“规定尊重公民家园的权利”）作为证据“极其单薄”，缺乏“合理性和说服力”。 112

随着高等法院的判决，伦敦交通局和威斯敏斯特市达成了协议；根据协议，威斯敏斯特将不再坚持自己的反对意见，使伦敦交通局能够开展原来因为等待诉讼结果而推迟实施的各项工作。此外，威斯敏斯特根据协议参与了许多工作，它同意为一些及时实施的措施提供协作，以支持收费方案（TfL，2002b）。

现在，所有的正式程序已经完成，最后的推进信号已经发出。

小　结

利文斯通在竞选宣言中承诺减少交通拥堵，考虑在伦敦市中心实施一个交通拥堵收费方案；利用《大伦敦政府法案》授予的权力，利文斯通迅速推进了这个政策。同样，他也快速地行动并准备《交通战略》，在正式批准交通拥堵收费方案之前，他就已经有了《交通战略》的定稿。

虽然《大伦敦政府法案》在实施收费方案方面赋予了伦敦市长相当大的自主权，但利文斯通只有在广泛咨询并考虑了那些提出意见的团体或个人的看法后，才选择实施。然而，相对于可能受到方案影响或对此感兴趣的团体和个人的总数来说，收到的意见太少了。利文斯通的决定获得了高等法院的赞同，一个公开听证是不必要的，这对于确保方案在 2004 年的伦敦市长选举之前运行和落地至关重要。

参考文献

Bannister, D. (2004). "Implementing the possible?" *Interface*, *Planning Theory and Practice*, Vol. 5, No. 4 (December), London: Taylor & Francis.

Corporation of London (2001). *Minutes of the Planning and Transportation Committee*, 7 September.

Evening Standard (2001a). "Motorists, This is Your Nightmare," 6 September.

Evening Standard (2001b). "London's Traffic has Defeated the Mayor," 11 November.

113

GLA (2000a). *Fifth Report of the Mayor of London to the London Assembly*, 9 October.

GLA (2000b). *Hearing London's Views*, London: Greater London Authority.

GLA (2001a). *The Mayor's Transport Strategy*, London: Greater London Authority.

GLA (2001b). *The Mayor's Transport Strategy Draft for Public Consultation*, London: Greater London Authority.

GLA (2001c). *Mayor's Transport Strategy: Report on Public Consultation on the Draft Transport Strategy: Summary Report and Appendices*, London: MORI and GLA, Greater London Authority.

GLA (2002a). *Statement by the Mayor Concerning his Decision to Confirm the Central London Congestion Charging Scheme Order with Modifications*, London: Greater London Authority.

GLA (2002b). *Twenty-forth Mayor's Report to the Assembly*, 18 September London: Greater London Authority.

GLA Act (1999). *Greater London Authority Act 1999*, London: Her Majesty's Stationery Office.

Livingstone, K. (2000). *Ken Livingstone's Manifesto for London: Getting London Moving*, http://www.london.gov.uk/mayor/manifesto/manifesto3.jsp.

Livingstone, K. (2004). "The challenge of driving through change: introducing congestion charging in central London," *Interface*, *Planning Theory and Practice*, Vol. 5, No. 4 (December) London: Taylor & Francis.

London Assembly (2000a). *Congestion Charging: London Assembly Scrutiny Report*, London: Greater London Authority.

London Assembly (2000b). *Minutes of the Extraordinary Meeting of the Transport Policy and Spatial Development Policy Committee*, 5 December, London: Greater London Authority.

London Assembly (2001). *Agenda Paper*, *Report on the Mayor's Draft Transport Strategy*, *Transport & Spatial Development Policy Committee*, 3 April, London: Greater London Authority.

NCE (2000). "Debate: Can a workable congestion charging scheme be introduced in London by late 2002?" *on New Civil Engineer*, 14 September.

NCE (2001). "City of Lond Rejects Congestion Charging," *New Civil Engineer*, 18 October.

ROCOL (2000). *Road Charging Options for London: A Technical Assessment*, London: The Stationery Office.

TfL (2001). *Central London's Problem: Our Solution - the Central London*

Congestion Charging Scheme Proposals, London: Transport For London.

TfL (2002a). *The Greater London (Central Zone) Congestion Charging Order 2001, Report to the Mayor, February 2002*, London: Transport For London.

TfL (2002b). *Report to the GLA Transport Committee, 27 September 2002*, London: Transport For London.

The Economist (2000). "Road Pricing: Brave Ken," 29 July.

The Times (2001). "Congestion Tolls Wait for Green Light," 9 June.

Travers, T. (2004). *The Politics of London: Governing an Ungovernable City*, Basingstock: Palgrave Macmillan.

Woolmar, C. (2003). "The road less travelled," *Public Finance*, 4 July.

8 伦敦市长的交通拥堵收费方案

114

导　言

交通拥堵收费方案是由利文斯通批准，由伦敦交通局实施的，其中的几个关键原则必然是伦敦道路收费选择工作组的区域通行许可方案的那些原则（ROCOL，2000）。事实上，2002 年 2 月，在决定批准《计划纲要》时，利文斯通就说：“伦敦道路收费选择工作组在 2000 年报告中的结论就是，我现在所提议的这个系统，是有效的。”（GLA，2002）方案的许多细节在《计划纲要》（TfL，2001）中得以明确，而内容的修改在正式咨询后才能进行。

收费区域与时段

收费区域 21 平方公里，刚好占伦敦市长管辖权范围的 1.3%。这个区域包括西区（伦敦的购物娱乐区），伦敦城（金融区和伦敦的历史中心），包含伦敦桥、泰晤士河南岸的滑铁卢区，大象城堡区的一部分区域（图 8－1），也包括伦敦市以及卡姆登、哈克尼、伊斯灵顿、兰贝斯、萨瑟克和陶尔哈姆莱茨自治市、威斯敏斯特市的一部分。

这个区域被一系列构成内环路（IRR）的道路所围绕，包括沃克斯豪尔桥路（Vauxhall Bridge Road）、派克支路（Park Lane）、埃奇威尔路（Edgware Road）、马里勒本路（Marylebone Road）和尤斯顿路（Euston Road）、城市路（City Road）、商业街（Commercial Street）、阿尔德盖特路（Aldgate）、塔桥（Tower Bridge）和塔桥路（Tower Bridge Road）、新肯特路（New Kent Road）、肯宁顿支路（Kennington Lane）和沃克斯豪尔桥（Vauxhall Bridge）。然而，内环路的某些短路段并不包括在内，它们构成部分禁止右转进入或离开内环路的替代道路，或者为这样一条替代道路所包围。

115

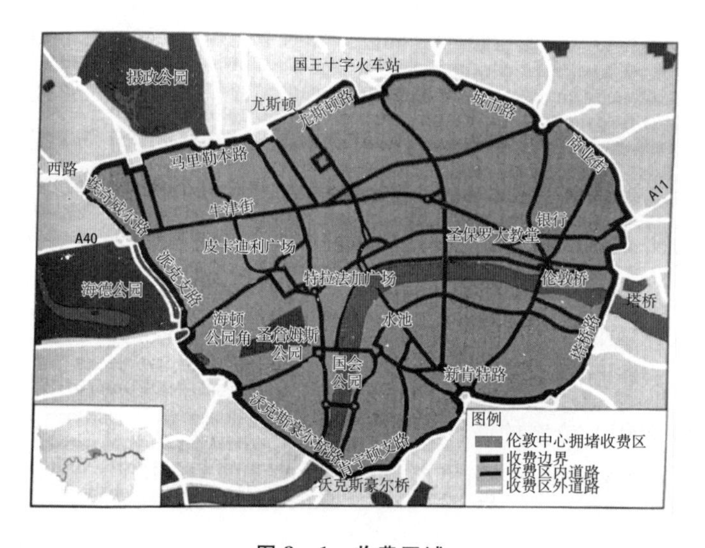

图 8-1　收费区域

图 8-2　“C”字指示牌

收费区域在进入前的路边和路面上有指示标识，一个圆形红底上非常醒目的白色“C”字（见图 8-2）。除公共假期之外，从周一到周五早 7 时到晚 6 时 30 分实行收费。

费用与支付

在伦敦交通局注册过车辆登记（许可证）号码后，用户才能支付每天5英镑通行费。这个费用可以在使用日午夜前支付。然而，为了鼓励及时支付，晚10时以后通行费上涨到10英镑。最初，集中付款并没有折扣（2004年11月，伦敦交通局就向包月和包年支付提供15%的折扣启动一次咨询），费用可以在某个特别的日、周、月或年提前支付。 116

注册可以通过几个不同的途径完成：

• 电话，可以选择人工客服中心，或使用交互式语音应答系统（IVR），其允许注册用户通过键盘输入所有必需的信息

• 网络，包括BT互联网信息亭（BT Internet kiosks）

• 手机，使用短信发送功能发送短信

• 付款机

• 零售店

• 邮局

通过交互式语音应答系统和发送短信付款需要预先注册，注册时用户会得到一个支付代码，每次支付都需要使用这个代码。到第一年年底，注册用户已经达到25.5万人。同时，有很多用户通过其他方式（客服中心、网络、邮局）选择“快速通道”支付，这限制了每次支付交易都必须提供的信息数量，截至第一年年底，39.5万名用户通过“快速通道”注册（TfL，2004）。用户可以根据自己选择的支付方式，使用现金、支票或信用卡付款。2004年的前三个月，大约35%的用户通过零售店付款，26%通过互联网付款，20%通过短信付款，13%通过人工客服中心付款，6%通过交互式语音应答系统付款（TfL，2004）。

商用车辆、出租和租用车辆不少于10辆（最初为25辆，但在2004年的咨询后减少）的经营者，可以从两个注册方案中选择一

个：告知方案（Notification Scheme）和自动方案（Automated Scheme）。自动方案不适用于小汽车，它要求所有进入方案的车辆提前注册（2004年11月，伦敦交通局就将自动方案改为包括小汽车和取消车队方案启动咨询，见第14章）。然而，注册过的车辆不需要再做什么，因为那些在收费区域和时段被检测到的车辆（通过车牌自动识别摄像头）会被自动扣除费用。注册过的经营者获准进入和更新注册车队的详细资料，即使在晚10时以后车辆临时注册也不需要支付5英镑的附加费。告知方案主要是为小汽车车队的经营者设计的，车辆也需要提前注册；经营者必须每月提交一份每天在收费区域内行驶的车辆的清单。这个方案也允许在出行日午夜前临时增加车辆。在任何一种方案之下，经营者要为每辆注册车辆支付10英镑的年费，并需直接委托一个借记卡银行处理，提前支付第一个月预计的总费用。在确认任何未结信用卡或未偿债务之后，经营者可以根据前一个月份产生的费用为接下来的月份提前支付。使用车队方案的用户，交通拥堵费是5.5英镑（而非5英镑），因为车队包含了那些不能为车牌自动识别系统识别的车辆。

117

在2004年的竞选宣言中，利文斯通提出将考虑为所有用户提供自动收费服务（Labour Party，2004），尽管根据报道，这在2006年以前是不可能实施的（*The Times*，2004）。

豁免与折扣

一些车型和个人既符合豁免条件，又符合折扣条件。以下车型可以得到豁免：

- 摩托车、助动车和自行车
- 由伦敦公共运输局颁发执照的出租车和迷你出租车
- 免除车辆消费税（VED）的应急服务车辆
- 免除车辆消费税的国家健康服务中心（NHS）车辆
- 免除车辆消费税的残疾人使用的车辆

• 免除车辆消费税的运送残疾人乘客的车辆（如拨号叫车服务）

• 在伦敦交通局注册过的 9 座以上的特许公共巴士

那些符合 100% 折扣的车辆，按规定须在伦敦交通局注册过（需要缴纳一次性的注册费 10 英镑）：

• 残疾人或拥有“蓝牌”（或“橙牌”）的组织所使用的车辆

• 电动车

• 某些符合严格排放标准的替代能源车辆（如使用天然气、电力以及燃料电池的车辆，包括混合燃料车辆）

• 特别改装的救险车

• 提供道路救援的抢修车或由如汽车协会、英国皇家汽车俱乐部或“绿旗”一般的授权机构运营的救险车　118

此外，以下车辆也符合 100% 折扣的条件，这些车辆在经过伦敦交通局注册之后，也不需要支付费用：

• 非公共巴士的 9 座以上车辆

• 某些应急服务的业务车辆

• 收费区域内的伦敦各自治市、伦敦市和皇家公园使用的某些业务车辆

• 用于救生艇搬运的车辆，以及用于处理泰晤士河上紧急情况的英国海岸警卫队（HM Coastguard）和某些伦敦港务局（Port of London Authority）的业务车辆

• 某些军用业务车辆

100% 退还适用于消防队员、国家健康服务中心员工以及某些国家健康服务中心的病人的某些出行费用，概述如下。

（1）消防队员在消防站之间为业务出行而使用的车辆。

（2）国家健康服务中心员工为某些业务出行使用的车辆，如运输大体积的、沉重的或易碎的设备，保密病历和管制药品的车辆等；应对紧急情况时使用的车辆。

（3）某些病人去收费区域内的国家健康服务中心就诊时使用

的车辆，病人必须符合以下条件。

①获得来自国家健康服务中心的协助，使病人能够用私人交通工具就诊（退还出行/停车费，或提供免费停车）；

②有免疫系统缺陷，需要常规治疗或诊治，或者需要做针对复发的手术；

③临床诊治结果为因病重、虚弱或伤残而无法通过公共交通出行就诊。

这些车辆的使用者应该先支付交通拥堵费，然后向雇主或相关的国家健康服务机构申请退还，其后伦敦交通局会把这些费用退还给相关雇主或机构。随着 2004 年的咨询，利文斯通决定取消国家健康服务中心病人必须满足的三个条件中的第一个条件。

119　收费区域的居民原则上符合每人每车交通拥堵费 90% 的折扣条件，但居民须是注册车辆的持有者，或是居民租用的或出租的，或是由居民所属公司提供的汽车。然而，在 2004 年的咨询以后，车辆注册文件上的姓名与地址必须与居民详细资料相一致，如果是雇主提供的车辆，雇主必须提供一份授权书，声明这辆车是注册居民使用的唯一车辆。

利文斯通在提交给下议院交通委员会的证词中说，他本来愿意豁免商用车辆的费用，但那将会导致伦敦人购买厢式货车而非小汽车（House of Commons，2003）。还有一项提议是，给公共部门的低薪工人免费待遇，包括教育和医疗部门。然而，不久任何这样的免费都可能导致其他群体的请求变得很明显，如果不批准，那么可能导致一场成功的法律诉讼。

车牌自动识别

收费是利用沿着边界和收费区域内的 203 个摄像点来实施的，边界上的摄像点覆盖了所有的出入口（断头路除外）（见图 8－3）。还有 10 台移动装置在收费区域内运行。摄像头被周密地安装在路边或车道中间安全岛的杆子上。在每个摄像点，有两种摄像头类型。一种是黑白摄像头，记录所有经过车辆前车牌的图像；这些摄像头每条车道配一个，在 203 个摄像点总共有 434 个黑白摄像头。另一种是彩色摄像头，共有 254 个。这些摄像头拍摄背景图片，补充车牌图像；当车牌号码难以有效解读时，这些图片可以帮助判别车辆；如果有人质疑罚款通知（PCN），那么这些图片还可以提供证据。控制系统确保黑白和彩色摄像头同时拍摄，即使光线欠佳、天气条件恶劣，两种摄像头也都能够记录可用的图像（Addaway，2004）。

摄像头通过两个运营方提供的网络与一个控制中心连接，关键地点由两个运营方提供服务，这样即使一个网络发生故障，也可以减少数据损失。图像被传送、加密并数字标记。在控制中心，黑白图像由车牌自动识别技术进行分析。

120

图 8－3　一种典型的摄像头装置

虽然收费实施以前的研究发现，大约有10%的车辆经过一个摄像头时车牌不能被有效读取，但摄像头覆盖密集，几乎所有进入或者在收费区域内行驶的车辆都能在至少一个地点被成功捕捉到，只要一个捕捉结果就足以执行收费。

车牌号的记录将与已付费的车辆记录进行比较，车牌自动识别系统确定不能解读的图像会被标识，做人工复查。为此，职员就需要获得国家驾驶和车辆许可局（DVLA）持有的背景照片和车辆信息。通常，在图像记录后的24小时内，所有经过比对的图像都会被删除。那些经比对发现没有付费的车辆，从国家驾驶和车辆许可局获取注册持有人的车辆、姓名和地址信息，在发出罚款通知之前，进行人工检查，确保车辆信息与图像比对一致，并生成一条证据记录。伦敦交通局在“一次写入多次读取”的磁盘里（防止修改证据）储存这些证据记录，在罚款缴纳13个月后删除。在特殊情况下，警察可以申请一个图像副本，但他们没有获取伦敦交通局记录的一般访问权。

121

罚款、投诉与上诉

注册车辆的持有人在午夜之前还没有注册支付通行费，那么一张罚款通知单就会发出。最初，基本的罚款费用被定为80英镑，与伦敦市中心以及内城的街上停车违章的罚款数目相同；如果在14天内缴纳罚款，费用降至40英镑；如果在28天内没有缴纳，费用增至120英镑。然而，自2003年4月1日起，停车违章的罚款增加到100英镑。2004年6月，伦敦交通局把基本的交通拥堵收费罚款提升至100英镑，与停车违章罚款齐平；如果在14天内缴纳罚款，费用降至50英镑；如果在28天以后缴纳，费用增至150英镑。

选择车队方案的用户，如果租用车辆短期外出，收到一张罚款通知的话，可以申请将罚款通知单重新发给车辆租用者，那么日期归零，允许租用者在 28 天内缴纳罚款。

如果车辆持有人认为罚款通知的理由是无效的，或者他们想要请求减轻处罚情节，那么他们在收到罚款通知后可以向伦敦交通局投诉。伦敦交通局有义务考虑减轻处罚的请求，如果减轻处罚被接受，那么伦敦交通局可以使用自由裁量权，取消罚款通知。虽然最初这样做需要 10 英镑手续费，但这个费用随着不断的反对而被免除。事实上，如果伦敦交通局希望在一个上诉中使用记录作为证据，那么他们会向上诉人免费提供一个副本。最初，大部分发出的罚款通知是出于注册过程中的错误，有些是由于字母 I 和 O 与数字 1 和 0 之间的混淆。

如果伦敦交通局驳回投诉，那么车辆持有人有权根据以下理由提出上诉：

（1）他们不是在违规时间对罚款负有责任的人；

（2）罚款已经支付；

（3）根据收费方案没有应付的罚款费用；

（4）车辆在没有注册持有人同意的情况下使用；

（5）罚款费用超出适用的限额；

（6）罚款通知的收件人是一个车辆租用公司（PATAS, 2004a）。

停车和交通上诉服务中心（PTAS）受理上诉，这个机构是为仲裁对各伦敦自治市发出的停车罚款通知的上诉而设立的，其在伦敦政府协会（ALG）的监管下运行。虽然停车和交通上诉服务中心的员工是由伦敦政府协会雇用的，并由伦敦政府协会提供住宿和行政支持，但（英国上议院的）大法官（政府高级法律官员）为其任命了审判员，由这些审判员组成一个审判小组，行使独立于伦敦政府协会的审判权（ALG, 2004）。为了应对额外的交通拥堵收费审判，一位有审判员经验的法律顾问被委任于此，并领导一个最初只有 12 位成员的审判组；然而，上诉的案件实在太多，以至于停车和交通上诉服务中心断定这个审判组需要 35 位成员（PATAS, 122

2004b)。停车和交通上诉服务中心考虑既接受书面上诉，也接受当事人上诉，目标处理时限是 56 天，允许上诉人获得由伦敦交通局提供的证据记录。

如果有 3 个或更多没有缴费的罚款通知，就不能进行申诉，可以使用轮夹锁锁定车辆或将其拖移至一个待领场。一旦车辆被轮夹锁锁定，只有当所有未支付的罚款缴纳，并支付 65 英镑（最初为 45 英镑）的放行费时，车辆才能被放行。因而，车辆放行的最低总费用是 515 英镑：3 次最高的罚款通知费用，每次 150 英镑，再加 65 英镑放行费。被拖移至待领场的车辆放行费是 150 英镑（最初为 125 英镑），加上保管费每天 25 英镑（最初为 15 英镑），最低的放行总费用是 625 英镑。如果不缴纳放行费，那么伦敦交通局可以以报废或者拍卖的方式处理车辆。然而，注册车辆持有人对所有未支付罚款和费用以及外加处理费 60 英镑负有责任。

关于车辆被轮夹锁锁定或拖移，车辆持有人可以向伦敦交通局投诉，一旦支付费用，车辆就被放行。如果伦敦交通局驳回投诉，那么一旦发生下列情况，车辆持有人有权向停车和交通上诉服务中心上诉（在伦敦交通局驳回的 28 天内）：

（1）轮夹锁锁车、拖移或对车辆的处理没有正当授权；

（2）为放行或取回车辆支付的罚款超出适用的限额；

（3）未支付的罚款发生在持有人对车辆负责之前，或者在持有人对车辆负责之后发生的罚款数少于实际罚款数；

（4）罚款通知的接收者是一个车辆租用公司；

（5）控制车辆的人没有征得车辆责任人的同意使用或管理该车辆（PATAS，2004a）。

123 然而，有人认为这种方法违背了人权立法，如果驾驶者成功上诉，那么这种方法就不适用了。

向停车和交通上诉服务中心上诉之后，上诉人就不需要再诉诸法院，除非在非常有限的情形下——包括停车和交通上诉服务中心方的过失，这些过失危害了上诉人得到公正受理的权利，或使审判员对法律做出不正确的解释。万一发生过失或者出现要求自然正义之处，那么对审判员也可以启用复审程序。如果车辆持有人没有向伦敦交通局投诉，或者投诉和接下来向停车和交通上诉服务中心上诉都被驳回，而且到期费用仍没有支付，那么伦敦交通局可以向地方法院做债务登记，最后可以由法院授权的法警收取这笔债务。

伦敦交通局也有一个投诉系统，以解决收到的有关收费本身或者用轮夹锁锁住或拖移车辆时产生的服务质量问题，这个系统的最终权力机关是地方政府的监察专员。

小　结

虽然交通拥堵收费方案基本上是由伦敦道路收费选择工作组提出的，但从工作组设定原则到形成一个真正的方案，还需要海量的工作，以开发必要的方案设计和运行细节，为的是利文斯通在最终承诺实施之前，能够对方案的成功有足够的信心。

细节决定成败，这不仅体现在收费体系本身的设计，也体现在所有如豁免、罚款和上诉这样的程序开发方面。虽然以摄像头为基础的执法技术被证实有用，但在一个大城市收费方案的特殊背景下该技术从来没有被使用过，而且很多相关的程序不得不从零开始。

参考文献

Addaway, B. (2004). "Fraud Focus," *Traffic Technology International*, August/September.

ALG (2004). "The Role of ALG TEC Parking and Traffic Appeals Service in Relation to the Parking Adjudications," Report by Charlotte Axelson, Head of PATAS, 23 March.

GLA (2002). *Statement by the Mayor Concerning his Decision to Confirm the Central London Congestion Charging Scheme Order with Modifications*, London: Greater London

Authority.

124 House of Commons (2003). *Urban Charging Schemes, First Report of Session 2002 – 03*, House of Commons Transport Committee, London: The Stationery Office.

Labour Party (2004). *A Manifesto 4 London: London Mayoral and London Assembly Elections 2004*, London: Labour Party.

PATAS (2004a). http://www.parkingandtrafficappeals.gov.uk.

PATAS (2004b). *PATAS Newsletter*, March, London.

ROCOL (2000). *Road Charging Options for London: A Technical Assessment*, London: The Stationery Office.

TfL (2001). *Central London's Problem: Our Solution-the Central London Congestion Charging Scheme Proposals*, London: Transport For London.

TfL (2003). *How to Complain about Congestion Charging*, London: Transport For London.

TfL (2004). *Impacts Monitoring Second Annual Report*, London: Transport For London.

The Times (2004). "Livingstone Aids Forgetful Drivers," 11 May.

9 交通拥堵收费方案的实施

导 言

当利文斯通和伦敦交通局加紧推进正式程序以实施交通拥堵收费方案的时候，伦敦交通局也忙于促进交通拥堵收费方案的设计。虽然很多工作在《计划纲要》批准之前就可以做好，但是，一些协议要等到批准落实以后才能最后定下来，而一旦法律诉讼解决，方案的实施就能全力以赴地进行了。

建立交通拥堵收费团队

在伦敦市长选举开始前的几个月，伦敦交通局就以过渡模式来运行，关键岗位都由伦敦中央政府办公室任命的人临时充任。利文斯通很快以德里克·特纳替代临时的道路指挥官，而且为了强调他的决策重点在于改善交通，还把主管的职位改名为“街道管理”。特纳是伦敦的交通指挥官，负责实施伦敦的“红色路网”（见第4章），他曾是伦敦道路收费选择工作组的成员之一。虽然他的全体职员被调到伦敦交通局，但特纳自己向负责伦敦的交通大臣直接报告的职务将要被撤销。在利文斯通看来，特纳是他所相信的能够执行自己计划的合适人选，特拉弗斯指出，利文斯通绕开了伦敦交通局董事会而直接任命了特纳（Travers，2004）。

利文斯通还继续任用以前的两位职员，他们都曾参与过伦敦道路收费选择的研究项目。一位是基思·加德纳，他领导了有关收费的伦敦规划咨询委员会（LPAC）的工作（见第4章），也是伦敦道路收费选择工作组的一位成员。当伦敦规划咨询委员会被纳入大伦敦政府之后，加德纳成为大伦敦政府的交通战略主管（Transport Strategy Manager）。另一位是托尼·多尔蒂，曾领导伦敦中央政府办公室伦敦道路收费选择工作组技术秘书处，在伦敦交通局建立时就调到了伦敦交通局。2000年6月初，随着特纳的任命，伦敦交通局在“为伦敦开发一个与众不同的交通管理项目”的副标题之下，招募一位交通拥堵收费项目主管助理，在特纳领导下负责实施利文斯通的方案。招聘要求应聘者能够快速理解主要问题，有效处理问题，并能与利益相关方建立联系。最后，利文斯通决定任命两位主管助理，分工合作，他选择了有伦敦道路收费选择研究经验的米歇尔·迪克斯和马尔科姆·默里－克拉克。迪克斯曾经是哈尔克罗工程咨询有限公司（the consultants，Halcrow）开展的伦敦道路收费选择研究的项目经理，做过主管。默里－克拉克在大伦敦议会和威斯敏斯特市议会有25年交通运输方面的管理经验，曾是威斯敏斯特交通政策和项目的负责人，也曾是伦敦道路收费选择工作组下一个分组的成员。经过一段时间的兼职，他们提出了分工合作的共同请求，主要按照功能线来划分基本职责，以使每个成员都能集中于这个巨大且快速推进的项目的某个方面。

德勤咨询有限公司（the consultants，Deloitte）派出的一位项目经理向他们二人汇报，而一系列的团队负责人则向该项目经理汇报（TfL，2000）。德勤咨询有限公司还派出了系统综合团队、综合及工程支持服务系统团队的负责人。另一个咨询公司菲什伯恩·赫奇斯公司提供了团队负责人以及通信和媒体关系团队。4个其他团队的负责人（方案综合团队、运行团队、执行团队和交通管理团队）由伦敦交通局委派的职员充任。利文斯通还留用了达特茅斯律师协会（Dartmouth Lawyers Association，DLA）的律师，其与一位王室法律顾问共同提供法律咨询服务。利文斯通并没有安排公共交通团队，因为彼得·亨迪控制下的公共巴士公司有责任为交通拥堵收费方案提供配套的公共交通措施；亨迪之前就职于伦敦交通公司（London Transport），在伦敦公共巴士运营私有化之后，他进入了私营部门，后来利文斯通任命他取代伦敦交通局的临时指挥官。到2000年深秋，利文斯通已经集合了一个由伦敦交通局员工及咨询公司组成的经验丰富且能干的团队，这种实力使他能够实施他的政策。这个团队继续扩大，到2001年7月，团队成员总数达70人（*NCE*，2001）。

利文斯通对伦敦中央政府办公室所指派的临时指挥官不满，他要找人取代伦敦交通局的代理执行官，2000年10月在一次国际猎头活动之后，他任命了罗伯特（鲍勃）·基利，并给了基利一个更为夸张的"交通专员"的头衔。2001年初，基利接受了这个职位，从美国来到伦敦；他因将纽约地铁从一个破败的、犯罪猖獗的系统转变为一个现代的、更安全的和有空调的地铁而闻名。基利带来了一批美国同事，"基利党"（Kiley's people）（或"纽约黑手党"，随后他们也被冠以此名）占据了其他关键岗位。根据史蒂夫·诺里斯（前伦敦交通局董事会成员以及保守党的市长候选人）的说法，这个团队控制了伦敦交通局（*Evening Standard*，2001）。但在推进交通拥堵收费方案时，基利的大部分精力都放在支持利文斯通反对中央政府关于伦敦地铁的公私合营方案上（Woolmar，2002）。事实上，不管因为其他优先事项还是对这个方案的运行缺乏信心，基利被认为与交通拥堵收费保持距离；而且，他和特纳似乎关系不睦，在方案实施不久后，特纳就离开了伦敦交通局，《泰晤士报》断言特纳与"基利党"关系不好，基利迫使特纳辞职（*The Times*，2004）。而《金融时报》认为特纳"直率的性格"引发了矛盾（*Financial Times*，2004），《伦敦晚报》报道了利文斯通员工的说法："特纳先生是自己离开的——并非被迫。"（Evening Standard，2001）

127

利文斯通告诉伦敦议会："我和德里克共事将近3年，从未吵过架。"（London Assembly，2003）然而，在同一次会议上，基利暗指特纳和杰伊·瓦尔德（伦敦交通局的财务主管，是来自纽约的"基利党"的一员）之间关系不好，二人被认为"很难相处"。但《泰晤士报》认为基利无法阻止伦敦地铁的公私合营，他希望以"引进世界上最大的交通拥堵收费系统的开创者"的身份被铭记，尽管"历史学家不能找到什么证据来证明基利是推动力……实际上，帮助驱逐这个方案的真正缔造者德里克·特纳的人，正是基利"（*The Times*，2005）。不管关系多么紧张，特纳无疑还是完成了利文斯通的目标，2003年初交通拥堵收费实施，并成功运行。

特纳离开之后，他的街道管理职位被纳入伦敦公共巴士合并，一个地面交通指挥部（Surface Transport Directorate）建立，由亨迪领导。

项目管理

伦敦交通局委托普华永道会计事务所（Pricewaterhouse）准备一个最初的项目计划和管理架构，其在2000年9月下旬已经准备完成。这个最初的项目计划和管理架构希望到2002年12月底能够正式实施，与伦敦道路收费选择研究提出的39个月相比，只有30个月的时间（ROCOL，2000）。伦敦交通局解释这可以由以下几点来达成：

128

（1）通过有关伦敦市长《交通战略》的咨询，确立收费方案的原则，使《计划纲要》草案和《交通规则》的咨询着重于具体的细节，由此让咨询和方案设计交叉进行；

（2）与咨询和方案设计同时启动采购，但在《交通战略》正式批准之前，不需要签订执行协议；

（3）减少主要交通管理措施实施所需的时间；

（4）尽早开始实施配套的交通措施，如伦敦公共巴士计划

(London Assembly, 2000)。

然而，伦敦交通局因为几个关键的假设而束缚了这个已加速推进的计划，包括：

- 方案在咨询阶段就获得支持
- 维持有关《交通战略》、《计划纲要》和《交通规则》咨询的项目
- 没有公开听证和司法审查
- 没有新技术的发展
- 按时执行关键决策
- 在启动日期之前，只有有限的交通管理和配套交通措施就位
- 申请足够的资源（TfL，2000）

伦敦交通局的结论是，根据这些假设，这个项目是有挑战的，但也是可实现的。尽管这些附加说明似乎可以解释未来项目会延时完成，但它仍是稳健的，虽然存在法律诉讼并需要实施大量的交通管理和公共巴士改善措施。

在德勤咨询有限公司指派了项目经理之后，项目得到了进一步发展，因受限于对最初计划的附加说明，启动日期推迟到2003年1月初——"最佳的可行日期"（TfL，2001b）。

采购策略

伦敦交通局原先计划签订一系列的供应合同，并管理这些合同之间的接口（London Assembly，2000）。然而，到2001年1月，他们决定创建一系列的工作包，目的是降低可能遇到的整合风险，同时力图避免"不必要的联营企业"以及"潜在风险被回避而非控制住"（TfL，2001b）。伦敦交通局希望能够为系统的每个战略要素选择最好的供应商，避免把大的系统或服务工作包的次优单个组件发包给联营企业（当特别要件的供应商数量很少时，存在一种真正的风险）。因此，不同的工作包被构建以

129

使战略要素保持在分散的有限的供应商手中，同时确保有明确的接口。

采购策略的其他要素包括：

- 重点关注现有技术，避免使用新技术
- 在采购流程前期验证所有的定制开发
- 使用任何有可能的、一直在用的现有基础设施，如电话服务中心
- 将最初的供应与运行相结合

伦敦交通局同时热衷于保留关键资产的所有权，比如摄像头与控制中心相连的数据网，这些资产可以用于达成伦敦交通局的其他目标。

在采购策略之下有一个风险管理政策，包括：

- 提早界定系统的边界与接口
- 业务流程的前期测试
- 为每个主要的供应合同列出两个最终的投标人，投标人再各自展示他们做出的系统

这些需要采购的系统和服务被分成 6 组：

(1) 核心服务，包括处理费用支付的登记以及执法追踪；

(2) 图像管理，包括车牌自动识别系统和图像存储；

(3) 支持服务，包括图像的人工检查、获取英国驾驶和车辆许可局的记录、路上执法以及上诉程序；

(4) 固定资产采购，包括摄像头和光纤网络；

(5) 项目服务，包括研究、监控、广告和资料；

(6) 交通管理。

伦敦交通局在发包这整个系统的单个组件合同之后，将其中一部分合同转交给一家设备管理公司卡皮塔，其获得了核心服务的合同。这样，伦敦交通局在获得了主要供应商以后，把整合和运行的

职责转到了一个单一的实体。然而，在选择这一路径时，伦敦交通局不得不为这些系统和接口的详细技术规范提供资源，而不是集中于待提供的服务方面，卡皮塔公司没有提供完全符合要求的客户服务，这成为一个缺陷（见第 10、12 章）。 130

卡皮塔公司也负责大部分的资本投资，伦敦交通局在系统开始运行后会以交易与绩效为基础来偿还。因此，以经典的财政部的方式，一部分资本成本从伦敦交通局的资产负债表中去除了。然而，鉴于卡皮塔公司涉及其他受人瞩目的公共部门的工程，对该公司的委任也有一些批评。正如在第 10 和 12 章中提到的，伦敦交通局寻求通过非常密切地管理卡皮塔公司的合同来减少这些风险，但合同本身就存在问题，可能由于在确定最初的合同时，对待提供的服务没有足够充分的关注。

在适当的授权到位之前，可以承诺的公共资金数量是有限的。2001 年 7 月伦敦市长《交通战略》发布，并批准了这个方案的原则，2002 年 2 月《计划纲要》的批准以及同年 7 月有关法律诉讼的法院判决，都是收费方案实施过程的重要节点。

执　法

因为收费执法依赖于获得没有支付通行费的车辆业主或保管人的身份信息，有两个关键障碍需要克服。首先，在几乎所有的天气和光线条件下，确保技术可以提供可读的车牌图像。初步的试验令伦敦交通局满意，这点可以做到。其次，是与英国驾驶和车辆许可局达成协议，使伦敦交通局（及其代理）能够在线访问英国驾驶和车辆许可局的数据库（虽然地方机构有法定权利获取英国驾驶和车辆许可局的数据，当一个交通违规行为被确认时免费获取，但此前英国驾驶和车辆许可局一直反对提供在线访问），尽管有报道称交通大臣试图阻挠这些协议的达成（见第 11 章），但伦敦交通局还是如愿以偿了。

英国驾驶和车辆许可局记录的完整性和准确性一直是一个备受关注的问题，其没有有效执法要求得那么好。然而，随着车牌在一系列的执法活动中作用越来越大，英国驾驶和车辆许可局已经开始采取行动提高其记录的即时性和质量，同时，期望有助于解决使用无证（未投保的）车辆的问题；在伦敦内城部分的车辆中，无证车辆占比高达20%。虽然在2002～2003年度，逃税使牌照收入损失4.8%，但在2003～2004年度，英国驾驶和车辆许可局全国性的新程序把这种损失降低到了3.4%；英国驾驶和车辆许可局有一个目标，即到2007年减少一半的未注册车辆，达到42.5万辆（NAO，2005）。尽管有许多未注册车辆和错误的注册记录，但是国家审计署得出结论，在2004年，已有的记录能够帮助警察追踪90%的车辆持有人。

131

同时，人们希望伦敦交通局有扣留以及最终处理拖欠罚款车辆的权力，这会鼓励车辆持有人遵守规定（见第8章）。然而，还有一个外国注册车辆的问题，虽然一个欧盟项目（VERA）正在寻求解决跨境收费问题，但英国加入参与这个协议可能还要等好多年（Brosnan and Jordi，2003）。

虽然个人隐私曾被认为是执法安排中的一大争议，但事实证明个人隐私并未得到太多关注。

影响评估

伦敦交通局继承了由伦敦道路收费选择项目开发的交通模型系统（见第6章），其源自伦敦交通拥堵收费研究项目曾经使用的一个系统（见第4章）。虽然早期的两个研究都聚焦于开发和评估政策，但伦敦交通局也关注方案的细节设计，因而关注具体的交通数据。伦敦交通拥堵收费研究项目曾经使用一个现成的交通模型，利用土星软件（SATURN）来评估方案对地方交通的影响，但这个评估仅仅覆盖了收费区域西边的地区，没有为伦敦道路收费选择项目开发一个比较模型。因此，伦敦交通局不得不为伦敦市中心和伦敦内城开发一个地方交通模型——伦敦交通土星软件评估（SALT），其代表了伦敦市中心的整个路网和伦敦内城的大部分路网。根据伦敦交通拥堵收费研究项目的模型，这种基本的需求输入来自经 LTS（LTS 被用于选派来自交通拥堵收费模型 APRIL/AREAL 的流量）的伦敦道路收费评估。然而，把伦敦交通土星软件评估校准到与那些观察给出的交通流量完全一致，被证明是困难的，2002 年 9 月底，距离启动日期不到 5 个月，伦敦交通局向伦敦议会报告说："这个模型的临时版本使用了一段时间后，一个确定的跨越效度和预测要求等所有方面都足够稳健的模型版本还没有最终成形。"（TfL，2002b）稍后，伦敦交通局的迪克斯告诉伦敦议会，建立模型一直是"战略性的"，虽然伦敦交通局能够判断出交通流量有增加的区域，但不可能说出在某条道路会增加多少额外的流量（London Assembly，2003b）。

132

但是，伦敦议会和受方案影响的自治市的一个主要的关注点在于收费对收费区域周围和边缘道路的影响，而为了理解那些影响，需要当地交通流量的预测数据。不能提供这种预测导致伦敦交通局和一些自治市在方案实施方面存在紧张关系。

很多人关注另一个领域，即收费可能产生的经济影响。然而，伦敦交通局推断，考虑到可用的分析技术有限，可能无法预测收费产生的经济影响。

交通管理

收费方案与一系列的交通管理措施相伴随，最初已分配给这些措施一个 1.02 亿英镑的预算。因为一些工程与伦敦自治市管辖的道路相关，5000 万英镑被分配给受影响的自治市，当然不是所有的需求都能在收费方案开始前确认，在 2003 ~ 2004 年财政年度，分配给 3700 万英镑的可用资金以实施交通管理措施（包括 2000 万英镑给自治市)。

伦敦交通局的交通管理工作集中在内环路和接近内环路的放射状道路，其构成了伦敦交通局控制的部分路网。为了改变内环路附近车辆的迂回行驶，设定的计划是改善流量，减少进入和离开收费区域的交通，让车辆更多地转向内环路附近以避开收费区域。这些计划通过加强中央交通控制系统来补充，特别是提供更大的灵活性以适应车辆迂回带来的变化，还通过招收额外的伦敦交通控制中心职员来补充。此外，为了使收费方案实施最初几个月的混乱最小化，伦敦交通局提前实行高速公路养护计划。

大多数交通管理计划是在伦敦自治市道路上实施的，它们或属于停车区域控制，或属于环境交通管理，目的是控制任何新增的路上停车，并管理行驶车辆沿着收费区域以外居住区道路和其他道路分流。其他交通管理计划是自行车、步行者和公交优先，最后一个是已有的伦敦公共巴士计划（London Bus Initiative）或公共巴士+计划（Bus Plus）不可分割的一部分，这个计划本身已经成为配套公共交通改善计划的组成部分。伦敦交通局分三个阶段来进行，为资助初步设计和咨询招标，然后为资助详细设计和计划实施接受自治市的投标。由于伦敦交通局表现出的意愿是与自治市保持一致立场，一些自治市把获得资金视为能够推动各种计划的机会，其中一些计划与收费影响并无明显联系。

133

虽然各自治市对很多交通管理计划的实施是至关重要的，但当认识到威斯敏斯特的法律诉讼使伦敦交通局更加困难，其无法像原来预想的那样开放时，许多自治市对伦敦交通局使其卷入交通管理计划方式表示不满。自从利文斯通早期决定不再参加伦敦政府协会的会议以后，各自治市与利文斯通的关系一直不容乐观，因为他受到各自治市的批评，而他也批评自治市不愿意接受伦敦新政府架构的现实。伦敦政府协会在伦敦议会的取证环节上做出总结时，认为伦敦议会制定了一个不现实的时间表，伦敦交通局应该推翻这个方案（London Assembly，2001c）；伦敦政府协会的结论是，伦敦交通局“没有理解各自治市的角色和职责”，也“没有进行适当的磋商”（ALG，2001）。在听取了伦敦交通局和伦敦政府协会的意见之后，伦敦议会得出结论，在伦敦政府协会和伦敦交通局之间存在“一种功能失调的关系”（London Assembly，2001c）。正如第 11 章里要说明的，这个问题不仅存在于作为团体的伦敦政府协会和伦敦交通局之间，也存在于单个自治市和伦敦交通局之间。

然而，2002 年 9 月伦敦政府协会的尼克·莱斯特告诉伦敦议会，自治市与伦敦交通局的关系正在改善；到收费方案加速推进并实行的时候，基利宣告他认为在伦敦交通局设立一个自治市合作办公室的帮助下，二者的关系已经有了显著改善（London Assembly，2002）。

公共交通

利文斯通实施交通拥堵收费政策，也通过公共巴士战略来配套，要使它们“使用起来可靠、快捷、方便、无障碍、舒适、干净、简单和安全，而且负担得起”（GLA，2001）。不像英国的其他地区，伦敦公共巴士由承包商控制，并由承包商根据伦敦交通局的规范提供服务，伦敦交通局保留车票收入。为了使人们坐得起公共巴士，利文斯通在 2001 年引入了单一票价 70 便士的政策，并打算将其固定化。然而，2004 年现金购票的价格涨到了 1 英镑，而使用储值的牡蛎卡购票费用不变。这一关键步骤是为了鼓励人们不在车上购票，减少公共巴士在站台的停留时间，否则乘客向驾驶员支付现金会引起站台停留时间延长。2005 年票价再一次上涨（见第 14 章）。 134

为了提高公共巴士的服务质量，利文斯通为服务承包商引入质量激励合同（Quality Incentive Contracts），提出改善公共巴士员工的工资和福利，克服高流动率和员工短缺。他还承诺加快引进低底板的公共巴士，到2005年，为4000个公交车站安装倒计时显示牌，在交通拥堵收费开始之前，2000个站台的倒计时显示牌已经到位，精确乘坐信息，按既定（和相关）计划，给伦敦公共巴士提供车辆自动定位（AVL）系统。除此之外，他重申了自己对于伦敦公共巴士计划的承诺——实现5个关键目标：

- 降低乘客等车时间的不确定性
- 降低公共巴士行驶时间的不确定性
- 减少整条线路的行驶时间
- 提高乘客满意度
- 增加乘客人数（GLA，2001）

伦敦公共巴士计划还包括使用公交专用道、公交先行，以及通过更多利用道路两侧和公共巴士上的闭路电视系统有效执行上述措施。为了配合交通拥堵收费，伦敦公共巴士计划的第二阶段重点针对在伦敦市中心运行的公共巴士线路。

此外，通过引入7条新线路，增加在伦敦市中心运行的线路容量，在既有的线路上增加发车频率，使用更大的车型，在高峰时段提供额外的350辆公共巴士——相当于新增了1.1万个座位，运输量增加了23%（与其相较，预计公共巴士出行需求增加7000名乘客）（TfL，2003a）。

在交通拥堵收费预备阶段及其实施以后，公共巴士服务的容量和质量成功提高，而铁路服务没有真正的机会做出重大的变化，既因为涉及太长的筹备时间，也因为英国铁路局不在伦敦市长的有效管辖范围之内；而直到2003年7月，伦敦地铁才归于伦敦市长的管辖之下，即公私合营协议签订之后。然而，在给伦敦议会的证词中，伦敦交通局表示，收费方案对铁路来说几乎没有实质性的影响，只会有一种连锁反应，一些汽车使用者将转向铁路，而一些铁路使用者转向改进后的公共巴士服务（London Assembly，2000）。

135

沟　通

从本质上来说，交通拥堵收费就是引导人们改变自己的行为方式。要改变他们的行为方式，他们需要知道自己的选择有哪些，作为个人，他们应该采取什么样的行动。因此，伦敦方案的成功依赖于所有车辆拥有者和车辆使用者获得足够的信息，也依赖于确保收费技术能够有效运行。伦敦交通局在开发这个项目的早期阶段就意识到这一点，成立了公共关系团队，作为负责方案实施的6个团队之一。

虽然菲什伯恩·赫奇斯咨询有限公司负责这项工作，与利文斯通的传媒关系负责人和伦敦交通局的团体传媒关系负责人一起工作，但是，他们需要像一个内部团队那样，与所有那些负责方案设计和实施的人保持密切联系。这个团队的职责覆盖了传播与营销的各个方面，包括与利益相关方和传媒的关系。争取《伦敦晚报》的支持，是传媒策略的一个关键因素，但这在2002年2月因《伦敦晚报》主编变更而遭受了挫折，媒体达人利文斯通打算炒掉新主编维罗妮卡·沃得利（BBC，2003a；*The Guardian*，2002）。自从上任起，沃得利就似乎试图证明收费方案及其实施可能存在的缺点，并对任何缺陷或可疑缺陷进行完全的曝光。传媒团队通过努力回应报道中的误解和错误来解决问题，使传媒理解收费方案的原理及其运行方式（LTT，2003）。然而，一份为伦敦市长做的传媒报道分析指出，仍存在大量怀有敌意的新闻报道（Gaber，2004）。

公共关系团队的最大挑战是，要确保所有那些来自英国各地想驾车进入伦敦市中心的人意识到收费的存在。这涉及利用各种媒体，开展大量的广告宣传活动，但广播是重中之重。大多数广告集中于展示事实信息，避免一味鼓吹，每次宣传只关注方案的一个要素：在哪儿收费、收费时段、5英镑的通行费。菲什伯恩·赫奇斯

136　咨询有限公司报告，到 2003 年 2 月 17 日，收费方案已经有非常高的关注度（LTT，2003）。然而，许多批评可以证明，需要注意确保所有关于方案的公文的准确性，有信息发布称通行费可以在邮局支付，而那时政府和邮局之间还没有达成协议（BBC，2003b）。

财　政

最初，利用伦敦道路收费选择项目的估算，伦敦交通局提出了一个 2001 ~ 2004 年三年 2.5 亿英镑的初步支出预算（TfL，2000）。2001 年 1 月，伦敦交通局提出新预算，总成本 1.82 亿英镑（TfL，2001b）（见表 9 - 1）。

表 9 - 1　成本估算（2001 年）

单位：英镑

方案整合、政策、立法、模型化和监测	900 万
实施收费所需的基础设施	300 万
运行和系统配置	2800 万
交通管理	1.02 亿
传播和广告	2000 万
项目管理和项目办公室	500 万
意外开支	1500 万
总　计	1.82 亿

这个预算（和接下来公布的预算）没有包括与公共交通特别是公共巴士改造相关的成本，其是伦敦市长对整个伦敦更大承诺的一部分——改善公共巴士服务和降低票价。然而，一些改善伦敦市中心公共交通服务的成本自然成为伦敦市长方案的部分真实总成本，填补伦敦公共巴士公司日益增加的资金缺口，预计从 2001 ~ 2002 年度的约 2 亿英镑（DfT，2002），上升到 2003 ~ 2004 年度的 5.6 亿英镑（TfL，2003b），而预计到 2008 ~ 2009 年度，会达到 10

亿英镑（TfL，2003c）。在方案实施6个月后的一个成本效益分析中，伦敦交通局把净成本设定在2亿英镑（TfL，2003b）。然而，也有人提出，根据伦敦公共巴士运行实际净成本，该数据被低估了，事实上可能是其两倍（Corporation of London，2004）。

伦敦交通局的第一份运行成本与收入（不包括罚款的净收入）预算在最初的两个6个月与其后运行稳定状态下是不同的，见表9-2（TfL，2001b）。虽然预计在方案实行初期会有较高的成本，但随着使用者注册和熟悉这个方案，收入可能开始实现“稳定状态”。预计1.68亿英镑的稳定状态净收入远低于伦敦道路收费选择项目预计的2亿~2.2亿英镑（ROCOL，2000）。 137

表9-2 最初的成本与收入预测

单位：英镑

	第一个6个月	第二个6个月	稳定状态
运行成本	5000万	3500万	6900万
通行许可收入	1.18亿	1.18亿	2.37亿
净运行收入(不包括净罚款收入)	6800万	8300万	1.68亿

伦敦议会发现伦敦交通局早期对实施成本的监控很差，2001年1月的信息“比本来预期的”细节更少（London Assembly，2001a）。当2001年7月，伦敦交通局向伦敦议会提供不完整的历史数据时，伦敦议会决心要求伦敦交通局提供“包括2000~2001年度产生的所有成本在内的预算和成本报告，以便提供一个收费方案的真实总成本（预算成本）”（London Assembly，2001b）。

然而，伦敦交通局的财务和规划总监杰伊·瓦尔德一介入，项目财务控制就有了一个健全的基础。考虑到成本和收入的资金流，瓦尔德认定这个方案的财务评估应该超过8年周期，从2000年算起到2008年7月，这导致了成本的重新界定（TfL，2001a）。

到2002年9月，实施总成本已经上升到2.05亿英镑，净现值

（VPN）为1.8亿英镑，不包括由卡皮塔公司提供的资金——净现值2.08亿英镑的成本（TfL，2002b）。排除伦敦交通局直接承担的启动成本以及罚款所得的净收入，稳定状态下的净收入预计下降至1亿英镑左右，如果加上3000万英镑的罚款收入，净收入将首次达到1.3亿英镑左右。考虑到启动成本，到2007~2008年度这个方案的净现值预计为3亿英镑（见表9-3）。

收费收入的减少基于一种最差的情况。计算2002年春季穿越收费警戒线的交通流量，其结果明显低于之前的交通流量。尽管这种减少并没有明确的原因，但伦敦交通局还是修改了自己的预测来回应这种变化（TfL，2002b）。

138

表9-3 依据净现值的财务估算（2002年）

单位：百万英镑

	总净现值6%的实际价值	总的实际价值
年度运行成本		
经营成本，包括驾驶和车辆许可局、裁决、实行	44.7	58.8
核心服务、图像管理、零售（卡皮塔公司）	208.3	273.8
通信	21.2	26.9
摄像头维护	1.9	2.5
监控	2.0	2.5
伦敦交通局的管理和支持服务	18.7	24.4
交通管理	12.1	16.0
方案整合、行动计划检测	10.8	13.9
立法、模型化等	—	—
小计	319.7	418.8
启动成本		
方案整合、行动计划检测	4.3	4.7
立法、模型化等	—	—
运行和系统	26.7	30.7
摄像头供给和安装	3.6	3.9
监控和市场研究	1.6	1.8

续表

	总净现值6%的实际价值	总的实际价值
实施收费的基础设施	2.4	2.6
交通管理	85.8	97.8
项目管理和支持服务	17.8	19.1
传播和公共信息	15.6	17.3
伦敦交通局的管理和支持服务	11.1	11.8
小计	180.4	204.7
包括管理费用的总成本	500.1	623.5
收入		
收费收入	693.9	917.2
罚款净收入	110.6	146.0
总收入	804.5	1063.2
净运行剩余	304.3	439.7

自2001年8月第一次向伦敦议会报告净现值成本核算以后，伦敦交通局预计年度运行与启动总成本会一直保持稳定（TfL，2001a）。然而，稳定状态的年净收入（不包括罚款收入）从第一个《项目概要》公布起的两年多时间里渐渐减少，总共减少5000多万英镑。

净收入用途

139

根据《大伦敦政府法案》，伦敦市长必须对收费方案运行的第一个十年所得净收入的用途进行详细说明（GLA Act，1999）。虽然利文斯通并不准备做详细说明，例如，他表示引入收费方案能够推进某个之前无法推行的政策或项目，但他还是按照《大伦敦政府法案》的要求，把净收入的用途与他的《交通战略》要素联系起来。他在《计划纲要》中声称：

在《交通战略》的十年期前期，可以预想来自伦敦市中心交通拥堵收费方案的净收入，将为整个大伦敦提供资金或提升改造，特别着重于以下几个方面：

- 公共巴士网络的改造
- 加速或延伸可达性
- 换乘站改造
- 分担发展有轨电车或高质量专用公共巴士计划所需的成本
- 安全和安保改进计划
- 加速道路和桥梁的维护项目
- 增加后半夜的公共交通
- 额外资助自治市的交通项目
- 调整公共交通的票价
- 改善步行与自行车骑行的环境
- 改善街道环境（TfL，2002a）

受益于《交通战略》十年期后期的净收入现金流的项目包括：

- 扩大地铁和英国铁路的容量
- 泰晤士盖特韦河口岸
- 改造去往伦敦城市中心的道路
- 可能开展的有轨电车或高质量专用公共巴士计划
- 有选择地改造伦敦的道路系统

尽管净收入不足以支付这些计划中大多数的任何一个计划的全部成本，但利文斯通打算利用这些收入支持实施自己的《交通战略》，这一事实令国务大臣非常满意——伦敦收费方案的这一方面需要经过他的批准（见第6章）。

140

审计委员会

审计委员会是一个独立的公共团体，负责确保公款在地方政府合理使用，2004年审计委员会着手对伦敦交通局进行一次“初期绩效评估”，这是英格兰地方政府“综合绩效评估”的一部分（Audit Commission，2004）。交通拥堵收费方案的实施被视为对伦敦交通局的工作重点和项目管理才能的说明：“许多大型、令人瞩目的项目……有助于实现伦敦市长的《交通战略》和伦敦交通局事业计划的核心方面……包括实施交通拥堵收费……伦敦交通局的专注力促成了实现其抱负的重大成就。”

小 结

由于决心在自己的第一个任期内实施伦敦市中心的交通拥堵收费方案，利文斯通很快组建了一个由伦敦交通局职员和咨询公司构成的团队，他相信这个团队能够使他实现自己的目标。尽管这个方案的细节随着设计的推进而不断完善，但基本方案保留了由伦敦道路收费选择项目开发的大部分成果，利文斯通在执政之后不久就采用了这个方案。

按照预计时间实施方案是一个重大成就。虽然方案被设计为使用现有技术，但该技术与之前相比，需要在一个更大规模和完全不同的背景下使用。而且，这个方案还包括了一个重大的信息技术部分，之前公共部门的信息技术项目有一长列失败的名单，不是无法运行，就是无法按时完成和/或超出预算。然而，随着时间的流逝，方案预期的净财政收益（在其对不断增长的伦敦公共巴士资金缺口发挥净影响之前）会受到侵蚀。

公正地说，从一开始，方案就没有被视为一个纯粹的技术项目。众所周知，如果这个收费方案行之有效，那么它将会被“推销”到一个更大的社区——远大于伦敦，而这需要有一个专业的专家团队。

同样得到公认的是，一个紧凑的计划需要强有力且有效的项目管理。伦敦交通局为了开发一个强大的程序并使其稳定地运行，并不害怕引进外来专家。有人认为交通拥堵收费团队有一个“能够做，就去做”的方法，把困难视为需要克服的挑战，而不是拖延或提高预算的理由，而这是方案成功的主要原因。

141 在一个非常公开的期限内推动一个极具挑战性项目的实施，虽然这可能不会让人感到吃惊，但一些人认为伦敦交通局是高压且专横的，一个更包容的方法有可能会缓和他们的一些工作。

参考文献

ALG (2001). "ALG/TfL Relationships," Circular to Borough Transportation Officers, 6 November, Association of London Government.

Audit Commission (2004). *International Performance Assessment: Transport for London*, London: Audit Commission.

BBC (2003a). "Mayor cleared over party claims," 23 July, http://news.bbc.co.uk/1/hi/england/london/3090579.stm.

BBC (2003b). "Post Office row over congestion charge," 7 January.

Brosnan, M. and P. Jordi (2003). VERA 2: Video Enforcement for Road Authorities, www.rapp.ch/documents/papers/Budapest_VERA_2_paper.pdf.

Corporation of London (2004). *Congestion Charging-One Year On*, report to the Planning & Transportation Committee, 16 March.

DfT (2002). *Review of Bus Subsidies*, London: Department for Transport.

Evening Standard (2001). "Time is Running Out for Citizen Ken," by Steve Norris, 22 November.

Evening Standard (2003). "Congestion guru resigns," 25 March.

Financial Times (2003). "Architect of congestion charge quits amid rumours of rift with mayor's management," 26 March.

Gaber, I. (2004). *Driven to Distraction*, London: Goldsmiths College.

GLA (2001). *The Mayor's Transport Strategy*, London: Greater London Authority.

GLA Act (1999). *Greater London Authority Act 1999*, London: Her Majesty's Stationery Office.

London Assembly (2000). *Congestion Charging: London Assembly Scrutiny Report*, London: Greater London Authority.

London Assembly (2001a). *Report to the Transport Policy and Spatial Development*

Policy Committee, 19 June.

London Assembly (2001b). *Minutes of a Meeting of the Transport Policy and Spatial Development Policy Committee*, 24 July.

London Assembly (2001c). *Minutes of a Meeting of the Transport Policy and Spatial Development Policy Committee*, 30 October.

London Assembly (2002). *Minutes of a Meeting of the Transport Committee*, 10 September.

London Assembly (2003a). *Minutes of a Meeting of the Transport Committee*, 3 April 2003.

London Assembly (2003b). *Minutes of a Meeting of the Transport Committee*, 26 November.

LTT (2003). "How communications prepared the ground for congestion charge," *Local Transport Today*, 12 June.

NAO (2005). *Home Office: Reducing Vehicle Crime*, London: National Audit Office.

NCE (2001). "How Realistic is the Congestion Charging Plan?" *New Civil Engineer*, 26 July.

ROCOL (2000). *Road Charging Options for London: A Technical Assessment*, London: The Stationery Office.

TfL (2000). *Project Overview 26 September 2000*, London: Transport For London (reproduced in London Assembly, 2000).

142

TfL (2001a). *Congestion Charge Update Report to the Transport Policy and Spatial Development Committee, London Assembly, 31 August*, London: Transport for London.

TfL (2001b). *Project Overview 31 January 2001*, London: Transport for London.

TfL (2002a). *The Greater London (Central Zone) Congestion Charging Order 2001, Report to the Mayor, February 2002*, London: Transport for London.

TfL (2002b). *Report to the GLA Transport Committee 27 September*, London: Transport for London.

TfL (2003a). *Buses on Track to Deliver Improvements before Congestion Charging*, TfL Press Release, 3 January, London: Transport for London.

TfL (2003b). *Congestion Charging: 6 Months On*, London: Transport for London.

TfL (2003c). *London Buses Strategic Review*, London: Transport for London.

TfL (2003d). *Transport for London 2003/04 Budget*, London: Transport for London.

The Guardian (2002). "No Ken Do," Saturday 6 July.

The Times (2004). "Norris Will Sack Transport Chief if Elected Mayor," 14 April .

The Times (2005). "An American leads the charge," Public Agenda, 25 January.

Travers, T. (2004). *The Politics of London: Governing an Ungovernable City*, Basingstoke: Palgrave Macmillan.

Woolmar C. (2002). *Down the Tube: The Battle for London's Underground*, London: Aurum Press.

10 伦敦议会：对交通拥堵收费方案的监督

导言

伦敦议会的主要作用是督促伦敦市长向伦敦的代表做出解释，监督伦敦市长的政策和计划，以及监督大伦敦政府职能机构的工作（包括伦敦交通局），这些是伦敦议会的主要任务的一部分。

伦敦议会成员选择通过几个职能委员会来管理这项工作，其中两个委员会关注交通，一个关心战略，另一个关心运行——交通政策与空间发展政策委员会和交通运行委员会。然而，在最初的两年以后，这个结构就发生了变化，建立了一个单一的交通委员会，并由一个新的规划与空间发展委员会实施方案。

在研究伦敦议会时，特拉弗斯发现在2003年之前伦敦议会“还没有发挥有效的作用”，而且“对大多数政治家而言，作为监督者……不具有吸引力”（Travers，2004）。然而，他也报告“有的监督委员集中关注伦敦市长发布的政策，如交通拥堵收费和交通政策草案，他们发现与开展的一般质询相比，向伦敦市长及其职能机构做出挑战更为容易”。

2000 年伦敦议会对交通拥堵收费的监督

由于利文斯通一上任就开始推动交通拥堵收费，伦敦议会决定把他提出的方案作为第一批监督重点，琳妮·费瑟斯通（自由民主党）主持监督小组的工作。其他组员有约翰·比格斯、萨曼莎·希思（工党）、安琪·布雷和鲍勃·尼尔，候补组员罗杰·埃文斯（保守党）和珍妮·琼斯（绿党），这很大程度上体现了交通政策与空间发展政策委员会以及整个伦敦议会的政治人物（London Assembly，2000c）。

144

由于大伦敦政府人员还未配置齐全，伦敦议会任命托尼·特拉弗斯和马丁·理查德负责监督。特拉弗斯是一位地方政府专家，也是伦敦政治经济学院大伦敦小组（Great London Group）的主管；而理查德刚刚作为交通规划咨询公司（MVA）的主席退休，他曾经主管伦敦交通拥堵收费研究项目，也是伦敦道路收费选择工作组的一位成员。监督的目标是对利文斯通交通拥堵收费方案做初次技术评审，2000 年 11 月 1 日评审完成，这也是利文斯通计划向伦敦议会提交他的《交通战略》草案的时间（London Assembly，2000d）。这次评审证实了利文斯通试图通过交通收费而达成的目标，并且评估了：

（1）方案的任何目标是否可以通过其他方式合理地实现；

（2）在提出的时间范围和预算内，成功实施方案的可能性；

（3）方案对伦敦及伦敦民众产生影响的可能程度；

（4）相对于利文斯通的目标，方案的财务可行性和综合效应。

依据特拉弗斯在国会特设委员会的经验以及理查德在交通拥堵收费方面的知识，他们把八个听证环节整合为一个程序，邀请各个方面的专家，以及大伦敦政府和伦敦交通局的官员、伦敦政府协会（伦敦自治市的协会）和利文斯通。因为监督的焦点是方案的技术层面，并不希望重复由利文斯通所发起的咨询，所以监督小组只接受和听取那些受邀人士的证词。

根据《大伦敦政府法案》，伦敦议会可以要求大伦敦政府的职员和职能机构（如伦敦交通局）、职能机构的成员（如伦敦交通局董事会）以及大伦敦政府和职能机构的承包商，在收到通知的两周内作证或提交文件（GLA Act，1999）。然而，伦敦议会要求他们不能把建议泄露给伦敦市长，除非这个建议已经在一个会议上或一份公众可以获得的文件上公开。但是，监督小组感到，伦敦交通局并不愿意尽可能完整地回答一些问题，监督小组觉得这是监督所必要的，这也使他们质疑《大伦敦政府法案》条款的正确解释（London Assembly，2000a）。

145

伦敦议会也可以邀请但不能强制其他人提供证词。监督小组曾经邀请一位来自环境、交通与区域部门的收费专家来提供证词，其参与起草了《大伦敦政府法案》中的收费部分。然而，该部门和伦敦中央政府办公室不允许监督小组这样做，理由是：

（1）因为伦敦市长的交通拥堵收费提案是大伦敦政府的事情，中央政府应该站在大伦敦政府的后面；

（2）考虑到国务大臣的法定权力，政府官员就方案的价值发表看法是不合适的。

监督小组发现这种方式并不能令人满意，因为他们认为那些在政府内对大伦敦政府和伦敦议会的运行有管辖权的人应该作证，以使伦敦议会真正地了解收费方案（London Assembly，2000a）。

为了获得对利文斯通提议方案及其官员实施能力的理解，监督小组首先听取了来自大伦敦政府和伦敦交通局官员的证词。接下来的五个环节是听取独立于大伦敦政府及其职能机构的专家证词。第二个环节关注程序：使程序生效并管理预设的项目类型。第三个环节讨论方案对交通、运输和环境的可能影响，以及随之而来的社会影响，并由财政研究所（Institute of Fiscal Studies）提供的一个文件做补充。然后，注意力转到另一个环节——技术、遵守与执法。在听取伦敦政府协会作证之前的环节是可能的成本和收入。最后，依

146

据前七个环节的听证，监督小组向利文斯通取证（London Assembly，2000a）。

监督小组认为，如果要实行收费的话，那么利文斯通方案的基本原则，包括提出的技术、收费区域和5英镑的收费标准是合理的，但他们强调灵活性及根据经验修正方案的意愿的必要性。他们也接受了伦敦道路收费选择项目的预测，伦敦市中心每公里车辆减少10%～15%是最好并且可以实现的。然而，他们担心方案对收费区域外侧交通的影响、在环境和安全方面的效果、社会影响，以及对城市经济的效应；他们呼吁伦敦交通局开展几项研究，同时实施一些旨在减少副作用的措施。

监督小组特别关注实施配套的交通管理措施、公共交通措施和改善步行者和骑行者条件的时间安排。他们认为必须切实、快速提高公交优先的执行程度，倡议基本交通违章的非罪化，这样的话，公交优先的执行就不会受到其他警务优先事项的干扰。在批准引入收费方案前，利文斯通不愿意为公共巴士的服务升级设定可以实现的目标，他只是简单地说，这些目标不得不“具有两面性”，这令监督小组十分失望。

伦敦政府协会管理伦敦停车的上诉和仲裁服务，其证词揭示出英国驾驶和车辆许可局缺少伦敦内城部分地区约20%车辆的有效持有人信息，这引起对潜在执法制度效力的担忧。伦敦政府协会的证词也强调了必须举行有效的公共信息宣传活动，确保驾驶者和车辆经营者在收费开始前充分理解这个方案，这有助于保证人们接受该政策。

监督小组得出结论，为了推进公众接受，这个方案应该作为伦敦市长《交通战略》背景下一揽子措施的一部分出现，而非一个孤立的政策；监督小组还强调在实行交通拥堵收费的同时推进其他战略措施的重要性。

监督小组听取了利文斯通关于给不同群体豁免或折扣的想法，也听取了其他证人关于这些安排对遵守和执行方案及对方案的净效益产生的可能影响，最后得出结论：

> 我们承认，需要在可能认为是对特殊群体中的个人加以公平指导，与需要实现一个有效符合满足收费政策的目标、对所有使用者看起来是公平的、对遵守没有负面影响的方案之间保持平衡。因此，我们在限制提供豁免和折扣的范围方面看到了好处。

正如在第 7 章中说明的，监督小组听取了为使方案运行应该完成的程序方面的证词，向利文斯通就怎样可以减少法律诉讼的风险提出建议，包括在其《交通战略》咨询草案中充分详细地说明这个方案。他们也听取了利文斯通的证词，他对正常的公开听证的对抗式 147 风格持明显的保留态度，更倾向于以民意调查来评估看法。

监督小组特别关注伦敦交通局管理收费实施的计划，他们担心伦敦交通局将其主要看成一个工程项目。虽然他们承认交通管理和公共巴士服务升级占据了启动成本的大部分，但注意到“整个方案的核心本质上是一个价值 3000 万 ~ 5000 万英镑的信息技术项目”；用政府的话来说，是“一个大型的信息技术项目”。监督小组不相信伦敦交通局对方案的技术部分有“足够恰当的技能和丰富的管理经验”，他们建议伦敦交通局的管理结构应该在交通和运输组成部分与那些“有关信息技术组成部分的设计、采购以及实施”之间做出明确的分工。

来自独立专家的证词是非常明确的，他们建议伦敦交通局根据性能指标，向一个承包商采购费用征收与执法系统。这个建议认为如果使用一个承包商就可以实现不同系统组成部分之间可靠及时的整合，那么与之有关的风险就能得到最好的解决，而如果伦敦交通局想要单独采购各组成部分，自己负责管理那些系统的接口——据报道伦敦交通局赞成这个方法——就会产生风险。当了解到利文斯通和伦敦交通局对他们自己的方法有信心时，监督小组不可能忽视所得到的独立专家的意见，而且感到“对目前伦敦交通局有意以一系列独立的承包商来承担这个系统的供给，我们有义务留下我们相当谨慎的保留意见”。

监督小组也关心他们所得到的关于设计和实施这样一个方案所需时间的建议，与利文斯通决心到2002年底实施方案之间的差异，得出如下结论：

> 如果交通拥堵收费要实施，那么它必须以某种方式获得所有受其影响的人的信任……我们相信这是一个非常重要的政策，即使实施，最好也是在目前所计划的时间之后实施……要在完全成功的可能性非常高的情况下开始实施，而非为了遵守时间表，冒着系统和/或其必要相关的和配套的措施没准备好的风险，或者系统被证明不可靠的风险实施。

148 通过聚焦技术问题，政治分歧得以最小化，在2000年11月1日的伦敦议会全会上，监督报告获得通过，工党、自由民主党和保守党的全体成员支持，但绿党成员弃权（London Assembly，2000b）。

在监督的过程中，大伦敦政府组织结构上的许多弱点暴露出来。其中一个弱点是在建立机构方面，中央政府及其顾问假设一个技术官员团队既可以为伦敦市长服务，也可以为伦敦议会服务。然而，伦敦市长的职责是准备和推动战略与政策，而伦敦议会的职责是监督这些战略与政策，因此很快就可以看到，同一批职员不能很好地既为伦敦市长又为伦敦议会服务。同样的问题在新闻办公室那里也存在。

伦敦市长的回复

《大伦敦政府法案》要求伦敦市长在下一次伦敦议会的会议上提交一个报告，对向他提出的所有“建议”做出回复。伦敦议会决定将《交通拥堵收费监督报告》的重点部分作为“建议”，2000 年 12 月 6 日的会议召开前，伦敦议会如期收到了利文斯通的回复。

然而，交通与空间发展政策委员会把这一回复描述为“令人失望的”，断定利文斯通“选择不解决提出的问题……尽管他履行了自己的法定职责，但他没有真正考虑过……监督”（London Assembly，2000e）。考虑到利文斯通的后续回复，这个委员会签署了一份报告，确定了伦敦交通局的报告中考虑不周的几个课题（London Assembly，2001a）。虽然特别关心关于项目管理安排的回复，但委员会报告的结论是：

> 现在就是他与董事会、伦敦交通局的官员和咨询顾问一起，按时、不超预算、达到精确要求的标准以及伦敦民众的期待，实施这个项目的时候。如果他们不能满足这些非常有必要的要求，那么他们不听从伦敦议会的决定将被公之于众。

虽然随着方案的如期实施，利文斯通和伦敦交通局证明了自己的选择是正确的，但是随着时间流逝，卡皮塔公司承包并提供的“核心服务”已经明显成为一个现实问题——下文会讨论卡皮塔公司的合同成为一个有严重争议的问题。 149

由于利文斯通和伦敦交通局没有如希望的那种方式对第一个监督报告进行回复，交通与空间发展政策委员会决定继续展开审议，并且决定要求他们提供 6 个月的进展报告，以解决委员会所确定的一些课题。

项目预算与计划

在开展最初的监督时，监督小组认为制定一份详细的项目预算和计划还为时过早，要求伦敦交通局在 2001 年 1 月底提交这些材料。然而，伦敦交通局直到 2001 年 5 月 5 日才做出回复，以商业敏感和机密为由拒绝提供信息。作为替代，他们提交了一份总结性文件《项目概要》（TfL，2001）。交通与空间发展政策委员会发现该文件无法令人满意，决心“再次声明，伦敦交通局迄今为止所提供的信息都无法达到伦敦议会的要求”，而且如果不提供所要求的文件，依据《大伦敦政府法案》，“授权委员会主席……要求秘书处执行主管正式通知伦敦市长需要其提交文件”（London Assembly，2001b）。

伦敦议会担心的一点是，假如利文斯通给监督小组的证词说，推迟实施收费方案在经济收益和净收入影响方面会产生实质性的成本，那么他和伦敦交通局在尽快实施方案的动力下可能不会充分考虑成本控制（London Assembly，2000a）。

伦敦交通局提供了更详尽的信息，但仍被认为是不充分的（London Assembly，2001d），这加强了伦敦议会对成本控制可能不是一个优先事项的担心。然而，杰伊·瓦尔德（见第 9 章）的最终参与提升了伦敦议会对伦敦交通局成本管理制度的信心。

继续监督

虽然第一份 6 个月进度报告在 2001 年 8 月发布，解释了伦敦议会提出的每个课题，但并不是所有提供的信息都符合伦敦议会的要求，有两个著名的例子可以说明。第一个例子是，如在伦敦议会的监督报告中确定的，在收费开始前，提升公共巴士服务的可靠性和车速是要实现的目标。第二个例子是，期望在收费区域外最近的地方进行交通流量量化分析（见第 9 章）。这两个问题贯穿了整个实施期，始终没有得到解决。在第一份进度报告的听证环节，伦敦交通局的特纳否认了公共巴士服务提升的目标（London Assembly，2001e）。他还解释说，给伦敦议会成员提供有用的交通流量预测信息不仅很困难，而且他对这一信息可能遭到误解和歪曲持保留态

150

度。但是，在同一个听证环节中，伦敦政府协会代表做出举证，告知委员会，伦敦城市法团决定反对这个方案，主要因为基于伦敦交通局提供的信息，他们不能做出判断；不只是伦敦议会关注关键信息项的缺少。

2002 年 3 月，第二份进度报告被认为更加令人无法满意，其对许多要点的回复不充分，而提升公共巴士服务和预测地方交通流量仍是关键问题（London Assembly，2002b）。由于伦敦公共巴士计划的第一阶段进展遇到了困难，而第二阶段要提供很多设施改造以配套交通拥堵收费，伦敦议会对提升公共巴士服务的担忧加剧。

对伦敦交通局回复的失望明显地体现在交通委员会要的表决中：

> 尽管大多数成员谨慎地支持伦敦市长的提案，但委员会仍对许多问题表示担忧，包括收费区域外的交通管理、实施伦敦公共巴士计划的延迟，以及没有充分理解绕行和替代出行对收费方案的影响。委员会代表伦敦民众，对真正担忧的问题要求更多的信息和满意度（London Assembly，2002b）。

伦敦交通局仍没有提供地方交通流量预测，委员会主席约翰·比格斯对此感到不满，指出伦敦交通局似乎对控制信息流通有一种策略，特纳强烈地反驳了这一指责（London Assembly，2002d）。

在与伦敦交通局一起进行的一次听证中，利文斯通对进度报告的背景做出批评，他指出，如果方案在两个月内没有取得到明显成效，那么他会放弃这个方案；伦敦议会成员和伦敦交通局的特纳就定义方案的“成功”标准展开了一场毫无结果的争论。这更加凸显了伦敦议会与伦敦交通局在处理方式上的重大差异，前者想要一个清晰的标准，后者（毫无疑问反映了利文斯通的立场）则不准备被定量测试束缚（London Assembly，2002c）。这也在伦敦交通局的第三份进度报告（2002 年 9 月）中得到了非常明

151

显的体现。伦敦交通局在报告中声称，他们认为通过把评估标准缩减为一个简单的数据表或“分数”来判断方案的成败，既是不可能的，也是不可取的。伦敦交通局还解释说，尽管其考虑至少需要6个月的周期来做有关交通流量水平的评估，但它承认如果这个方案明显失败，那么伦敦市长会在8周以后停止它。这可能归因于不能解决的系统错误，或者说，明显由于交通拥堵收费存在根本缺陷，它永远不可能导致交通拥堵减少（London Assembly，2002d）。

监控收费的影响

监督小组的结论是，对于“交通拥堵收费对伦敦及伦敦民众、经济、环境和交通的影响”进行“综合的、独立的监控”的项目，应该在收费开始之前就启动（London Assembly，2000a）。

一个1200万英镑预算的重大监控项目，包括一个基准期和伦敦交通局承担的第一个收费5年期，满足了对综合性的要求。然而，想要满足对独立的要求被证明是困难的。伦敦议会的预算审议不会去满足一个独立项目的成本，甚至伦敦议会对伦敦交通局工作的全面审计将有巨大的花费，超过伦敦交通局自有项目所包含的6年总成本。虽然伦敦议会决定继续监控收费方案，但其实施的强度会随那段时间政治利益的变化而变化。事实上，在2004年选举之后，在一个关于新的交通委员会工作计划的文件中就根本没有提到继续实施监控（London Assembly，2004）。

即使伦敦交通局愿意拨款进行一次独立审计，但真正的独立性的存在仍然是值得商榷的。然而，当伦敦交通局同意伦敦议会的一项请求，使监控数据可以为独立分析的真正研究者所用时，一定程度的独立得到了确保（London Assembly，2001d）；而伦敦政府协会决定启动自己的监控项目，利用自己有限的资源，把其主要的关注问题集中到伦敦的自治市（ALG，2004）。

政治背后的公众关注

152

从方案的形成到实施，以特纳为主要代表的伦敦交通局与伦敦议会之间的关系并不轻松。2002 年 12 月，交通委员会发布了一份报告《交通拥堵收费：政治背后的公众关注》，对过去两年多对该方案的详细监督进行了总结（London Assembly，2002a）。报告强调了伦敦议会的一个潜在的担忧：

> 作为一个委员会，我们感到非常震惊，伦敦市长花费了 2 亿英镑的公款来准备交通拥堵收费方案，却只字不提对方案广泛影响的预期，如果方案失败，伦敦人不知道要付出多少代价。我们相信这是不能接受的，我们会继续代表伦敦人索要这些信息。

鉴于利文斯通没有提供交通委员会认为必需的“成功”的标准，委员会自己提出了 8 条标准，据此评估方案成功与否。

（1）在方案实施前为了限制交通而开展的主要道路施工和改造完成后，方案必须证明交通拥堵能实现一种真正的、持续的减少；

（2）必须证明在公共巴士线路方面能实现真正的改善；

（3）必须不损害伦敦民众（特别是低收入群体）的利益；

（4）必须不对收费区外的区域产生负面影响；

（5）不应该对伦敦的经济或服务产生负面影响；

（6）不应该对伦敦的环境产生负面影响；

（7）应该把净收入用于资助交通项目；

（8）不应该处罚无辜的驾驶者（London Assembly，2002a）。

卡皮塔合同

虽然卡皮塔公司获得了核心服务的合同授权，是方案运行的中心，但它与伦敦交通局的合同条款却引发了越来越多的担心。其中之一是如果方案提前终止，伦敦交通局就要承担有关责任。另一担心是关于卡皮塔公司的执行能力，鉴于卡皮塔公司的其他合同存在令人瞩目的问题——其中一个合同（与犯罪记录署）在 2002 年 9 月被广泛宣传，伦敦议会想要了解关键的绩效指标，以确定支付欠卡皮塔公司的费用；伦敦交通局也可能发现有必要额外付费，以确保各系统持续有效地运行。

153

2002 年 9 月，交通委员会主席写信给伦敦交通局，想了解万一合同提前终止，伦敦交通局需要给予承包商的补偿款情况。在第二个月到访交通委员会的时候，特纳声称与卡皮塔公司的合同不允许伦敦交通局未经其同意发布信息，而卡皮塔公司不想让此事被披露（London Assembly，2002c）。委员会认为合同条款事关公共利益，伦敦议会的监督是应当的，交通委员对无法看到合同表示不满，他要给卡皮塔公司总裁写信并获得了法律建议。

该法律建议是伦敦议会可以使用《大伦敦政府法案》赋予的权力，要求伦敦交通局提供一份它与卡皮塔的合同以及相关文件的副本。2003 年 3 月，交通委员会重申“获得一个合同书的副本……包括由于卡皮塔公司计划取消而支付的退出成本细节以及卡皮塔公司的关键绩效指标的细节”，对于对方案的彻底审查是必需的，并且授权交通委员会主席“采取一切可能的和必要的手段来获得那些信息”（London Assembly，2003c）。然而，这个请求再次失败了，其后，伦敦议会预算委员会接手了这个请求任务。

最终，2003 年 8 月利文斯通答应了伦敦议会的请求，将合同书以及新近签订的补充合同副本递交给预算委员会，而令人奇怪的是，他没有递交给最初提出请求的交通委员会主席。

虽然利文斯通曾经因为中央政府拒绝向他披露地铁公私合营合同而对其加以严厉指责，但伦敦议会成员则指出他也持续拒绝向伦敦议会披露卡皮塔合同；当利文斯通最终披露该合同时，也承认了这种不一致（London Assembly，2003b）。他提出这是因为担心这样会影响卡皮塔公司方，担心泄露合同条款会对卡皮塔公司的股价产生影响。同时，利文斯通还把推迟披露归因于伦敦交通局决定重新协商合同，“因为交通拥堵收费方案出现了与我们预期不同的运行方式”。他还表示，如果最初的合同进入公共领域，会削弱伦敦交通局在谈判中的立场。然而，在谈判结束时，卡皮塔公司被说服同意公布主合同和补充合同，但成本核算基础这部分除外。但是，预算委员会主席萨利·汉威指出，这个重新协商似乎导致了卡皮塔公司条款的改善，而原始的条款进入公共领域符合伦敦交通局的利益。利文斯通对于不披露那个早期版本的合同，给出的另一个理由是，一旦披露，就可能将方案暴露于风险之中。事实上，特纳在给交通委员会的证词中已经说过，如果伦敦交通局披露那些绩效指标，“交通拥堵收费的反对者将会有能力阻碍和完全摧毁这一系统”（London Assembly，2002d）。 154

当特纳声称合同是在伦敦交通局与卡皮塔公司之间签订的，双方都可以被问责时，萨利·汉威回应说，合同也牵涉到公共利益，相比伦敦交通局和卡皮塔公司，天平更偏向于公众的利益（London Assembly，2002d）。由于卡皮塔合同的价值占了整个计划运行成本的70%，而且卡皮塔公司负责收费方案的关键操作功能，该功能将决定方案的成败，因此，伦敦议会的论据是，披露合同是为了公共利益，这看起来是无法拒绝的，尤其在与利文斯通和特纳的一些理由相抗衡时。

在最后同意披露合同书时，利文斯通明确表示“这个合同在公共领域发布不能被认为是一个先例”。他还表示虽然合同在生效之前不可能公布，但“应该在生效之后尽快公布”（London Assembly，2003b）。因此，虽然伦敦议会最终成功披露了这个特殊合同，但他们并没有获得利文斯通明确的承诺，允许他们以公共利益为由监督所有合同，直到像卡皮塔公司合同的情况一样，监督可能来得太迟，其作用只是为未来提供了教训。

事实上，利文斯通的立场似乎与财政部关于私人融资计划（Private Finance Initiative，PFI）项目（如卡皮塔合同）的特别工作组指南相反："国会必须永远充分知悉预计的承诺范围……国会有权了解可能影响实际支付的各种敏感问题……支付机制……和终止协议。"（OGC，2004）如果对国会履行职责来说这样的公开是必需的，那么似乎有理由得出结论，同一原则也应该适用于伦敦议会；正如公共政策研究所（Institute for Public Policy Research，IPPR）私人融资计划项目强调获取信息的必要性的报告中说明的，"证明物有所值，在合同生效期间允许公众监督合同"，并解释"为了使项目经得起问责，公开对私人融资计划项目来说是重要的"，报告得出的结论是"公共部门在与私营部门关于保密信息类型的谈判中需要更加强硬，而且要抵制使用无限制保密条款的诱惑"（IPPR，2004）。

155

在获得并审查了卡皮塔合同之后，预算委员会发布了一份监督报告《公共利益，私人利润》（London Assembly，2003d）。显然，利文斯通差一点就终止了这个合同，部分是由于合同最初版本的缺陷，他告诉伦敦议会该合同中与质量相关的绩效指标不充分，使伦敦交通局很难处理卡皮塔公司客户服务的缺陷。预算委员会对此表示惊讶：客户服务的失败，而非方案的技术失败，是麻烦的源头，在伦敦交通局以 3000 万英镑作为管理和支付给员工的预算的情况下；在 2003 年 9 月 17 日的"伦敦市长问题时间"，利文斯通声称："事后看来，如果合同没有像目前那样起草，它可能会更好。"（London Assembly，2003b）委员会对此不以为然。

饱受预算委员会批评的是，在重新谈判过程中，伦敦交通局同意为卡皮塔公司本来应该提供的信息技术系统支付 350 万英镑，并且增加卡皮塔公司在罚款收入中所占的份额。委员会对利文斯通声称补充合同“不会对纳税人增加额外的负担”提出异议，而对其声称与卡皮塔签订的补充合同提供了更大的风险转移也持怀疑态度，另外担心伦敦交通局仅仅拥有由卡皮塔公司使用公共资金开发的软件非排他的使用许可（London Assembly，2003d）。

预算委员会注意到2003年2月26日利文斯通在“伦敦市长问题时间”发表的声明：“我从来没有像其他人那样担心卡皮塔公司，因为我认为这是卡皮塔公司不能承受的一个的出错合同。鉴于过去的问题，他们不得不把握这个机会。”预算委员会的结论是：“事实证明并非如此。我们抵制伦敦市长频繁地声称伦敦交通局与卡皮塔公司的合同对伦敦人来说代表了‘最好的价值’……事实证明，这对纳税人来说不是一桩好买卖。”（London Assembly，2003d）

156

然而，尽管有利文斯通的解释和伦敦议会的结论，伦敦交通局的地面交通主管彼得·亨迪仍驳斥了合同条款失败论，声称“在起草合同时，伦敦交通局正确地预见到，由于收费方案完全独一无二的特征，在某些时候，改变是必然的”，他也否认伦敦交通局签订了一个“不能保护公共利益”的合同（LTT，2004）。

小　结

虽然特拉弗斯断言，担当一个监督者对大多数政治家来说没有吸引力（Travers，2004），来自交通拥堵收费方案的证据表明，利文斯通和伦敦交通局主要通过德里克·特纳的表现，发现被监督也是毫无吸引力的。对于提供信息的正当请求，他们经常回复很慢，也没有它们应该而且可能的那般有用。这表明他们把国会指派给伦敦议会的这项职责当作一种麻烦——一种障碍而非恩惠。在评价利文斯通作为伦敦市长的四年时光时，《卫报》引用了交通拥堵收费监督小组主席琳内·费瑟斯通的话，说到“他不是一个轻易接受批评的人”（*The Guardian*，2004）。特纳曾经花费数年时间实施伦敦的“红色线路”，他负责伦敦的交通但只向交通大臣汇报工作，现在他也要向伦敦议会述职，像伦敦交通局的董事会和伦敦市长一样，这令他感到厌烦。从伦敦交通局董事会发布的报告和备忘录判断，几乎毫无疑问，向伦敦议会述职的要求是非常苛刻的，而且至少比伦敦交通局董事会更加要求细节和完整性。

利文斯通和特纳还声称，伦敦议会提出的很多监督问题是不合理的；实施方案的管理结构落实到位，实现了原定目标，其明显的例外是卡皮塔公司的客户服务是失败的；公共巴士服务的改善是确实和及时的；方案的负面影响是非常有限的。虽然事情很可能是这样的，但事实是他们被要求公开做出解释，这几乎肯定使他们考虑伦敦议会的看法，在一定程度上确保他们做出明智的决定。实际上，有传闻表明，伦敦议会的监督被伦敦交通局交通拥堵收费团队的成员视为是有帮助的。然而，由于利文斯通和伦敦交通局连续无视一些正当请求，伦敦议会监督职责下所做出的公开说明效果大打折扣。最能说明这一点的应该是卡皮塔合同。难以回避的结论是，伦敦交通局自己签订了一个合同，引用伦敦议会预算委员会的话说，它对伦敦人来说不是一个好买卖。尽管这个合同在重新谈判开始之前就进入公共领域，这可能令伦敦交通局和利文斯通感到尴尬，但公众压力可能会促成一份补充合同的签订，而这被视为使卡皮塔公司的利益减少，伦敦民众的利益增加。

157

对于一位伦敦的执行市长——现在已经是伦敦市长了——来说，监督是问责的核心问题。伦敦市长、职能机构和伦敦议会对伦敦负有责任，需要确保监督是有效的和受到尊重的。

参考文献

ALG (2004). *Congestion Charging, Report to Transport and Environment Committee*, 23 March, London: The Association of London Government.

GLA Act (1999). *Greater London Authority Act 1999*, London: Her Majesty's Stationery Office.

IPPR (2004). *Openness Survey Paper*, London: Institute for Public Policy Research.

London Assembly (2000a). *Congestion Charging: London Assembly Scrutiny Report*, London: Greater London Authority.

London Assembly (2000b). *Minutes of the London Assembly*, 1 November, London: Greater London Authority.

London Assembly (2000c). *Minutes of the Meeting of the Transport Policy and Spatial Development Policy Committee*, 18 July.

London Assembly (2000d). *Minutes of the Meeting of the Transport Policy and Spatial Development Policy Committee*, 5 September.

London Assembly (2000e). *Minutes of the Meeting of the Transport Policy and Spatial Development Policy Committee*, 5 December.

London Assembly (2001a). *Minutes of the Meeting of the Transport Policy and Spatial Development Policy Committee*, 6 February.

London Assembly (2001b). *Minutes of the Meeting of the Transport Policy and Spatial Development Policy Committee*, 6 March.

London Assembly (2001c). *Minutes of the Meeting of the Transport Policy and Spatial Development Policy Committee*, 24 July.

London Assembly (2001d). *Minutes of the Meeting of the Transport Policy and Spatial Development Policy Committee*, 30 October.

London Assembly (2001e). *Minutes of the Meeting of the Transport Policy and Spatial Development Policy Committee*, 30 October.

London Assembly (2002a). *Congestion Charging: The Public Concerns Behind the Politics*, London: Transport Committee Scrutiny Report.

London Assembly (2002b). *Minutes of the Meeting of the Transport Committee*, 2 July 2002.

London Assembly (2002c). *Minutes of the Meeting of the Transport Committee*, 10 September.

London Assembly (2002d). *Minutes of the Meeting of the Transport Committee*, 17 October.

London Assembly (2003a). *Mayor's Question Time*, 17 September.

London Assembly (2003b). *Minutes of a Meeting of the Budget Committee*, 11 September. 158

London Assembly (2003c). *Minutes of a Meeting of the Transport Committee*, 6 March.

London Assembly (2003d). "Public Interest, Private Profit," Budget Committee Scrutiny Report, October.

London Assembly (2004). *Report Number 9*, Transport Committee Agendapapers, 22 July.

LTT (2004). "Setting the record straight on the London congestion charge," Letter to the Editor, *Local Transport Today*, 25 March.

OGC (2004). "Treasury Taskforce Guidance, Section 2 Policy Statements, Provision of Information to Parliament," http://www.ogc.gov.uk/sdtoolkit/reference/ogc library/pfi/series_2/doct_05/doct5_contents.htm, London: Office of Government Commerce.

TfL (2001). *Project Overview*, 31 January, London: Transport for London.

The Guardian (2004), "Blair and Thatcher tried to Grush me. Both Failed," Part 2, by Hugh Muir, 31 May.

Travers, T. (2004). *The Politics of London: Governing an Ungovernable City*, Basingstoke: Palgrave Macmillan.

11 批评派、怀疑派、骑墙派和支持派

导 言

虽然伦敦民众和一些利益相关方对伦敦市中心的交通拥堵收费原则的支持度不相上下，可能对某些方案持保留态度，但收费计划仍遭到包括威斯敏斯特市和《伦敦晚报》在内的猛烈批评。另外，尽管中央政府最初对道路使用收费抱有很大的热情，但还是小心地与利文斯通的方案保持距离。

因为有太多的组织和个人就收费方案表达了看法（太多了，无法在这里一一列举），本章试图对不同组织对于利文斯通方案的回应加以说明。像大多数政策倡议一样，越是那些对方案不满意的人，表达的观点越激烈；那些赞成方案的人却不怎么特别发声。

中央政府与国会

虽然新的布莱尔政府把交通拥堵收费作为英格兰地方政府的一个政策措施加以推进，并将其作为新的交通政策之一，但那是在约翰·普雷斯科特担任国务大臣之时。2001 年 6 月大选以后，普雷斯科特担任了副首相这个新的职务，而他所在的原来部门——成立

于1997年的环境、交通与区域部被拆分。其后，斯蒂芬·拜尔斯被任命为国务大臣，重建交通、地方政府与区域部。一个新内阁负160责实施“十年计划”，而这是由他们的前任刚好在一年前发布的，其中一位大臣约翰·斯普勒以不支持“反汽车”措施而闻名。

在上任后的数个月内，拜尔斯就引发了两次巨大的争议。第一次是因为他的政治顾问乔·摩尔在2001年9月11日（“9·11”事件）发送了一封电子邮件，认为这是部门发布一些消息而不被注意的好时机。第二次是因为拜尔斯决定让私营铁路基建公司铁路公司（Railtrack）宣布破产，而由“非营利”的网络铁路公司（Network Rail）取代。到2002年5月底，拜尔斯迫于压力而辞职。随着阿利斯泰尔·达林被任命为交通大臣，创建于1997年的庞杂的环境、交通与区域部最终缩减恢复到1997年以前的交通部形式。该部以1997年任命可连任的常务秘书为始，到2002年已经为第三任。

随着领导的频繁更迭，交通政策的优先事项也在变化。普雷斯科特团队的激进风格已经逐渐被稀释，因为达林以保持朴素而不让交通上头条新闻而闻名，与以激进政策来减少交通拥堵和环境影响完全不同。尤其是观察家们已经看到其对收费项目的明显冷淡，布莱尔在唐宁街的顾问（见第6章）或斯佩勒从来不喜欢这一概念。由于收费方案是利文斯通纲领的一个关键要素，因此工党内的一些人希望这个方案失败，以败坏这个挑战他们权威且赢得选举之人的名声。如果方案失败，那么可证明他们未将这个方案包括在2000年的伦敦竞选宣言内是正确的，而即使方案取得成功，中央政府也可以因远见而将功劳揽在自己名下，因其在《大伦敦政府法案》中规定了必要的权力。

然而，在收费方案即将实施时，大臣们似乎不只是被动的。西蒙·詹金斯在《伦敦晚报》上发文称，拜尔斯会看到，在收费开始之前伦敦的铁路服务不会有任何改善（*Evening Standard*, 2001b）；而《经济学人》报道，斯佩勒尝试以多种方法来挫败利文斯通（*The Economist*，2003a）。这些方法包括试图劝阻英国驾驶和车辆许可局，不要给伦敦交通局提供有关未付费车辆所有者（或持有人）的关键信息；寻求司法审查的支持，试图阻止国务大臣批准利文斯通关于净收入用途的计划，而这是根据《大伦敦政府法案》赋予利文斯通的非常少的管理权之一。

161

但是，要阻止伦敦市长的方案，也就意味着质疑中央政府权力下放承诺的真意，方案是伦敦市长的责任，而中央政府的合法地位在于通过《大伦敦政府法案》赋予其必要的权力。因此，当拜尔斯告诉《泰晤士报》，他认为利文斯通应该举行一次公开听证，即使（或许因为）那会推迟收费方案的实施，使其更接近于2004年的选举，更多地曝光利文斯通的各种问题时，其行为令人吃惊（*The Times*，2002）。拜尔斯为自己的观点辩护，说他不想让人们认为他们是被迫使用公共交通的，他还采取一种远离“十年计划”承诺的城市收费的立场。中央政府对利文斯通的方案越来越表示担忧，其中一个可能的迹象体现在中央政府2001年提出的一个建议上：假如利文斯通收回他的交通拥堵收费方案，那么中央政府将考虑放弃利文斯通强烈反对的伦敦地铁公私合营方案。这一建议可能适用于拜尔斯和斯佩勒，但这样一种交易从来不可能获得财政部的戈登·布朗的支持。他不仅致力于实施伦敦地铁公私合营方案，而且确定无疑地将交通拥堵收费视为一个有用的额外收入来源（或者说，另一种他所谓的隐形税，正如一些人看待任何形式的道路收费一样）。

2002年10月，一位中央政府的交通发言人麦金托什勋爵（他像安德鲁·麦金托什一样，曾经领导工党在1981年大伦敦议会选举中获胜，但24小时内就因利文斯通领导的一次政变而被免职）在上院发言时，宣称中央政府支持伦敦方案（Hansard，2002）。然而，当达林在第二天的英国广播公司电台4频道《今日》节目接受约翰·汉弗莱斯访问时，反复拒绝说他是否支持利文斯通的方案（*Evening Standard*，2002c）。他的回应暗示利文斯通是“反汽车”

的，其没有获得必要的公众支持，而且公共巴士和地铁服务方面没有获得足够的改善。对中央政府怀疑态度的公共传播持续到收费开始前的一个月，包括对收费的成效、执法技术以及收费区域边界的质疑（*The Times*，2003a）。

中央政府与实施收费方案保持距离表现在一次城市收费调查的结论上，这些结论由下院交通委员会于2003年2月初发布（House of Commons，2003）。实际上，下议院交通委员会继续指责中央政府的观望态度，还提到他们发现一个需要严肃关注的问题，即中央政府不准备对交通拥堵收费的辩论做出更积极的贡献。他们强调如果伦敦方案不能实现预期的收益，将对中央政府减少城市交通拥堵的战略产生非常严重的后果，同时对中央政府具有政治头脑，以支持"大胆的减少交通拥堵的实验"表示质疑；委员会明确指出，中央政府应更多地支持伦敦方案，这将一定是中央政府更大利益之所在。委员会指出，达林曾经告诉他们，中央政府的立场是由技术决定的，而不是由政治懦弱决定的，但是，伦敦道路收费选择项目研究表明低技术也能起作用。这说明中央政府的方向是混乱的，中央政府在伦敦以外的作用更像一个减速器而非领导者。

162

这是一份批评尖锐的报告，导致《泰晤士报》指责中央政府害怕支持伦敦方案（*The Times*，2003d）。在其后进行的下院辩论中，下院交通委员会主席格温妮丝·邓伍迪解释，该委员会对这个伦敦方案有许多担忧，包括方案是否设计合理，技术是否符合方案的要求，而最重要的是，如何向公众说明这样的方案是必要的（Hansard，2003）。交通部在正式的回复中说道，只有在正确地实施这个方案时，收费才会是有效的，并且声称虽然方案在有关城市收费方面明显领先，对地方计划也有支持，但它迫切要求地方政府决定，收费是否应该构成他们的交通和土地利用政策的一部分（DfT，2003）。

虽然利文斯通可能希望从中央政府得到真正的支持，引进立法，批准城市交通拥堵收费的方案，但他可能从未期望获得保守党的支持。一次最猛烈的攻击来自旺兹沃思自治市议会的前保守党领袖和道路交通大臣克里斯托弗·肖普，他也是多塞特郡克赖斯特彻奇选区的国会议员，他鼓励用户使用延期兑付支票支付通行费，希望使行政管理负担下的系统崩溃（Hansard，2003；*The Times*，2003e）。虽然他小心地回避煽动违法，但他把交通拥堵收费与人头税，以及“不能支付，不会支付”宣传活动的影响相比，比利文斯通更早地看到其面貌。他不仅错误地判断通过支票支付的努力或普遍情绪，或两者兼有，而且他也可能忘记了他曾在一次有关人头税的辩论中，作为撒切尔政府的大臣，斥责一位工党成员，说“他拒绝支付社区费用，还鼓励其他人也这么做，这实在是太卑鄙了”（Hansard，1990）。

163

保守党国会议员在批评这个方案时并不是孤立的。在收费方案启动前一个星期，沃克斯豪尔选区（伦敦跨越收费警戒线的一部分）国会议员、工党前体育大臣凯特·霍伊在一次有关收费的辩论中发言，质疑一种观点，即利文斯通具有一种当选的实施交通拥堵收费的权力（Hansard，2003）。她认为把人们从汽车里赶出来是“走向一个死胡同”，谴责方案只不过代表了“那些意识上仇恨汽车而又不会开车的人”。她把其对收费区域教职工的影响引述为一个特别问题，说明在方案中存在“巨大的反常”，她还对咨询程序进行了激烈的批评，将其描述为“谎言”。

伦敦议会

伦敦议会就其本质而言应该作为一个整体来发声，特别是在发布监督报告之时，如关于交通拥堵收费的监督报告，其关于交通拥堵收费的法人地位已经在第 10 章中描述。然而，作为政治家，伦敦议会的议员同样热衷于提出他们的党派立场以及自身立场。虽然自由民主党有许多担忧，但他们仍支持这个方案。他们的交通发言人琳妮·费瑟斯通在 2000 ~ 2002 年，主持了最初的交通拥堵收费监督小组和交通政策与空间发展政策委员会，他们持一种强硬立场，并把观点呈现在媒体上。但是，他们没有创建一种明确的“坚定支持者”的形象，在盖伯研究的中他们几乎没有获得媒体的报道（Gaber，2004）。保守党反对利文斯通的方案，他们的交通发言人是安琪·布雷（西中心选区——一个包括威斯敏斯特市、肯辛顿和切尔西，方案的两个主要反对者的选区的成员——被证明是反对这个方案的有影响力的宣传者，她利用很多机会表达自己的态度。而工党则集体支持收费方案的原则，尽管对利文斯通的方案有一定的保留，但毫无疑问由于该党派厌恶利文斯通而加重了这种情况。约翰·比格斯是工党的交通发言人和交通委员会主席，为当年收费项目的实施做准备——包括收费的开启，他非常善于吸引媒体

164

对工党团体言论加以关注和报道，盖伯的分析将其列为本质上是批评性的。虽然绿党强力支持收费——其交通发言人是珍妮·琼斯——但他们喜欢一个更加雄心勃勃的计划，盖伯的分析表明他们的活动几乎没有见诸媒体。

伦敦各自治市

当各自治市成员有不同的政策时，伦敦政府协会就有一个挑战性的任务：尝试对收费方案提出一个共同意见。总的来说，伦敦政府协会原则上支持这个收费方案。然而，它也有许多保留意见，其中随着方案实施的进展而增加，而各自治市认为伦敦交通局没有与他们进行充分的协商，以使他们及时地了解最新的情况（见第9章）。

最初的意见分歧从本质上来说是政治上的，保守党领导的威斯敏斯特、肯辛顿和切尔西以及旺兹沃思都反对收费方案。虽然肯辛顿和切尔西及旺兹沃思都位于收费区域之外，但他们预感收费会增加他们区域内的交通流量。而工党领导的自治市议会与不关心政治的伦敦市法团一样，一般赞成收费方案。

然而，伦敦市法团最终也担心收费方案对伦敦塔桥的影响。

1894 年塔桥向行人和马车运输开放，但它现在成了伦敦内环路的一部分，这条路又正好在收费区域之外，塔桥限重 17 吨，限速 20 英里/小时（32 公里/小时）。尽管重型车辆可以利用泰晤士河上游的渡口，但对限重的执法（与之相关的限速）没有那么有效，无法像要求的那样保护塔桥结构。由于上游的许多渡口将会划入收费区域，预计伦敦塔桥的压力将会增加。作为塔桥的业主（虽然这条道路构成了伦敦交通局路网的一部分，但伦敦交通局负责管理经过塔桥的道路），伦敦市法团迫切要求改变收费区域的边界，市中心区域的东边过河交通应该使用布莱克沃尔和罗瑟海斯隧道。伦敦交通局的回复令人失望，控制塔桥交通流量措施的发展成为一个有争议的问题，这也促使伦敦市法团正式决定反对收费方案（Corporation of London，2001）。

正如第 9 章中所说的，其他自治市也对伦敦交通局感到失望，由自由民主党和保守党控制的兰贝斯——其管辖范围大部分落在泰晤士河以南的收费区域内——决定批准一项与伦敦交通局“不合作”的决议，“除非或者直到伦敦交通局和我们就收费边界的环境影响进行有意义的对话”（Lambeth，2002）。这项决议遗憾地表示，“伦敦交通局的官员们得到指示，不要参加根据地方议会的城市中心制度召集的会议”，而且“也没有得到伦敦交通局的正式回复”。他们重申反对将收费方案的边界设在肯辛顿，并谴责“伦敦市长没有就他的交通拥堵收费政策进行恰当的协商，没有同意举行一次公开听证的要求”。于是，在自由民主党/保守党领导的地方议会、工党的地方国会议员凯特·霍伊和发起法律诉讼的肯辛顿居民之间，形成了一个关系紧密的联盟（见第 7 章）。

165

最强烈的反对来自威斯敏斯特市（得到了肯辛顿和切尔西以及旺兹沃思的保守党同盟的支持），他们断言收费方案除了更多的损害以外没有好处。他们的关注点涉及潜在的交通和经济影响，还有公共交通是否能容纳额外的需求。他们认为收费方案没有经过充分的评审就强制实行，强烈要求进行一次全面的公开听证，以对利文斯通的方案进行公正的评审。这最终导致威斯敏斯特市向高等法院发起诉讼（见第7章）。在向下院交通委员会听证时，威斯敏斯特市议会主张："咨询与举行一次公开听证不是同一个事情。咨询是决策者倾听大家的意见；而一次公开听证则允许每个派别的优势与劣势都被纳入考虑范围。"（House of Commons，2003）威斯敏斯特市议会的其他关注点是中央政府承诺的净收入质押十年期限，与之相伴的是十年期限的可能性，财政部可能会减少伦敦交通的经费投入。

至于地方教育机构，有学校位于收费区域内的自治市担心收费方案会对雇用和招募教师产生影响。

企业领域

虽然一些主要的雇主和企业原则上支持收费方案，但他们也有各种保留意见，而其他人则反对这个收费方案。

"伦敦第一"是一个以企业为基础，为促进伦敦发展而建立的组织，长期以来就是交通拥堵收费的支持者，"伦敦第一"曾经自己对一部分伦敦市中心试点收费方案的可能性进行了研究。然而，166 它认为那些支付费用的人，特别是那些除了付费之外别无选择的人，应该从减少交通拥堵中受益（London First，2002）。"伦敦第一"还认为伦敦交通局应该清楚地说明，它想怎样使用净收入，以收费带来的资金作为支出应该被视为中央政府拨款之外的补充，而且应该批准伦敦交通局使用收费收入来偿还一个长期投资项目的借贷。"伦敦第一"认为，重要的是，收费系统在实施之前必须经过充分的测试，避免方案因为初始阶段的问题而遭受质疑。为因应变化了的交通模式而设计的交通管理措施不应该引发新的问题。在伦敦交通局发布2003～2004年的年度预算时，"伦敦第一"表达了对公共巴士成本大幅度上升的担忧，声称："我们不希望看到驾驶者支付的交通拥堵收费被用来支付更高的成本或压低票价。"

(London First, 2003a) 根据一项企业调查, “伦敦第一”表示: “人们不知道交通拥堵收费能给未来的交通带来怎样的改善, 因此不能证实这个方案的好处。” (London First, 2003b)

鉴于收费方案在为企业服务和运输环境方面有实质性的改善, 包括对伦敦货车控制计划的重提, 英国工业联盟原则上支持收费方案。1985 年《大伦敦 (限制货车) 交通法令》 (the Great London Traffic Order) 作为一个环保控制措施出台, 停止在晚上和周末骚扰伦敦人宁静的非必要的货车运输 (ALG, 2004)。英国工业联盟同样寻求公共交通运输服务方面的改善, 还希望得到保证, 即这种净收入对政府资金来说是额外的 (CBI, 2002b)。然而, 在回应有关《计划纲要》的咨询中, 该联盟报告“对方案越来越担忧” (CBI, 2002c)。他们害怕收费会增加在伦敦做生意的成本, 如果公司不离开收费区域, 那么就必须让其看到来自净收入使用的明显好处。他们特别关心, 如果净收入减少, 那么方案的成本可能会使收费的理由削弱, 而匆忙的实施可能导致一种次优的方案。他们反对利文斯通豁免当地政府车辆的决定, 理由是一些政府车辆提供的服务与私营部门提供的服务存在竞争关系; 他们要求豁免“那种符合规定标准的”柴油车; 还表达了对车队账户成本的关心, 以及“缺少有效的手段来帮助商用车辆的运输及服务运营” (CBI, 2002a)。不满似乎在增长, 2003 年 2 月初, 英国工业联盟声称, 很多成员对方案越来越感到失望 (*Financial Times*, 2003b)。 167

虽然伦敦工商会 (London Chamber of Commerce and Industry) 承认交通拥堵收费能够带来很多好处, 但他们担心收费会成为一种额外成本。事实上, 伦敦工商会的一些成员预计, 收费会使工商业招工困难, 还会流失一部分客户。他们也担心技术的适用性, 如初期故障发生的可能性以及后期升级的成本。其他担心还包括提供充分的公共交通改造, 以及如果收费导致额外的停车需求和交通拥堵, 会对收费区域外侧的地方企业产生影响。

英国小企业联盟 (Federation of Small Business) 强烈反对收费

方案，将其看成一种“具有人头税的所有不公平性”的统一收费（FSB，2001）。尽管它也承认“在伦敦，出行是一个噩梦”，但认为“答案不在于一种未经试验和未经鉴定的措施”。从小企业业务用车的收费成本来说，它希望小企业能够得到某种形式的保护，认为收费会减少愿意在收费区域内工作的技术工人（如管道工、电工等）的数量。这个联盟还注意到一个悖论：收费越成功，净收入就会越少，对公共交通的需求也就越大。英国便利店协会（Association of Convenience Stores）特别关心交通拥堵收费对其成员运输业务的影响——其运输业务具有数量少、频率高的特点——以及对其客户的影响（House of Commons，2003）。其他关心收费成本的行业团体还有建筑领域，其声称一个大项目的成本一年要增加5万英镑(Evening Standard，2003d)。

英国货物运输协会（the Freight Transport Association）成功地组织了一次运动，反对最初向重型货车收费15英镑的计划。虽然这个协会的最初目标是为所有的商用车辆争取豁免权，像英国工业联盟（CBI）一样，它强烈要求给低排放的柴油车、欧Ⅲ标准和欧Ⅳ标准的车辆100%的折扣（FTA，2004）。它也关心管理收费支付业务的成本，希望降低包含在车队支付方案中的最低车队规模（从25辆减至10辆），2004年伦敦交通局同意了这个意见。英国公路运输协会（Road Haulage Association）承认交通拥堵收费可以减少交通拥堵，但它坚决主张，因为货物在城市区域只能使用商用车辆装运或收集，考虑到晚上限制使用货车，那么收费会把额外成本转嫁到消费者身上（RHA，2002）。

168

交通运输用户与环保组织

伦敦交通运输委员会（London Transport Users Committee，LTUC）是一个法定的机构，代表伦敦及其附近的交通用户的利益，根据《大伦敦政府法案》建立，由大伦敦政府拨款，其支持收费的原理和通用性（LTUC，2003）。该委员会在评论中提到，如果1区的公共交通票价上涨到5英镑，它会惊呆的；其断定5英镑的交通拥堵收费经过了公平和选择这两个关键测试，受益人肯定要比受损人多（LTUC，2002）。尽管承认额外的交通和停车需求会出现在收费区域外侧，但它还是认为5英镑并不算太多，而时间会告诉我们5英镑的费用是否会太少；既然那些使用较小排量发动机的车辆享有优惠，那么收费对象应该适用于所有有动力的两轮车。一旦有了相关经验，就应该开始考虑在周末收费。这个委员会认为，净收入应优先用于公共巴士服务改造，其次是自行车骑行和步行设施的提升。

首都交通运输运动协会（Capital Transport Campaign）与铁路工会英国火车司机和司炉联合会（ASLEF）关系密切，质疑伦敦交通局的“串联效应”概念，即汽车用户转向地铁，而地铁用户又转向公共巴士，同时担心收费可能损害那些相对低收入的人群（House of Commons，2003）。

英国汽车协会汽车信托（AA Motoring Trust）认为，利文斯通为了使收费方案符合一个政治时间表而匆忙将其推进（AA，2003）。他们认为，失败的风险是很高的，收费的有利之处可以通过改善干线公路和交通管理来实现；相对于收入来说，征收费用的成本太高了。其正式反对的理由是，它没有通过公共咨询获得足够的信息来做出合理判断（AA，2001）。它也关心净收入的使用，在它看来，净收入应该有明确的用途，而不应该成为伦敦交通局一般收入的一部分。2002年，英国皇家汽车俱乐部基金会（RAC Foundation）发布了一个研究报告《驶向2050年》，其在报告中总结道，在峰值需求时段的繁忙道路上，对直接道路使用者收费是必要的（RAC，2002）。在研究的基础上，基金会认为，假如公共交通有充分的改善，能够成为一种有吸引力的汽车替代方式，同时收费区域外的道路有充分的提升，能够容纳分流的交通流量，那么，它将赞成伦敦方案的原则。该基金会也要求伦敦交通局说明收费收

169

入及其使用的透明度，还要求小心地监控收费方案在交通、经济和社会方面的影响。英国驾驶员协会（the Association of British Driver）声称自己代表汽车驾驶员的利益，却仅有几千会员（*The Guardian*，2004），它强烈反对收费方案，声称“这种针对汽车征收的人头税必须在开始之前就被制止”（ABD，2003）。该协会预言收费将产生可怕的经济后果，比如计算机占有岗位，企业转移到收费区域之外，以及因“驾驶员争分夺秒”而导致车祸增多。英国摩托车驾驶者联盟（British Motorcyclists Federation）最初欢迎收费方案，把伦敦交通局描述为以“开明的角度”看待动力两轮车的作用。然而，由于感觉到伦敦交通局道路安全部有一个反摩托车的议程，这一联盟开始怀疑摩托车得到豁免仅仅出于实际的行政理由（BMF，2003）。

伦敦自行车运动协会（the London Cycling Campaign）虽然认为收费方案有太多的局限，但仍赞同该方案（London Cycling Campaign，2003）。这个协会提倡一种 10 英镑的收费，适用于早 6 时到晚 10 时，也适用于周末。伦敦自行车运动协会反对豁免有动力的两轮车，也反对豁免所有其他车辆——公共巴士、出租车、救护车以及残疾人使用的车辆除外，要求投资改造自行车骑行设施。活力街道协会（Living Streets）的前身是步行者协会（Pedestrian Association），它是收费方案的狂热支持者，还发动了反对“负面宣传泛滥”的运动（Living Streets，2003）。

大地之友协会（Friends of the Earth）支持收费，但认为单靠收费不能解决伦敦的交通问题。该协会要求利文斯通提供一些真正的动力，例如旅行折扣、公司旅行计划和上学安全路线等，帮助人们改变自己的出行习惯（Friends of the Earth，2002）。稍后，该协会出版了一本小册子《关于伦敦交通拥堵收费的十个神话》，试图减轻由批评派和怀疑派提出的一些担忧，如收费是倒退、收费会危害商业以及收费是不必要的之类的问题。“2000 年交通”（2004）是一个交通与环保的竞选团体，其把伦敦人视为已经充分准备接受交通问题的激进解决方法，并且支持利文斯通的方案，把此方案形容为“自伦敦地铁之后最好的想法”。

“看他们—看我们”（Watching Them, Watching Us），是一个为控制闭路电视系统使用而组织起来的市民自由团体，其关心的是与以使用摄像头为基础的系统相关的个人隐私问题，还提出许多有关这一系统的关键问题，如获取摄像头图像以承诺数据保护的要求等。它并不相信伦敦交通局和卡皮塔公司会完全履行其法律义务。 170

慈善机构

许多慈善机构关心收费对其成本和志愿者的影响。撒马利坦会（the Samaritans）担心收费会使它难以维持足够的志愿者来索霍（Soho）呼叫中心值夜班，夜班从深夜开始，但要到早8时30分才结束，很多人驾车是因为公共交通在那段时间暂停服务，那么谁来承担这笔费用。英国皇家盲人协会（Royal National Institute for the Blind）提出给部分视力残疾的人员做出安排，这些人的小车不能获得“蓝牌”，并使职员和志愿者按照正式探视制度可以返还收费。伦敦交通局对于这些请求的答复是，为慈善机构破例提供豁免将会开启一个先例，可能不利于收费方案目标的实现。

因特网

很多网站建立起来，一些网站的域名如 London Congestion Charges. com，很容易与伦敦交通局官方网站的域名 cclondon. com 混淆。有一个网站声称自己是“伦敦交通拥堵收费论坛”，取名 Sod - U - Ken. co. uk，在其主页上引用了1999年11月21日利文斯通发表在《星期日泰晤士报》上的一则声明：“我讨厌汽车。如果我再次获得权力，我会禁止更多的汽车。”像主办一个论坛一样，这个网站把参与者分成三个组：“反对者”、“中立者”和“肯的朋友”，还提供一系列的 Sod-U-Ken 商品（T 恤、海报和贴纸等），该网站上还有其他网站的一整套链接，包括伦敦交通局、伦敦英国广播公司（有一个专门提供收费信息的版块）和地方新闻机构。

KeepLondonFree. com 鼓励访问者“注册抗议肯·利文斯通的交通拥堵收费方案”，并提供一个登录 mayorwatch. org. uk 的链接，以便访问者获取收费方案的信息；Mayorwatch 形容自己是一个“公正的网站”，详细介绍伦敦市长和伦敦议会的活动，开辟一个主要关注收费信息的“交通拥堵收费”版块；nocongestioncharging. com 推进“不能付，也不会付!”；beatcongestion. co. uk 聚焦于各种避免支付费用的法律途径；congestion - charging. net 集抗议、信息与其他网站的链接于一体；而 london - congestioncharge. co. uk 推广一个宣传口号：“停止交通拥堵收费——对肯的新人头税说不”，并包含大量并列的“肯说—我们说”的文字形式，质疑收费方案的原则和细节。

171

伦敦民众

伦敦交通局展开了一系列的调查来判断公众对收费方案的态度，结果发现支持和反对方案的伦敦民众比例近乎相当，双方都在 40% 上下（TfL，2004）。

直接受到收费方案影响的、最有组织的群体是肯辛顿居民，因为收费方案的边界穿过这个地方社区。他们向利文斯通请愿，要求进行一次公开听证，对收费项目对于环境和当地企业的影响进行研究，还要求把收费区域的边界移到泰晤士河北岸。这些要求得到了当地国会议员凯特·霍伊和兰贝斯自治市议会的支持。肯辛顿居民协会与利文斯通的沟通几乎没有进展，他们把案件提交至高等法院，高等法院将该案件与威斯敏斯特市议会的案件一并审理，并驳回了他们的请求（见第 7 章）。

收费启动前不久，女演员萨曼莎·邦德（詹姆斯·邦德的

"钱小姐"）代表剧院界的低薪工人发起了一场抗议活动。这一活动扩散到史密斯菲尔德肉类市场和其他低薪的工人，特别是那些不得不在深夜或凌晨上下班的工人，而那个时段即使在最好的情况下，公共交通服务也是很少的，而且很多人都担心自己的人身安全。公众宣传推动克拉斯·劳（Class Law）进行一场法律诉讼，理由是该方案没有和来自伦敦以外的工人进行充分的协商，并促成在王宫剧院召开一次由300名抗议者出席的会议。然而，要发起一场法律诉讼需要50万英镑，而最终只能筹集到1/10的资金，这个想法胎死腹中。虽然克拉斯·劳声称他们已经获得利文斯通的保证，其会考虑向低收入的驾驶者收取较低的通行费，但是利文斯通表明他坚信他们没有行动的理由（*The Times*，2003i）。实际上，利文斯通早就已经放弃了一些想法，即尝试把收费与收入联系在一起的法律和行政管理意义，以及为一些公共部门的低薪工人降低收费。然而，史密斯菲尔德肉类市场的工人决定不放弃努力，试图领导一场"不付费"运动，但没有获得他们或其他人所期望的足够人数，结果，这个运动提前夭折。 172

新闻媒体

对于收费方案，媒体至多在大体上持怀疑态度。甚至连那些支持交通拥堵收费原则的媒体都认为利文斯通是在"赌博"。《经济学人》和《金融时报》（*FT*）在2002年12月都使用了这一说法。《金融时报》看到三个潜在风险：公共交通处理额外承载的能力、技术故障的可能性以及未能减少交通拥堵的可能性（*Financial Times*，2002）。虽然《经济学人》形容利文斯通正在进行一场"豪赌"（*The Economist*，2002），但在他当选市长后不久，称他为"勇敢的肯"，并说他对自己接受的任务不抱任何幻想；如果他失败了，他几乎没有再次当选的机会；但如果他成功了，那么世界上的其他城市会向他投石问路（*The Economist*，2000）。然而，《经济学人》认为，与伦敦市中心每小时的停车费相比，5 英镑的费用实在太低了，形容其是“零钱”；建议必须有一个更高的收费，那样才能对交通拥堵产生真正的影响。《经济学人》把 5 英镑看作一种政治决策，目标是说服伦敦人同意收费方案的好处多于成本，并保证利文斯通能在 2004 年再次当选（*The Economist*，2001）。在收费方案启动前的几天，《经济学人》声明，即使出现任何问题，利文斯通都没有理由放弃收费原则，而是应该改革方案，扩大收费区域、增加收费、改进技术（*The Economist*，2003b）。

《金融时报》注意到英国“在不光彩的过去，有过许多失败的公共服务技术项目”，指出与收费技术相关的风险，并报道说许多专家期待这个系统的运行，尽管其有可能在初期遇到一些困难（*Financial Times*，2003a）。有效的执法看起来是一个更大的挑战。尽管有来自收费反对者“甚嚣尘上的诽谤”，但《金融时报》确信某种形式的收费是不可避免的（*Financial Times*，2003c），它指出大多数反对收费方案的论据是伪造的（*Financial Times*，2003b）。在 2003 年 2 月 17 日的一篇社论中，《金融时报》认为“一个极左派的宠儿为保护正统经济而把自己的事业置于威胁之中，这是一个进步”，并且断定收费是“有胆量的——但有很高的风险”（*Financial Times*，2003e）。《卫报》与《金融时报》一样对收费抱有希望，提出为了阻止每条街道汽车持续恶化的拥堵，更严格的限制和收费是必要的（*The Guardian*，2003）。《卫报》认为，利文斯通不仅具有一种钢铁般的意志，而且拥有“比现任所有内阁成员加起来还要多的政治胆量”，并呈现出“一种现在非常罕见的大胆的政治领导力”。这三家报纸是少数一直明确且持续支持收费方案的媒体，即使其数量有限。

173

在其他大报中，《泰晤士报》和《每日电讯报》完全不相信收费方案的好处，或者说简直不愿意支持利文斯通。根据盖伯的说法，相比于其他大报，《泰晤士报》发表了更多有关收费方案的故事和声音（Gaber，2004）。其中，有五个整版的专题报道，标题分别是“一天5英镑加入伦敦的亡命夺宝”、“全部付清的利弊”、“批评家预言付费区周边的混乱”、“怀疑者预见高科技的提前惨败”和（唯一一个不带有消极语气的标题）“获得首都经验的城市”（*The Times*，2001）。到2002年底，《泰晤士报》开始发表一系列倒计时文章，其中很多文章认同其感受到的收费方案的弱点或缺陷，在2003年1月，《泰晤士报》在“C代表汽车、摄像头、收费、争议……还是混乱?”的大字标题下，发表了一系列的专题文章。这篇大型的写实报道以嘲笑笼罩在收费控制中心位置方面的秘密开篇，以一段引自伦敦交通局特纳的话“这个收费方案不是一次赌博”来结尾。但是在几周以后的一篇社论里，《泰晤士报》形容收费方案是“古怪的、故障频出的以及很大程度上不可思议的”（*The Times*，2003c）。它预计收费会遭到坚决反对，并断言：“开始于混乱之中的计划，要想获得信任就将面临一个几乎难以逾越的障碍。”2003年2月17日，《泰晤士报》宣称现在是交通拥堵收费的倡导者证明他们正确的时机了（*The Times*，2003f）。然而，在同一个问题上，交通作家克里斯蒂安·沃尔默形容大部分批评“纯属废话”，指责媒体的重点集中于几个“关注自我利益或有政治动机的牢骚人”，而忽略了更广泛的交通含义；他把利文斯通描绘成一个受理性的自由市场原则驱动的人，“而非反汽车的左翼偏见者”（*The Times*，2003g）。同年2月18日，一篇有着西蒙·詹金斯特色的标题《为这一最佳的政策轰油门》的文章跟着发表，文中他赞扬了利文斯通“表现得像一个真正的市长”（*The Times*，2003h）。

当2001年7月利文斯通发布他的《交通战略》时，《伦敦晚报》的主编还是麦克思·黑斯廷斯。这份晚报的社论评论利文斯通正面对一种恶性循环：他不仅没有资金对重要的公共交通进行改善，而且他会知道，如果公共交通改善不到位，就不能实施他所计划的交通拥堵收费（*Evening Standard*，2001a）。为了向隐性的失败主义挑战，《伦敦晚报》断定“交通拥堵收费是最好的，实际上也是任何人可以做出的唯一的建设性决策”，它还把利文斯通形容

174

为“与伦敦的国会议员相比，是一个很勇敢的人，大多数的国会议员太懦弱了，甚至不敢评论交通拥堵收费，生怕自己站错队”。《伦敦晚报》认为这个计划的5英镑“刚好是很多驾驶者可以接受的”，同时还能为新增公共巴士提供资金。然而，《伦敦晚报》报道的主旨本质上是批判性的，如《海德公园将一团糟》、《5英镑税收刚好购买上路的汽油》以及《交通收费危及999紧急呼叫》这样的文章标题。2002年2月，随着维罗妮卡·沃德利被任命为主编，《伦敦晚报》似乎接受了一项使命——寻求一切机会对方案提出质疑。虽然一些报道包含了收费的利与弊，但二者内容经常是不平衡的。在2002年9月，有一篇文章以《一个鲜为人知的规则》为题做出报道，即如果出行那天晚上10时之后（但在12时前）付款，费用从5英镑上涨到10英镑，这是收费方案的一个特点，延续了好几个月；由于大篇幅地引述汽车团体的批评，报纸仅留很小的篇幅给伦敦交通局做解释（*Evening Standard*，2002d）。为了鼓励减排而增加使用替代能源车辆的好处，给那些车辆免费，这被形容为一个“漏洞”，是准许绿色能源车辆回避收费（*Evening Standard*，2003a）。一些标题曲解了收费的基本内容：一篇关于交通拥堵收费的全国民意调查报告以《70%反对汽车收费》为题，暗示有70%的人反对伦敦方案，即使文中很清楚地说明这是一次全国性的调查，并引用一位伦敦的研究者的评论，显示有更高的比例支持收费（*Evening Standard*，2002e）。然而，2002年8月的一篇社论声明，《伦敦晚报》从来就支持道路收费的原则，但对“能否做好伦敦市长提出的方案的细节是表示怀疑的，因为摄像头和收费系统需要庞大的基础设施，这太过复杂了”（*Evening Standard*，2002a）。

在收费方案的预备阶段，《伦敦晚报》派遣一位记者卧底收费电话客服中心，另一位记者卧底移动摄像（执法）组。两位记者都报道了他们在这些关键运行工作中发现的重大缺陷。关于电话客服中心，在头版以一个大字体“C代表混乱”的标题报道，声称发现了“混乱、糊涂和恐慌”（*Evening Standard*，2003b）。关于移动摄像组，报道形容情况是混乱的，尽管这位卧底记者期望这些困难会“消除到某种程度”（*Evening Standard*，2003c）。

虽然努力投入信息战（见第9章），但伦敦交通局看起来没有尽到自己应有的职责，而且有可能有一些批评是它自己造成的。在《伦敦晚报》发表的一篇有关第一批摄像头安装的文章中，报道了伦敦交通局拒绝回答与此相关的问题，这导致反对者因不必要的保密而批评伦敦交通局和利文斯通，也导致他们质疑还有什么信息被隐瞒了（*Evening Standard*，2002b）。

《伦敦晚报》对收费方案持敌对态度，这促使伦敦市长办公室委托相关人员对这份报纸在2002年1月到6月之间的新闻进行分析。这一时期出现了维罗妮卡·沃德利的任命，以及2002年6月利文斯通和《伦敦晚报》发生严重冲突，针对涉及利文斯通的一次聚会事件。这项分析后来也扩大至10份全国性报纸、《地铁报》（*Metro*）和两个电视新闻节目，分析时间为从2002年1月到2003年5月（Gaber，2004）。这项分析发现，只有三份全国性日报，《金融时报》、《卫报》和《每日快报》可以被归类为普遍支持的，而《独立报》和《每日镜报》则是怀疑的或者说嘲讽的，《太阳报》、《泰晤士报》、《每日电讯报》和《每日邮报》都是持反对意见的，《伦敦晚报》也一样，尽管《伦敦晚报》自由而稳定的伙伴《地铁报》也被列为持怀疑态度的。伦敦英国广播公司是普遍支持收费方案的，而独立电视公司（ITV）的《今晚伦敦》则持怀疑立场。总之，盖伯得出的结论是，媒体反对收费，也反对利文斯通。

小　结

在提供了实施交通拥堵收费的机会之后，中央政府后退了，没有积极地支持他们的政策，或可能更重要的是，不支持利文斯通这个“背叛者”。虽然自由民主党和绿党是支持的，但它们的支持相对低调，与伦敦保守党强烈而有组织的反对不能相提并论。从政治上看，利文斯通是孤立的，但这也许使他更有决心去推进方案，并取得成功。

虽然伦敦民众中间对方案的态度是势均力敌的，支持者和反对者数量差不多，但主动权一直在反对者手中。尽管英国工业联盟和“伦敦第一”是收费方案的强力支持者，但它们明确表示其支持是针对方案的原则而非一些细节，随着实施的进行，这两个组织开始转为不太支持了。

176　汽车游说团不仅擅长表达它的理由，还会确保这些理由受到媒体的注意。令人吃惊的是，赞成收费的游说团在这两方面都没有什么能耐。尤其是几乎没有听到来自伦敦交通运输委员会——一个负责代表公共交通用户利益的团体——的声音，也几乎没有听到代表自行车骑行者或步行者组织，或者通常非常有影响的环保游说团体的声音。虽然有几个反对收费的网站，但没有人建立一个“支持你——肯”（Back-U-Ken）网站。

参考文献

AA (2001). "The Greater London (Central Zone) Congestion Charging Order 2001," Letter to TfL from the AA Motoring Trust, Basingstoke.

AA (2003). *London Congestion Charging – The Views of the AA*, Basingstoke: The AA Motoring Trust.

ABD (2003). "Congestion Charging," abd. org. uk.

ALG (2004). http://www. alg. gov. uk/doc. asp? doc = 65308CAT = 1010.

BMF (2003). *Congestion Charging – The Biking Scare Factor*, press release, 23 January, British Motorcycling Campaign.

CBI (2002a). *Decision Time on Congestion Charging*, London: Confederation of British Industry.

CBI (2002b). *London Congestion Charge "Must Not Go Ahead Before Scheme is*

Right" Says CBI, press release, 17 January, London: Confederation of British Industry.

CBI (2002c). *Proposed Central London Congestion Charging Scheme: Consultation on Proposed Modifications to the Scheme Order*, London: Confederation of British Industry.

Corporation of London (2001). *Minutes of the Planning and Transportation Committee*, 7 September.

DfT (2003). *The Governmment's Response to the Transport Committee's Report on Urban Charging Schemes*, London: Department for Transport.

Evening Standard (2002a). "Ken's car charge dilemma," 1 August.

Evening Standard (2002b). "Car charge spy cams go up," 30 August.

Evening Standard (2002c). "Darling refuses to back car charging," 16 October.

Evening Standard (2002d). "Ken's road charge doubles after 10pm," 18 September.

Evening Standard (2002e). "70% oppose car charge," 4 December.

Evening Standard (2003a). "Probe into 'green' loophole," 13 January.

Evening Standard (2003b). "C for chaos," 13 February.

Evening Standard (2003c). "Exposed: Ken's camera spies," 20 February.

Evening Standard (2003d). "Building firms oppose CC," 13 March.

Financial Times (2002). "Ken Livingstone's biggest gamble," 9 December.

Financial Times (2003a). "Doubts that surround the mayor's big gamble," 6 January.

Financial Times (2003b). "A logical effort to ease the London gridlock," 24 January.

Financial Times (2003c). "Time for solution to urban gridlock," 25/26 January. 177

Financial Times (2003d). "Business support for traffic zone wavering," 6 February.

Financial Times (2003e). "An end to gridlock: London's congestion charge deserves support," 17 February.

Friends of the Earth (2002). *FOE backs Livingstone over congestion-charging*, 22 February, London: Friends of the Earth.

Friends of the Earth (2003). *Briefing Note: 10 Myths about the London Congestion Charge*, London: Friends of the Earth.

FSB (2001). *Congestion Charging in London: The FSB Response*, Blackpool:

Federation of Small Businesses.

FTA (2004). *Congestion Charging: Campaign Progress Report.* Update 26 July 2004, Tunbridge Wells: Freight Transport Association.

Gaber, I. (2004). *Driven to Distraction*, London: Goldsmiths College.

Hansard (1990). "House of Commons," *Local Government Finance*, Wednesday 21 February.

Hansard (2002). "House of Lords," *Transport Strategy in London*, 15 October London: The Stationery Office.

Hansard (2003). "Westminster Hall," *Congestion Charging*, Tuesday 11 February, London: The Stationery Office.

House of Commons (2003). *Urban Charging Schemes*, *First Report of Session 2002 - 03*, House of Commons Transport Committee, London: The Stationery Office.

Lambeth (2002). *Minutes of Council Meeting*, *Wednesday*, *17th July*, London: London Borough of Lambeth.

Living Streets (2003). *The Secrets of Successful Streets Annual Report*, *2002 - 3*, London: Living Streets.

London Cycling Campaign (2003). *LCC View on Congestion Charge*, London: London Cycling Campaign.

London First (2002). *Transport Update 2002: An Agenda for Action*, London: London First.

London First (2003a). *Business Demands Clarity of Expenditure on Congestion Charging Proceeds*, Press Release, 14 January.

London First (2003b). *Where Does London Want Congestion Charging Money to be Spent?*, Press Release, 17 February.

LTUC (2002). *London on the Move: Transport Policies for a Liveable City*, 1st edn, London: London Transport Users Committee.

LTUC (2003). *Congestion Charging*, Agenda No. 10, 29 January, London: London Transport Users Committee.

RAC (2002). *Motoring towards 2050*, London: The RAC Foundation.

RHA (2002). *Response from the Road Haulage Association to the Transport Sub-Committee Inquiry on Urban Charging Scheme*, London: Road Haulage Association.

TfL (2004). *Impacts Monitoring Second Annual Report*, London: Transport for London.

The Economist (2000). "Brave Ken," 29 July.

The Economist (2001). "The mayor's £5 flutter," 14 July.

The Economist (2002). "Ken's Gamble," 14 December.

The Economist (2003a). "Fuming: How the transport minister tried to undermine the congestion charge," 15 February.

The Economist (2003b). "Traffic decongestant," 15 February.

The Guardian (2003). "Congestion charging will hurt but it has be done," 8 January.

178

The Guardian (2004). "They call themselves the voice of the driver. But who do they really represent?" 3 February.

The times (2001). "Join the London rat race for £5 a day," 11 July.

The Times (2002). "Byers tries to wreck Livingstone car charge," 12 January.

The Times (2003a). "Darling has doubts over congestion boundary," 6 January.

The Times (2003b). "C is for cars, cameras, charges, controversy... and chaos?" 7 January.

The Times (2003c). "Mayor's false start: the congestion charge is beginning in chaos," 6 February.

The Times (2003d). "Ministers 'afraid' to support charge," 10 February.

The Times (2003e). "Drivers urged to put cheque on charges," 11 February.

The Times (2003f). "London crawling: five tests for the new congestion charge must pass," 17 February.

The Times (2003g). "Take Ken's decongestant medicine and be glad today. It's London's last hope," 17 February.

The Times (2003h). "Full throttle for this Rolls - Royce of a policy," 18 February.

The Times (2003i). "Workers abandon charge challenge," 22 February.

Transport 2000 (2004) www. transport 2000. org. uk.

179

12 第一年

导 言

2003 年 2 月 17 日，星期一，距离利文斯通正式就任伦敦市长大约 31.5 个月，他的伦敦市中心交通拥堵收费方案开始运行。选择这个特别日子是因为，这是学校期中假期开始的第一个工作日，交通流量通常比学校上课时间少 5% ~10% 。

在 2002 年的最后几个星期和 2003 年初的几个星期，伦敦交通局忙于进行伦敦市中心内外的主干道工程——这项工程原本预定在 2003 年晚些时候进行，同时伦敦交通局还要确保完成特拉法加广场北部的步行改造项目以及沃克斯豪尔十字路口改造计划。后两项工程造成了严重的交通堵塞，直到 2 月 17 日才完工。伦敦交通局的目标是在收费开始的前几个月，收费区域内外的道路尽可能避免道路施工。然而，2003 年 1 月 25 日，一列中央地铁线列车在大法官法庭路（Chancery Lane）由于铁路机车故障而脱轨，导致中央地铁线和滑铁卢—城市地铁线直接关闭（两条地铁线使用同样的车辆）。虽然滑铁卢—城市地铁线在 2 月 18 日恢复运营，但是中央地铁线只能分阶段恢复，直到 2003 年 5 月底才恢复所有运营，而中央地铁线每天运送乘客将近 60 万人。

尽管做好了一切准备，但很多反对收费方案的人都预言它将混乱甚至失败。像西蒙·詹金斯在《泰晤士报》上撰文——带有某种新闻报道特有的夸张：“媒体上充斥着城市社会的惨败、混乱无序、僵局以及即将到来的终结这样幸灾乐祸的预言。全国性报纸用了两个版面来散播和倒数这个灾难。”（*The Times*，2003a）事实上，利文斯通告诉过记者，他期待一个“血腥的日子”的到来。

经济背景

180

当伦敦的经济正面临许多困难时，收费方案实施了，因此应该在经济大背景下评估收费方案的影响。大伦敦政府的经济部门（Economics Unit）在2003年7月预测，尽管伦敦的经济已经到了拐点，但由于增速低于第二年的运行趋势，经济复苏可能比预期需要更长的时间（GLA，2003b）。伦敦政治经济学院发布的2003年度报告《伦敦在英国经济中的地位》的结论是：“1990年代的长期繁荣已经结束了。”（LSE，2003）报告称“2002年伦敦经济放缓已经成为一个现实”，伦敦市中心的商业服务减少了5万个岗位，尽管它把这种情况更多地看作一种“经济发展的停顿而非经济衰退”。

叠加在中期趋势之上的许多事件，对伦敦经济特别是伦敦市中心的经济要素产生了严重的影响，其中有零售业以及国内和国际旅游业的不景气——旅游业占伦敦国内生产总值的10%（Visit London，2004b）。恐怖主义的威胁由于英国在伊拉克的角色而加剧，被证明是2003年游客到伦敦旅游的一个主要阻碍，这种情况由于亚洲的“非典”以及全球经济的普遍低迷而再度加强，导致游客数量从2000年的3200万人骤降至2003年的2600万人，预计2004年能够恢复到2800万人（Visit London，2004a）。

零售业受到旅游业衰退、中央地铁线关闭以及国内零售支出率降低的影响。《伦敦零售业监测》（*London Retail Monitor*）记录了伦敦市中心的零售额，2003年2~5月的4个月与上一年同期相比零售额下降，11～12月持平，11月前的一些时段有适度上升，2004年初的几个月零售额有所提升（London Retail Consortium，2004）。2003年上半年，零售业占伦敦市中心就业量的17%，与那些对伦敦市中心经济贡献最大的部门相比表现最差，与上一年同期相比下降3%（TfL，2004e）。休闲娱乐业（占就业量的10%）、公共部门（占就业量的16%）和物流业（占就业量的5%），分别下降2%。服务行业占伦敦市中心就业量的42%，是唯一显示略有增长的部门，上升1%。

181　尽管期待在2003年后期能出现经济复苏，但由企业组织“伦敦第一”成立的一个专家组在2003年10月断言：“在伊拉克战争以后，期待的‘反弹’是不会发生的。”（London First，2003）

最初的日子

2003年2月17日，星期一，大约有19万辆汽车驶入了收费区域，与一个日常工作日的25万辆相比，即使考虑到学校期中假期的影响，也是有了显著减少。虽然将近10万辆车支付了费用，但还有1万辆没有支付费用，而余下车辆享受免费。尽管没有付费的车辆超出预期，但远远低于使“不会付”运动得到有效回应需要的人数。很明显，绝大多数驾驶者愿意付费，在整个第一周结束后，有接近50万英镑的付费交易，伦敦交通局送出了3.4万张罚款通知单。

怀着对混乱的预测，一些人可能选择避开伦敦市中心。然而，在第一周结束后，交通流量稍有上升；很明显，至少一开始愿意支付费用的人比早先研究认为的要多一些，但是，如伦敦议会指出的，“这样一个方案没有以往的经验可供参考”（London Assembly，2000）。

虽然有一些针对特定问题的报道，如付费方式、收费区域外更多的交通流量以及个人困难，但大家公认第一天的收费运行非常好。有人认为，交通流量的改善得益于2月17日为有利于交通而明智地调整了交通信号时序，随之还有在收费开始前几个月为步行者提供更多时间的一个改革项目（CfIT，2003），但这样的论调得到了伦敦交通局的强烈反驳。收费方案的直接受益者是公共巴士使用者，不仅因为所有新增的公共巴士和新的线路，还因为公共巴士行驶的速度更快了（太快了，以至于一些公共巴士为了正点行车而不得不减速）。由于公共巴士很好地应对了出行需求的增加，即使没有中央地铁线和滑铁卢—城市地铁线，也可以看到收费对地铁几乎没有什么影响。伦敦交通局报道，2月17日呼叫收费客服中心的电话在1分钟内得到回复，3分钟内完成付费交易。然而，在第一周后期遇到了一些问题，人们对这个系统是否如其所需要的那样强大持有怀疑态度。最严重的问题是车队付费的方式，在之前几天就发现这个问题，但直到2月17日才处理好。 182

皇家特许测量师学会（Royal Institute of Chartered Surveyors）对收费区域内及周边的企业进行了一次快速调查，发现大多数受访者看到了收费方案的好处（RICS，2003），卡皮塔公司和公共巴士运营公司看到其股价上涨了，卡皮塔公司因没有出现灾难性故障而获益（*The Times*，2003b）。

与一个平常的周一相比，交通流量下降了约25%，那些尝试付费的人也几乎没有遇到问题，利文斯通说收费方案的运行比他原来希望的还要好；《伦敦晚报》报道，收费方案“似乎运行顺利……没有关于公共交通的任何问题的报道”，英国汽车协会则表示“这是没有付出的收获——到目前为止”（*Evening Standard*，2003a）。事实上，尽管《伦敦晚报》反对收费方案，但它在2月17日的社论中承认了方案最初的成功，以《勇敢的新世界》为标题：“无论人们喜欢还是厌恶肯·利文斯通，伦敦市长值得尊敬，因为他绝对顽强地推进了一个有史以来最伟大的实验。”（*Evening Standard*，2003b）方案进展良好，作为交通拥堵收费的坚定反对者，交通大臣约翰·斯佩勒向利文斯通表示祝贺，俏皮地说：“好运往往会光顾最不应得到它的人。”

第二天早晨，英国广播公司报道：“居民们谈到多年来第一次能够听到鸟叫声”，而这一周的《经济学人》以更加夸张的新闻手法报道：“到目前为止，这一周伦敦最大的噪音不是交通，而是对交通拥堵收费批评的雷鸣般撤退。”（*The Economist*，2003a）但不是所有人都对此感到高兴，在与保守党领袖伊恩·邓肯·史密斯及市长候选人史蒂夫·诺里斯会面之后，150 名史密斯菲尔德肉类市场的工人于 2 月 17 日游行前往市政厅，表达他们的反对，虽然他们已经认识到，他们的“不会付”运动不能吸引大众、走向成功。尽管如此，保守党的反对仍然是坚定的，诺里斯预言交通会恢复原状，其伦敦发言人埃里克·皮克尔斯给收费贴上了“不公平的赋税”的标签。

鉴于最初交通流量减少的规模，有人担心交通拥堵收费不能征收到预期的年 1.3 亿英镑；伦敦交通局交通专员鲍勃·基利强调，收费方案旨在缓解交通拥堵，而不是为了赚钱。

尽管《伦敦晚报》最初表示称赞，但它变得更加谨慎了，对收费的长期效益持保留态度（*Evening Standard*，2003c）。事实上，即使是伦敦交通局也对宣称方案完全成功持谨慎态度，直到方案运行了几个月之后，才宣称方案成功。

183

第一年的交通流量

伦敦交通局的《第二个年度报告》解释称，新的交通模式很快建立起来，并且在最初的 12 个月内保持了稳定（TfL，2004e）。与 2003 年初相比，进入收费区域的四轮以上车辆下降了 18%，而收费区域的交通流量下降了 15%。入境交通流量主要减少的是小汽车（下降 33%），而厢式货车和货车下降 11%。增加交通流量的车辆类型有公共巴士和长途客运汽车（增加 23%）、许可运营的出租车（增加 17%）以及两轮车辆（增加 15%）。总的来说，包括两轮车在内，在 11.5 个小时的收费时段内，37.8 万辆的交通流量减少 14%，收费车辆减少 27%。而出境交通流的改变有些不同，相比原来的 37.4 万辆，总体减少 18%（29% 是收费车辆）。

2004 年 12 月，一份提交给伦敦交通局董事会的报告指出：

> 2004～2005 年度第二个季度的交通流量水平与实施这个方案前的几周相比低了 19%。与刚收费前的时期相比，2003 年 2 月 17 日实施收费导致进入收费区的交通流量减少 21%。从 2003～2004 年度第二个季度开始，交通流量水平似乎稳定在高于交通拥堵收费区建立后的流量水平约 6%，但少于交通拥堵收费前流量水平约 15%。（TfL，2004b）

与收费前相比，前 18 个月进入收费区域的交通流量见图 12－1。 184

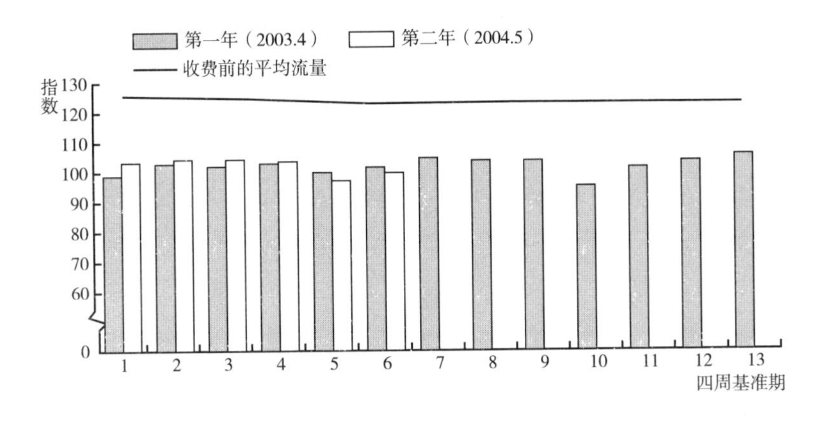

图 12－1 在收费时段进入收费区域的交通流量

一项以每日时段为单位的分析显示，早 7 时前进入收费区域的交通流量几乎没有变化，随后在整个收费时段里流量持续下降，在晚 6 时 30 分后仍维持在一个较低水平（TfL，2004e）。伦敦交通局估计有 4000 位汽车驾驶者选择在收费开始前的一个小时出行，或在收费结束后一个半小时内出行。然而，正如伦敦交通拥堵收费研究项目所指出的，有可能产生两种相互抵消的影响，一些驾驶者较早出行来避免收费，而另一些驾驶者本来早些出行避免交通拥堵，但愿意为了更方便且在并不那么拥堵的时段出行而付费（DTp，1995）。

伦敦政府协会自己委托了一项关于收费交通影响的研究，使用的是伦敦交通局和伦敦各自治市提供的数据（ALG，2004c）。使用伦敦交通局的数据，尽管它发现了一些“稍微减少的迹象”，但也注意到2002年和2003年的周末交通流量是非常相似的。使用伦敦交通局和各自治市的工作日交通流量数据，它认可伦敦交通局在总的入境交通流量方面减少18%的数据，但它发现出境交通流量减少了22%。交通流量的减少沿着边界而有所不同，其中泰晤士河南岸入境交通流量减少27%，而在威斯敏斯特内（北部与西部的边界）仅减少12%。在出境交通流量方面，它也观察到相似的模式，南部减少27%，威斯敏斯特减少15%。

伦敦交通局报告，在收费区域内，车辆出行总里程减少了12%，其中四轮以上车辆的里程减少15%，收费车辆里程减少25%，而小汽车里程减少34%。出租车里程增加22%，公共巴士和长途客运汽车里程增加21%，两轮车辆里程增加14%。虽然因为计算方法的差异，伦敦政府协会的结果与伦敦交通局的不完全一致，但相差不大：在收费区域内，四轮以上车辆的总里程减少14.6%（误差4.8%）（ALG，2004c）。伦敦政府协会还依据道路类型提供了一种细分，即95%的误差幅度，伦敦交通局道路有13.4%（误差5.4%）的交通流量减少，在A类道路减少10.1%（误差9.5%），在B类道路和次级道路减少17.8%（误差14.9%）。

伦敦政府协会认可伦敦交通局估算——收费区域内的收费车辆总里程下降了25%，但其注意到收费车辆总的里程份额减少到58%，强调非收费交通的增长：出租车、公共巴士和两轮车辆。依据区域的细分表明，威斯敏斯特区域的交通流量减少得最少，为5.4%（误差11.1%）；泰晤士河南岸（兰贝斯和萨瑟克）的交通

185

流量减少得最多，为 24.9%（误差 6.1%）。伦敦城和塔村的收费区域交通流量减少 15.2%（误差 8.6%）。因此，考虑到进入收费区域的车辆，在威斯敏斯特收费区域的街道上，交通流量的减少是最小的；事实上，考虑到置信限，威斯敏斯特的交通流量有可能稍微增加。这表明，那些去往（或居住在）威斯敏斯特的人最不愿意放弃汽车出行，而那些在泰晤士河南岸收费区域的人则最愿意放弃汽车出行。这很好地体现了区域间的差别，威斯敏斯特的收费区域有高收入地区——梅菲尔和马里勒本，以及伦敦西区的购物和娱乐区，而在泰晤士河南岸有更多的低收入住房和较少的高收入商业目的地。

虽然伦敦交通局公布的分析没有研究影响方面的地方差异，但是其对收费区域居民的调查研究表明，68% 的居民在收费时段内出入收费区域的用车出行没有改变，与此同时，18% 的居民驾车出行变少，而 14% 的居民驾车出行增多；79% 的居民称自己的总体用车没有变化（TfL，2004e）。

在收费实施之前，有人担心因为驾驶者避免收费而使收费区域外的交通流量大大增加。然而，伦敦交通局的分析指出，使用内环路的车辆行车里程有 4% 的增长，有一种（不具统计学意义的）增长——四轮以上车辆增长 1%、货车增长 7%；收费车辆减少 2%，有统计学意义的小汽车减少 7%，特许出租车增长 16%，公共巴士和长途客运汽车增长 24%，两轮车辆增长 43%（TfL，2004e）。在内环路上和内环路外的外环交通流量的变化是通过 4 个放射状交通越阻线来测量的。虽然这些变化没有统计学的意义，但仍表现出在收费区域北部和东部交通流量有稍微增加（2%～3%），在南部和西部有近乎一样的减少。伦敦交通局指出，小汽车行车里程的小幅下降似乎与有动力两轮车的增长相一致。通过对许多收费区域外地方道路的案例研究，发现一个普遍的减少模式，但也有一些少量增长。

伦敦政府协会的分析表明，一个环绕收费区域的包括内环路

在内的“环区”，车辆行车里程净减少2.9%（误差1.7%）
186 （ALG，2004c）。内环路上的车辆行车里程增长3.9%（误差2.5%），而内环路以外的其他道路平均减少3.8%（误差1.9%）。与伦敦交通局报告的增长1%不同，伦敦政府协会的结果是内环路上的车辆行车里程增长3.9%。虽然这种数据上的差异是由方法论的不同造成的，但伦敦政府协会的估算似乎更有道理。伦敦政府协会的分析显示，内环路不同路段之间的数据相差很大，威斯敏斯特只增长了0.3%（伦敦交通局的研究方法得出的结果是减少1.2%），而泰晤士河南岸则增长了10.8%（伦敦交通局的结果是增长11.1%）。伦敦政府协会还发现，在外环区内减少幅度最大的是B类道路（8.2%，误差7.3%），未分级道路减少4.8%（误差5.9%），与次级环状路相比，次级放射状道路（包括B级道路和不分类的道路）减少的幅度较大。环状路上车流量的减少表明，担心为绕开收费区域而通过次道路的乱窜没有发生，或由各自治市采取减少这些道路的使用措施是有效的。伦敦政府协会报告的结论是，虽然在次级居住区道路上有一些百分比上的大变化，但是随着交通流量水平的降低，它们“不太可能受到交通拥堵收费很大影响”。

一项以不包括内环路的外环区内区域为基准的分析，在有关出入收费区域的交通流量变化方面得出了差别较大的结论，在泰晤士河南岸仅有一种相对较少的变化（减少3.7%，误差5.8%），最大的变化在北部（卡姆登减少9.9%，误差6.3%；伊斯灵顿和哈克尼减少16.8%，误差7.0%）。而那些在收费区域以外的威斯敏斯特部分地区几乎没有变化（减少1.6%，误差5.0%），肯辛顿和切尔西也是如此（减少2.8%，误差2.5%）。

伦敦各自治市给伦敦议会的证词证实，收费区域外受到的影响较小，因此交通委员会得出结论，收费方案似乎“到目前为止，对收费区边缘和外边的道路没有产生重大影响”（London Assembly，2004a）。

交通拥堵

“交通拥堵”的定义已被证明是有争议的，交通部声称：“虽然许多交通评论家试图判别交通拥堵……但还没有确定一个理想的标准。”（DETR，2000）然而，综合交通运输委员会（Commission for Integrated Transport）的结论是，交通拥堵应该“以车辆低于自由流动速度下行车总时间损失的变化来衡量”（CfIT，1999），而伦敦交通局采用的定义则是“出行时间花费的损耗时间部分超过并高于‘不拥堵’情况时……就像……凌晨时分，那时交通流动最轻松，交通最有可能以‘自由流动’速度绕着路网行驶”（TfL，2004e）。 187

伦敦交通局使用了4种交通拥堵信息源：

（1）使车辆移动，利用一辆汽车在车流中“流动”，基于长期形成的一系列调查；

（2）车牌自动识别摄像头，使用来自收费执法摄像获得的数据，尽管这种数据对第一年的运行评估毫无帮助；

（3）一个由普通驾驶者组成的小组；

（4）对伦敦市中心企业的定量研究。

车辆移动调查表明，在收费区域内的典型迟滞从每公里2.3分钟减少至每公里1.7分钟，在收费时段内，平均的路网速度从每小时14.3公里提高至每小时17公里。总体来说，伦敦交通局估算交通拥堵减少了30%，而且在一年多的时间里持续改善。尽管内环路上的交通流量增加了，但是迟滞从很典型的每公里1.9分钟减少至1.5~1.7分钟。伦敦交通局把这种改善归功于两件事：更好的运行管理和2002年道路工程影响的结束。在通往收费区域的放射状道路上，记录到的交通拥堵减少了20%。在伦敦内城的其他主要道路上，记录到的交通拥堵没有变化。

英国汽车协会汽车信托委托对行程时间开展了一项独立调查。

调查结果显示，收费区域内的车速平均增加2英里/小时（3公里/小时），环绕收费区域的10公里区域车速平均增加1英里/小时（1.6公里/小时），10公里以外的区域没有检测到变化（AA，2004）。英国汽车协会汽车信托注意到，因为采取了适当措施，包括控制道路工程，所以内环路“成功地接纳了5%的交通流量增加”。它质疑为什么交通工程和更好的运行管理没有被更广泛地应用，并指出交通拥堵的减少不可能是持续的，“因为道路工程会回到正常水平，公共巴士专用道和人行道需要拓宽”。

伦敦交通局认为收费区域内平均车速的提升在于车辆静止等待和缓慢移动的时间减少了，而不是车辆的行驶速度更快了。最重要的是，对很多道路使用者来说，在行程时间的可靠性方面有了一种实在而非量化的改进，这是一个关键的考量。

188

伦敦交通局的普通驾驶者小组调查，利用来自整个伦敦的驾驶者，根据行程的起点或终点以及行程的“外出”或“返回”，对集中区域的行程进行分析。两个方向的行程时间平均减少14%，其中那些出行距离更长的驾驶者体验到最大的减幅，他们的行程时间可靠性有所提高，在出行时间的标准偏差上，外出行程时间降低27%，返回行程时间降低34%（TfL，2004e）。

伦敦交通局对伦敦市中心企业的定量研究发现，在收费开始之前，51%的企业认为高峰期的交通拥堵“严重”或“非常严重”，收费开始后，这一比例下降至16%；而对于高峰期内的交通拥堵状况，在收费前后可比较的比例是36%对11%。

公共巴士与轨道交通

交通拥堵收费的实施伴随着伦敦公共巴士服务的改善以及70便士标准票价的引入，导致宣称自己永远不会乘坐公共巴士的伦敦人的比例从29%下降到20%（TfL，2004e）。可以预见，仅仅是这些改善也会导致整个公共交通系统乘客量的增加；伦敦交通局估计在2002年秋季至2003年秋季的收费时段，进入收费区域的公共巴士乘客每天增加37%（26.4万人），而离开收费区域的乘客增加29%（21.1万人），其中公共巴士服务有一半功劳（TfL，2004e）。在早高峰的三个小时内，进入收费区域的乘客增加38%（10.6万人），相当于在高峰时段每小时新增1.4名乘客。与此相对应的是，到2003年2月，伦敦市中心的公共巴士乘载量实现增量1.35万人，此后数月又增加1.45万人，同时，在收费时段进入收费区域的公共巴士数量增加了27%。到2003年秋季，在早高峰的三个小时内进入收费区域的公共巴士有将近3000辆，与上一年同期相比增加了560辆。然而，由于乘客的增加，伦敦交通局每辆公共巴士的平均乘载量都略有上升。虽然在收费区域内的公共巴士乘载量已经大幅提升，但伦敦交通局表示这些公共巴士"还可容纳乘客"。伦敦政府协会以33条公交线路为样本进行了研究，发现大多数线路都没有过度拥挤的问题，早高峰时段平均乘载量低于30%，但是它观察到有7条线路在早高峰时段偶尔会有过度拥挤的情况（ALG，2003）；伦敦市法团的一份报告称，每辆公共巴士的乘客都体验到了一些公共巴士的过道的巨大变化，还指出伦敦交通局定义的"空间"并不意味着一个座位（Corporation of London，2004）。伦敦交通局发现长途通勤人员乘坐的入境长途客运汽车的乘载量增加了大约50%（TfL，2004e）。

189

伦敦交通局有一个长期存在的年度早高峰公共巴士乘客的总数，记录了经过收费1区边界附近警戒线的乘客数，但收费区域内的一些主要火车终点站除外（TfL，2004e）。这个数据显示公共巴士乘客数量上升了18%（10.4万人），伦敦交通局认为其与收费区域边界记录的乘客总数之间的一些差异，在于火车乘客在伦敦市中心的最后部分行程增加了公共巴士的使用。

收费区域交通流量的减少也使公共巴士乘客受益——减少了延误和不确定性。伦敦交通局通过过长候车时间来测算延误，将其定义为"由于发车不规律或错过公共巴士造成乘客在车站的额外候车时间”。伦敦交通局采取的公共巴士计划使整个伦敦过长候车时间减少了20%，而在收费区域30%的改进被视为证明了收费的影响。2002~2004年，因交通拥堵引发的公共巴士滞行减少约40%，而收费区域内的公共巴士运行线路获益，滞行减少60%，那些使用内环路公共巴士的人发现滞行减少了50%。总之，收费区域内早高峰时段的公共巴士车速提升6%，达到每小时11.6公里，在收费区域外的放射状和环状道路上，公共巴士车速提升3%~4%，其中不包括内环路，那里的公共巴士车速保持稳定，为每小时13.3公里。

尽管公共巴士服务在各个方面都有了提升，但伦敦交通局的日常调查显示，乘客的整体满意度几乎没有上升，自2002年1月至2003年12月约两年的时间里，满意率一直稳定在77%~78%；很典型的是，收费区域内外的满意率只有1个百分点的差异（TfL，2004e）。

虽然伦敦交通局曾经预计，改善后的公共巴士服务会吸引一部分地铁乘客，但2003年地铁乘载量也受到经济活动衰退和中央地铁线关闭的影响。早高峰时段，在收费区域内及其附近的地铁站，190 在收费方案开始后的首个12个四周基准期里，以闸口为基础的乘载量测算显示，与上一年同期相比，乘载量减少8%，比较而言，整个地铁网络的乘载量减少了6%。在收费开始之后的那年，收费区域内及其附近的地铁站平均出站乘客为47.3万人，相较于上一年的51.3万人。在整个收费时段内，从127.5万出站人数看，乘载量减少了7%。道克兰轻轨在早高峰的乘载量也有2%的减少，但是在整个收费时段，乘载量略微增加（1%）。

通过搭乘英国铁路公司的火车前往伦敦市中心的乘客数量，在收费前后并没有大的变化。在三个小时的早高峰，即早7时至10时间，大约45.1万乘客乘坐英国铁路抵达伦敦市中心，与2003年的44.7万人比较，在统计学上是微不足道的1%的减少，而在整个收费时段内，有57.3万乘客从收费区域内的火车站出发，比上一年增加了 1%。

伦敦议会注意到，利文斯通曾经说过伦敦经济的低迷使地铁和英国铁路能够吸收额外的通勤人员（GLA，2003a），它担心依靠经济低迷来应付额外的铁路乘客，未来可能有反弹。它也注意到威斯敏斯特市议会发出的警告，即 2004 年 1 月的票价上涨可能促使一些原本放弃小汽车而选择公共交通的人再次转向小汽车。

尽管公共巴士服务有改善，但是伦敦交通局发现，只有 47% 的收费区域内居民感受到公共交通改善带来的便利，38% 的居民感受到公共交通改善带来的时间可靠性（TfL，2004e）。而可比较的部分缩小到伦敦内城居民，感受到便利和时间可靠性的分别减少到 39% 和 30%，而外伦敦居民则分别为 16% 和 12%。

出现一种认为出行转向铁路会增加在铁路终点站停车的需求的担忧，给不在停车控制区（Controlled Parking Zone）内的火车站附近带来问题。虽然伦敦交通局以火车站为样本的研究表明，停车需求下降了 1%，或许也反映了减少的地铁乘载量（TfL，2004e）；伦敦政府协会调查发现，在最接近外伦敦 6 个火车站的街道，停车位占用率有所上升（ALG，2004b）。然而，这种上升很小，伦敦政府协会认为由于在其他车站周围实施停车控制有其他相关因素，因而“不能讲其是否仅仅由收费引起”。它指出，虽然伦敦交通局的调查结果代表了平均值，但伦敦交通局包含的单个火车站分析表明，在英国铁路公司火车站附近的停车需求增加了，而在地铁站附近的停车需求减少了。伦敦政府协会也发现在其调查样本中，在英国铁路公司火车站周围停车需求增加最多，而地铁站周围也没有减少。 191

投资公共巴士和公共巴士服务、简化收费以及提升在伦敦市中心行驶的时间可靠性，对“职业阶层”来说，这使得使用公共巴士是更加可接受的了，2003～2004 年度 1/3 的公共巴士新乘客来自社会集团 A 和 B。时尚杂志《哈珀斯与名媛》认为伦敦公共巴士值得称赞，是“2004 年最热门的潮流之一”（*The Times*，2004）。

出租车

交通数据表明，随着收费的实施，进出收费区域的出租车的行车里程数大幅增加。人们预计，这可能导致人们更多地搭乘出租车。作为对收费的直接回应，出租车进行了一系列的模式调整，改进了行程时间和可靠性，并有了较低的费用（伦敦出租车费用结构是里程加时间），这三个因素的结合使出租车成为一种更有吸引力的出行选择。然而，综合交通运输委员会的研究表明，在收费刚开始的几个月，出租车收入缩水了20%～30%（CfIT，2003）。这种减少不仅因为伦敦经济的低迷，使对出租车的需求减少，而且因为单个行程时间减少造成平均车费减少。此外，实施收费时，之前没有规范的迷你出租车行业被改造成一个规范的私人租车行业，这使它们成为除传统黑色出租车外更有吸引力的替代行业。然而，班尼斯特认为，出租车收入增加了20%～30%，他还指出虽然出租车不支付收费，但它们加剧了交通拥堵和环境污染（Bannister，2004）。

自行车骑行者与步行者

收费区域内交通流量的减少促使自行车出行增加30%，尽管根据伦敦自行车运动协会（London Cycling Campaign）的证词，这一数字可能被低估了（London Assembly，2004a）。伦敦交通局的《收费开始后的6个月》报告，也提到进入收费区域的自行车骑行者增加了30%（TfL，2003b），尽管指出自行车的数量会随着天气的变化而变化，但《第二个年度报告》中呈现的全年变化也强调了这一数字（TfL，2004e）。

192

虽然伦敦议会早先担心收费方案对步行者有影响，也认为需要监测这些影响（London Assembly，2000，2002），但其《第一个评论报告》根本不提对步行者的直接影响（London Assembly，

2004a)。此外，在伦敦交通局的《第二个年度报告》中仅仅提到了居民对方便横穿交通路口的感想，33%的居民认为有了改善(TfL，2004e)。

残疾人士

提交给伦敦议会的证词表明，收费方案对残疾人士有优待(London Assembly，2004a)。首都的“拨号叫车”（Dial A Ride）和“出租车一卡通”（Taxicard）项目的经营者报告，他们能够提升服务的速度和可靠性，考虑在固定的预算内略微提供更多的次数。伦敦议会也被告知，注册系统除了一些最初的困难之外，“蓝牌”制度（持“蓝牌”者免除收费）运行良好。然而，有证据表明，对于那些重病或需要到收费区域就医的人，收费返还制度造成了困难，与此同时，交通拥堵收费给那些需要从志愿者组织获得支持的人带来了麻烦。

低收入群体

伦敦交通局的《收费开始后的6个月》解释说，对收费的社会影响“进行全面而扎实的研究必然有一个长期的过程”，虽然期望这个报告能包括《第二个年度报告》中的初步发现，但没有公开这些发现（TfL，2004e)。2004年11月，伦敦交通局就收费的社会影响研究举行公开招标，或许可以解释这种疏漏(*Evening Standard*，2004b)。

综合交通运输委员会对通常雇用低收入员工的三个行业（酒店业、卫生保健以及餐馆、酒吧等）雇员进行了研究，得出的结论是，这些行业的大多数低收入员工没有受到收费的影响（CfIT，2003)。然而，研究承认收费对那些选择开车并付费的低收入员工可能带来很大的损害，因为他们很少能拥有一张信用卡或银行卡，因此他们不能使用大部分的付费通道。有人提出受收费影响最大的是那些“不是十分贫穷的人”，他们比不富裕的人群更加依赖小汽车。

综合出行行为

在收费时段进入收费区域的行车减少了6.5万~7万次，从2002年的19.5万次下降至2003年13万次。根据一系列的调查，伦敦交通局估计：

（1）之前穿越收费区域的行车现在有1.5万~2万次转移到了收费区域的外围；

（2）之前进入收费区域的3.5万~4万次行车转向了公共巴士和轨道交通，相当于4万~4.5万名汽车乘客；

（3）之前进入收费区域的5000~10000次行车转向了自行车、步行、摩托车、出租车以及拼车；

（4）之前进入收费区域的行车中，不到5000次转向不收费时段；

（5）之前进入收费区域的行车中，不到5000次减少频率或去往其他目的地。（TfL，2004e）

伦敦交通局对内外伦敦居民出行的分析表明，以三个主要目的——工作、商业和教育——以及“其他”目的使用汽车去市中心的出行减少了，其中对通勤的影响最大；而对伦敦内城居民来说，对教育的影响是最小的；对外伦敦的居民来说对“其他”目的影响最小。总体来说，居住在伦敦内城的50%驾驶者、居住在外伦敦的33%驾驶者，宣称自己在收费时段去往收费区域的次数减少了，但每个区域都有8%的驾驶者宣称增加了出行次数。

牛津经济预测中心（Oxford Economic Forecasting）为伦敦政府协会所做的研究发现，在调查样本中只有2%的公司雇员认为他们的上班行程因为收费而“明显更好”，7%的雇员认为“稍微好转”，而7%的雇员认为“有些糟糕”或“更加糟糕”，50%的雇员认为收费“没有什么作用”，31%的雇员没有回复（GLA，2005b）。然而，因为调查的雇员中有相当高比例的人是乘坐英国铁路出行的，不能代表所有伦敦市中心雇员的出行方式，因此，这些数据可能低估了积极影响。

各方对交通拥堵收费的态度

194

伦敦交通局对各方对交通拥堵收费的态度进行了一系列深入调查，揭示了随着时间的流逝而发生的一些有趣的变化（TfL，2004e）。一个关于减少伦敦市中心交通拥堵重要性的问题回复，显示出大多数人评价其是“重要的”，但这个比例在下降，从2002年12月的77%（85%评价其是重要的，8%评价其是不重要的）下降到2003年2月的64%。在后来的调查中，这个问题加了一个陈述作为开头——收费已经减少了交通拥堵，大多数人估计会有“进一步”减少（表明已达到的还不够），重要性从2003年3月的70%，下滑到6月的30%，10月的14%，此时36%的人评价其“不重要”。伦敦交通局在2004年7月发布的一份调查报告中，就收费边界向西延伸的预案征求意见（见第14章），69%的受访者认同收费对减少交通拥堵是有效的，16%的受访者不认同这一点（TfL，2004g）。

在收费开始之前，支持和反对收费的人的比例几乎平均，两边都显示为40%左右（TfL，2004e）。这个结果与2001年秋季英国汽车协会汽车信托的研究比例相当一致，其显示有47%支持，43%反对（AA，2004）。然而，在收费开始不久后的几个月里，支持率有一个19%～35%的净差额，尽管支持率最高曾达到59%；但在2003年11月，英国广播公司《新闻之夜》的ICM民意调查发现，支持率的净差额变小了，支持交通拥堵收费的伦敦人刚好超过40%，而31%反对（BBC，2003）。然而，在2003年3月，非常多的伦敦城居民支持收费方案，69%的人赞成，16%的人反对，而15%的人“中立”（Corporation of London，2004）。同一次民意调查还发现，伦敦城54%的工人支持收费方案，而23%的工人反对。

在收费开始前，72%～76%的受访者认为收费是有效的，尽管只有50%～54%的受访者认为收费能够减少交通拥堵，而平均35%的受访者认为收费不会有什么效果（TfL，2004e）。国家统计局（Office of National Statistics，ONS）为交通部进行的研究（2003年3月）也证实了预期的收费效果，其发现75%的伦敦人认为收费方案会是有效的，15%的人认为不会有成效（DfT，2003）。在收费开始之后，伦敦交通局发现76%～81%的人认为收费已经有195 效果了，而平均5%的人认为收费完全没有效果（TfL，2004e）。虽然有71%～76%的人认为收费已经减少了交通拥堵，但仍然有11%～17%的人没有看到这些好处。交通部的道路收费可行性研究（见第14章）发现，那些居住在伦敦的人看法不一，有人注意到道路上交通量大大减少，其他人则认为收费实施前后没有差别（DfT，2004）。

2003年7月，国家统计局为交通部进一步开展深入调查，发现66%的伦敦人认为收费是减少交通拥堵的一个公平方式，而63%的人认为收费“对伦敦有好处（根据他们自己对‘好处’的理解）”，尽管有30%的人认为收费并没有好处（DfT，2003）。这次调查还发现，61%的伦敦受访者认为收费区域的道路较不拥挤了，而不到5%的受访者认为在收费区域外侧的道路上交通较不繁忙了，但41%的受访者认为这些道路更繁忙了，37%的人认为它们在收费前后几乎一样。从伦敦整体来看，53%的受访者认为交通差不多一样，24%的人认为道路交通较不繁忙了，而9%的人认为道路交通更加繁忙了。

伦敦交通局的研究发现，对大多数伦敦人来说，只要公共交通得到改善，就准备接受交通拥堵收费，这表现为，85%的伦敦人认可收费，10%的伦敦人不认可。绝大多数人认为即使收费改善汽车出行很少，也仍赞成收费，超过60%的人同意这个观点，20%的人不同意（TfL，2004e）。虽然国家统计局的调查发现44%的伦敦受访者不了解其净收入的用途，但38%的人认同投入公共交通是其用途之一（DfT，2003）。在伦敦城，56%的工人担心收费会导致公共交通系统超载运行（Corporation of London，2004）。

大伦敦政府的《2004年伦敦年度调查》发现，39%的伦敦人对担任伦敦市长的利文斯通的方法感到非常或者相当满意，与此相对的是，21%的伦敦人对此表示相当或者非常不满意（GLA，2005a）。在那些表示满意的人中，37%的人将其对交通和拥堵所采取的行动视为一个理由（第二个理由，低3个百分点，认为利文斯通做了一件好事，为伦敦尽了最大的努力）；而那些表示不满的人，有45%将交通拥堵收费列入不满的理由之中，比列于第二的理由——浪费钱/花费太多——高出23个百分点。然而，虽然伦敦人对于针对交通和拥堵采取的行动有相对高的满意度，但仍有49%的伦敦人认为交通拥堵是“在伦敦居住最糟糕的两三件事”之一，比2003年略高（46%），但比2002年要低（54%）；尽管 196 在受访者中，将交通拥堵列为影响自己在伦敦的生活品质的问题的比例稍微下降，从2002年的85%降到2004年的79%，在5分制中记1分或2分（1=严重问题，5=没有问题）。因此，虽然收费方案可能已经使交通拥堵有所缓解，但交通拥堵仍然被认为是一个严重的问题，仅次于伦敦的生活成本问题。

英国汽车协会汽车信托的研究发现，45%的受访者将交通拥堵收费作为放弃驾车前往伦敦市中心的理由，与此同时，认为必须先注册付费、停车、交通本身等阻碍了自己驾车前往伦敦市中心的受访者分别有39%、70%、57%（AA，2004）。虽然交通部的道路收费可行性研究认为，收费及其怎样实行的相关信息是清楚而有效的，但仍有人对来自伦敦以外的访客可能不理解这个收费方案怎样实行表示担心，还有人提出，年纪大的人要理解收费方案更为困难（DfT，2004）。虽然从策划之日起到2003年2月17日，关于收费方案的宣传活动相当密集，但很明显仍需要持续地提醒和通知居民和访客。

应急服务中心

应急服务中心向伦敦议会报告，虽然必须为在收费区域工作的救护车前方员工支付额外的费用来保证足够的服务，但其在收费区域内的运行没有任何问题（London Assembly，2004a）。

道路安全

预期每公里车辆数的减少会导致交通事故的减少，尽管也有人担心车速增加可能导致事故的严重性增加，而摩托车使用的增加也会产生负面效应。伦敦交通局指出，现在想要“完全了解收费的影响”为时尚早，但它宣称在收费区域和收费时段内，所有已经报告的人身伤害事故有明显减少，而与整个伦敦报告的事故相比减幅更大（TfL，2004f）。鉴于死亡事故的数量太少，无法得出有意义的结论，伦敦交通局发现重伤和轻伤事故的减幅比上一年更大。伦敦交通局还发现收费对事故涉及行人的相应部分没有产生影响。与此同时，与预期相反的是，涉及有动力的两轮车的事故也有减少，但在整个伦敦涉及两轮车的事故增加了，伦敦交通局副主席戴夫·维泽尔对此表示，这可能是因为两轮车并非交通拥堵收费的对象（*Evening Standard*，2004a）。总体来说，收费区域内9%的居民有了一种安全得到加强的感觉，其中19%是伦敦内城的居民，他们在这一区域里感受到更强的安全感（TfL，2004e）。

197

环　境

在《第二个年度报告》中，伦敦交通局的结论是，目前仍不可能对当地污染物做一种量化影响的检测。尽管一个以模型为基础的方法说明在收费区域里收费对环境应该有少量益处，但这建立在公共巴士运营的增加不会增加 PM10 排放量的基础上（TfL，2004e）。2004 年 10 月，伦敦交通局交通拥堵收费的助理主管默里-克拉克在一次大会发言中说，收费区域内氮氧化物（NOX）的排放量降低了 16%，PM10 的排放量也有类似的下降（Sunday Herald，2004）。这些结果来自伦敦国王学院的研究，后来发表在《新科学家》上，研究还发现二氧化碳的排放量下降了 19%（*New Scientist*，2004）。氮氧化物和 PM10 的减少 3/4 归功于“汽车数量减少以及车速每小时增加 4 公里”，其余 1/4 归功于“更绿色的技术”，微粒收集器限制了额外的公共巴士对 PM10 的影响。

自行车骑行者表示空气污染好像有所降低（London Assembly，2004a），伦敦交通局对收费区域居民的调查发现，33% 的居民认为污染减轻了，36% 的居民认为噪音减少了（TfL，2004e）。

对 5 个地点的监测，没有使伦敦交通局获得“在统计意义上或在大多数情况下大多数人都能感知的范围内”噪音水平变化的证据。

停　车

伦敦政府协会关于停车的一项研究发现，2002～2003 年付费停车“事件”的数量减少了，在收费区域内减少了 28%，与之相较，在收费区域外减少了 3%（ALG，2004a，2004d）。在收费区域内，停车费收入在比例上稍有下降——18%，这是因为同时期其他一些自治市的停车收费增加了，而收费区域外停车费收入增长 9% 是停车增加和停车费用增加的合力所致。

198

为了尝试抵消收费对使用路边停车场的影响，一家大型私企“国家汽车停车场公司”（NCP）在 2003 年 2 月 17 日降低停车费，它的大部分停车场安装了自动收款机。

收费区域内发出的停车罚款通知数量大约减少了 2%，罚款收入也稍有下降。其中，伦敦市法团称，在执法人员配备水平不变的情况下，罚款收入减少 30%（ALG，2004a）。在收费区域外，收费区域附近自治市发出的停车罚款通知增加了 6%，罚款收入也有相应增加。然而，收费区域内只有 14% 的居民认为停车便利性有了改善，而 21% 的居民认为情况变得更加糟糕了（TfL，2004e）。

因为预计在收费区域外的停车数量会有所增加，一些自治市加强了停车执法管理，结果是在收费区域外发出的停车罚款通知增加了 12%，而收费区域内只增加了 4%（ALG，2004a）。此外，在此期间，罚款也从 80 英镑上涨至 100 英镑（一些地区从 60 英镑上涨至 80 英镑）。尽管伦敦政府协会的结论是，收费区域外违规停车的数量几乎没有增加，但 39% 的伦敦内城居民认为停车更加不方便了（TfL，2004e）。

来自路上和路边的停车费净收入可能是各自治市的一个重要收入来源，特别是对于威斯敏斯特来说（在 2002 ~ 2003 年度，交通拥堵收费开始之前，其停车费收入为 3500 万英镑，占市政总收入的 7%）。虽然在此期间，停车费有些增长，但威斯敏斯特报告称收费区域内路边停车费收入减少了 18%，伦敦市法团称减少了 8%（ALG，2004a）。总体上，伦敦政府协会认为收费“造成自治市停车费收入明显减少”，同时指出进入伦敦市中心的交通流量会长期下降，预计可能造成停车需求的下降。虽然预期一些驾驶者会把车停放在收费区域外，然后步行或者搭乘公共交通进入收费区域，但是没有发现“足够的证据表明在收费区外停放的车辆有所增加”。

199

因此，虽然伦敦交通局获得了收入源的增加，但各自治市的净收入减少。利文斯通解释说，虽然交通拥堵收费在整个区域不能实行多样化，但收费区域内的停车费有很大弹性，可以根据地点来变化，他建议自治市可以“通过调整地方停车时段和地方停车收费”，来解决交通拥堵收费对地方经济的负面影响（GLA，2003a），但这丝毫不能改善其与各自治市之间的关系。

商业与经济

虽然关于收费的交通影响几乎没有持续的争论，因为大量不同的信息来源一般都彼此支持，但有关商业和地方经济影响的报告就不是这样的情况了。正如格莱斯特和特拉弗斯在伦敦交通拥堵收费研究项目的报告中所说的，把收费的影响与所有其他的商业和趋势的决定性因素剥离开来，从来就不是容易的事（DTp，1995）。尽管大部分专家认为一年的时间太短，不足以得出一个肯定的结论，但关于短期影响和可能的长期影响存在非常不同的看法。伦敦交通局的看法是，第一年的收费影响总的说来是中性的，因为去伦敦市中心及周边更加容易，收费区域内及靠近收费区域的商业一般对收费仍是支持的，金融和商业服务部门也很热心（TfL，2004e）。

关于收费绩效，伦敦交通局与其他一些组织的主要分歧之一在于零售业。虽然伦敦交通局承认2003年上半年零售业和娱乐业不景气，但其认为不景气的主要原因与交通拥堵收费不相干。伦敦交通局估计经济因素对零售业业绩的影响最大，占业绩变化原因的41%，与之相比，交通拥堵收费占18%，中央地铁线的关闭占4%。引用伦敦零售业共同体（London Retail Consortium）的销售监测报告和SPSL零售业客流指数（SPSL Retail Traffic Index），伦敦交通局指出，伦敦市中心的衰退从2002年第四季度就开始了。它还指出，伦敦市中心的客流指数表明工作日和周末（那时尚未开始收费）的模式非常相似。这说明影响零售业业绩的因素在工作日和周末一样适用。伦敦交通局根据调查研究得出的其他观点如下。

（1）牛津街和摄政街上的绝大多数人使用公共交通进入伦敦市中心，到牛津街的人中使用汽车的占3%，到摄政街的人中使用汽车的占8%。　200

（2）伦敦市中心的汽车使用者仅仅比其他交通模式的使用者多消费20%。

（3）非伦敦居民占牛津街和摄政街一半人口。

伦敦交通局的结论遭到了许多其他组织的质疑。约翰·刘易斯百货是牛津街上的一家大型百货商场，在伦敦及周边拥有多家连锁店。这家商场相信，通过对其旗下的连锁商场加以比较就可以证明，交通拥堵收费是牛津街商场销售量下降的一个很重要的因素，并委托伦敦帝国理工学院进行了相关研究（Bell *et al.*，2004）。这项研究利用计量经济学的模型技术，对约翰·刘易斯百货在伦敦的5家商场及其在布卢沃特的商场（在靠近M25高速公路的一家大型购物广场内）从2000年1月至2004年1月中两年（那时牛津街的商场周日也开放营业）的每周销售数据进行了分析。这些研究人员以98%的自信得出的结论是，交通拥堵收费导致牛津街商场的销售额减少5.5%，并观察到“交通拥堵收费对销售不产生影响只有2%的可能性”。他们还得出结论，尽管中央地铁线关闭引起了销售额7%的下降，但伊拉克战争、海外游客、经济状况以及消费物价指数对销售额却没有影响。

英国皇家特许测量师学会（RICS）报告称：“收费区内九成的零售商都认为……交通拥堵收费对商业有负面影响。”（RICS，2005）综合交通运输委员会对便利店和食品店的经理进行了调查，发现约60%的经理对收费持负面看法，没有人持正面看法（CfIT，2003）。在收费开始一年后，伦敦工商会（LCCI）通过电子邮件进行了一次调查，从邓白氏（Dun&Bradstreet）数据库中随机挑选了1430位零售商，有23%做出回复，发现79%的受访者称与上一年同期相比销售额下降了，有24%称收入下降了超过20%（LCCI，2004c）。大约42%的受访者声称，这些交易额下降“全部或主要”归咎于交通拥堵收费；25%的人称特别因为受交通拥堵收费的影响而解雇了员工。伦敦工商会也对收费区域内和靠近收费区域的餐厅进行了一次调查，其报告称，3/4的餐厅称营业所得和顾客数量都201有下降（LCCI，2004b）。伦敦议会在关于收费区向西延伸的预案举行听证时，获得了马里勒本（位于收费区内）一位鱼贩的证词——那里的店主一直致力于复兴当地的食品商店，他说："在2月17日之前，我的生意一直非常平稳地增长，其后瞬间下降；就好像有人关掉了水龙头。生意直线减少20%，而且一直保持那样的态势。"（London Assembly，2003c）

由于马莎百货（Marks & Spencer）和塞恩斯伯里百货（Sainsbury's）加入了约翰·刘易斯百货的研究，三大百货巨头在收费区域向西延伸（见第14章）的意见陈述中表达了对交通拥堵收费所产生的影响的担忧（TfL，2004f）。市场分析机构CACI利用自己基于商店、人员和零售支出的海量数据与零售业模型（被零售和房地产开发客户广泛使用，以评估商场或投资的潜力地点）结合，指出在预案中向西延伸的区域，尽管大多数零售商可能受到交通拥堵收费的不利影响，但主要的受损者是那些较小的购物区，特别是那些靠近收费区域边界的小购物区（Nash，2004）。虽然这种研究方法不适用于评估伦敦市中心的项目，但纳什指出可以预估到相似的结果。

班尼斯特的结论是，虽然交通拥堵收费"对零售业肯定有一些影响……大约1%~2%的订单"，但小零售商和那些靠近收费区域边界的零售商更有可能受到影响（Banister，2004）。

英国小企业联盟向伦敦议会举证时提出："有明确的证据可以表明，在某些地理区域内（尤其是刚好位于收费区内侧的区域）很多企业的交易量遭遇显著的下降……在某些情况下……高达35%。"（London Assembly，2004a）对英国私营企业论坛（Forum of Private Business）成员的一项基于电子邮件的民意调查发现，2/3的受访者称在实施收费以后客流量下降，利润下降大约60%，而1/3的受访者曾考虑过搬迁（Forum of Private Business，2004）。伦敦工商会发现，85%的受访者认为收费虽减少了行程时间，但是没有增加他们的生产效率（LCCI，2004c）。威斯敏斯特市议会尽管承认在收费区域和某些工业部门并不是所有的企业都遭遇了不景气，但它指出70%的受访者遭遇了收入上的损失（Westminster，2003）。

然而，关于收费对经济的影响的一些调查具有这样一种性质：

202 对其做出的回应可能更多地来自那些最为担忧的人。这种可能的偏差似乎为“伦敦第一”的市场研究成果所证实，其从事跨行业的研究，以500家企业为基础，规模有大有小，有位于收费区域内的（76%），也有位于收费区域外的（24%）（London First，2004）。如果以10分制来评价收费对这些企业的利润是否有一种可见的影响，8%的企业称有正面影响，64%的企业表示没有影响，而21%的企业称有负面影响，其中有3%的企业称有“非常负面的影响”（10分），5%称有“相当负面的影响”（8分和9分）。尽管有36%的企业称收费导致成本上升，但大多数企业表示没有变化，13%的企业则“不知道”。更宏观地说，“伦敦第一”的研究发现，收费对伦敦经济的影响存在两面性，26%的回复称有负面影响，另有26%称有正面影响，而33%认为是中性的（15%表示“不知道”）。尽管如此，58%的受访者认为实施收费提升了伦敦的形象，只有16%的受访者认为对伦敦的形象有负面影响。虽然“伦敦第一”的绝大多数（71%）受访者认为他们的公司没有因为收费而在运营方面有所变化，但17%的受访者认为造成了公司运营变化，其中56%认为有负面影响，而44%认为有正面影响。英国皇家测量师学会2004年的研究结论是：“总体的结果……是交通拥堵收费获得了来自写字楼和专业领域的积极支持，而零售行业、酒吧/餐饮业以及其他领域的企业……表示了担忧。所有领域的小企业是最容易受到负面影响的。”（RICS，2000）

牛津经济预测中心的调查发现，在交通拥堵收费实施后，有16%的雇主认为在伦敦市中心的商业出行得到了“重大的改善”，51%的雇主认为有“一些改善”，28%的雇主认为“没有影响”，而4%的雇主认为情况变得“更糟糕了”（GLA，2005b）。然而，此次调查的样本几乎仅限于商业和专业服务业，并没有包括零售业和其他行业。

伦敦交通局就收费区域向西延伸提案征询意见，伦敦工商会的回复提到，其最近对零售业的调查显示收费区域内33%的零售商因为收入减少正在计划搬迁（LCCI，2004a），但在“伦敦第一”的调查中只有2%的受访者表示有搬迁的打算，这“纯粹是交通拥堵的结果”，94%的受访者说他们没有考虑搬迁，而且那些考虑搬迁的零售商，也只有29%的人明确说他们会搬迁到收费区域之外。 203
牛津经济预测中心对商业和专业服务业的雇主进行了调查研究，发现交通问题导致其中13%的雇主把一些业务移到了别处；在对其他因素的调查中，提到最多的是员工成本（90%），随后是可用的员工（49%），还有房屋租赁成本（45%）（GLA，2005b）。

在一项关于交通拥堵收费对伦敦市中心房地产影响的研究中，英国皇家测量师学会基于2003年后期房地产业务的量化研究，称只有极少数企业可能搬迁，很多企业认为其在伦敦市中心的位置是业务的关键（RICS，2004a）。这也在研究中得到证实，研究发现“只有3%的企业考虑过搬迁到收费区之外，而超过15%的企业认为搬迁对它们的业务会有负面影响”（RICS，2005）。稍早的研究指出，虽然搬迁到收费区域的外侧可以缓解交通拥堵收费带来的特别负担，但它不能回避其他负担，如高昂的停车费和营业税，还有搬迁成本以及可能造成的后续业务损失，这些远远高于想节省的钱（RICS，2004a）。英国皇家测量师学会指出，收费区域外严格的停车管理对企业也有一种负面影响。它总结道，虽然单独收费“不足以使企业关闭……但收费与高租金、高营业税和越来越严格的停车限制叠加一起，意味着业主可能不得不重新评估自己企业的生存能力”；在较长的时间里，交通拥堵收费“加上其他的消极力量，意味着一些小型零售商可能被迫搬迁或关门”。在关于收费区域向西延伸的意见陈述中，英国皇家测量师学会提出，有一个特别的担忧，那就是收费“可能导致特色商店的逐渐消失，而其经常使一个地方有鲜明的特色，并有助于……混合利用充满活力的社区”（RICS，2004b）。这种担忧也为综合交通运输委员会报告的一个结论所支持，其预计便利店会有所减少，因为小商人是特别脆弱的（CfIT，2003）。然而，综合交通运输委员会发现，从其研究的领域看，“即使不是大多数，也有很多企业承认伦敦市中心交通拥堵的减少可能对经济和社会有潜在的好处”。

英国皇家测量师学会报告称，大多数的房地产机构认为，交通拥堵收费实施6个月以来，伊拉克战争是对房地产市场最大的影响因素，同时发现在交通拥堵收费方面没有得到共识，由于一些房地产机构把交通拥堵收费列为最有影响的因素，而其他一些房地产机构则将其与中央地铁线的关闭、旅游业低迷和增加了的停车限制相比较，认为交通拥堵收费影响较小（RICS，2004a）。在2004年的调查中，英国皇家测量师学会发现，“与调查人员相比，企业更倾向于相信交通拥堵收费对房地产价值有负面影响……涉及租金的价值和资本的价值方面”，但是“只有1/6的调查人员认为，如果有任何影响的话，那也只是在零售业部门”；此外，没有调查人员认为交通拥堵收费对资本价值有任何影响（RICS，2005）。

204

英国皇家测量师学会发现，交通拥堵收费已经被当成一个续约谈判和租金调整的因素，并预计目前的租客将会试图弥补增加的成本和减少的营业额/营业利润，而潜在的租客可能会放弃在收费区域内置业（RICS，2004a）。租客也把交通拥堵收费作为重新评估企业利润的一个理由，在2004年的调查中，那些续约谈判的企业表示主要是为了确保非金融的收益（RICS，2005）。自收费开始到2004年3月底，估价办公室（Valuation Office Agency）受理了4984份来自威斯敏斯特的关于交通拥堵收费的上诉，3210份来自伦敦城的上诉（Valuation Office Agency，2004），总计收到了10901份来自收费区域内或在其中一部分的各自治市的上诉。然而，也有1332份上诉来自其他区域（达勒姆——伦敦之外唯一实施交通拥堵收费的城市——44份），这些上诉的一部分可能是投机行为。尽管伦敦交通局报告最初的8000份上诉请求都没有得到许可，但不清楚那些还在等待回复的上诉是否会是同样的结果；有一种意见认为应先处理那些最容易驳回的上诉请求。

除了少数专职的或主要的车辆经营者之外，在伦敦市中心，要节省足够的时间以提高车辆的利用率，看起来仅仅偶然才能实现。虽然交通拥堵减少，但英国工业联盟的第一年评估的结论是在货物运输和服务环境方面没有得到改善（CBI，2004a），并指出“物流和配送活动一般都是远程的，节约少量时间不会提高它们的效率”（CBI，2004b）。货物运输协会（Freight Transport Association）的一份早期成员调查也发现，时间节省过少或过于集中，不能带来运行方面的效益，结论是交通拥堵收费对运输经营者没有好处（FTA，2003）。在一份对一年会员的调查中，货物运输协会发现167位受访者中的85%不能减少收费区域的运输次数，90%称他们没有能力做更多的配送，而31%称其在收费区域的行程所需时间减少了（FTA，2004b）。连锁超市塞恩斯伯里就收费边界向西延伸提案在给国会议员的一封信中提到，由于伦敦市中心的交通拥堵收费，它已经体验到“在交货时间方面没有任何可见的改善”，还要承担没有达到预期效率而产生的成本（Sainsbury's，2004）。然而，牛津经济预测中心的研究发现，6%的雇主称在实施收费以后，伦敦市中心的服务和配送行程有了“显著改善”，43%的雇主称“有一定改善”，41%的雇主称“没有影响”，4%的雇主认为情况恶化了，而6%没有回复（GLA，2005b）。但正如以上指出的，调查样本几乎完全来自商业和专业服务业。 205

综合交通运输委员会对在伦敦市中心开展物流和快递业务的机构进行了一次调查，发现有25%的机构认为收费效果明显是积极的，同样比例的机构认为影响是消极的，而剩下的50%看法不一或者保持中立（CfIT，2003）。虽然交通流量的减少提高了经营者准点率，但没有证据表明效率的提高增加了利润或降低了价格，可能因为其他因素——如伊拉克战争或者经济形势——抵消了可能由交通拥堵收费带来的好处。在有关收费区域向西延伸的意见陈述中，联邦快递公司（UPS）称其没有从伦敦市中心的收费方案中获益，反而使成本增加了（TfL，2004g）。

很显然，联邦快递并不是唯一持有这种看法的企业，综合交通运输委员会报告称："收费方案注册所需的大量行政管理及其需要获取公司信息造成了广泛的不安。虽然很多公司声称方案实施后管理就相对简单了，但它们认为其给行政管理带来了不便，也是一种资源浪费。"（CfIT，2003）对于大多数的货物运输协会成员来说，收费不仅给其在伦敦市中心运行带来了额外成本，而且给每家公司平均增加了1.2万英镑的管理成本（FTA，2004b）。英国工业联盟给伦敦议会的证词中表示，每年的直接管理成本可能"加起来成千上万英镑"（London Assembly，2004a）。"伦敦第一"的证词中称，车队管理"可能是一种沉重的负担"。考虑到这一证词，伦敦议会认为伦敦交通局1500万英镑的预算，作为管理收费的所有成本可能是太低了。

206 尽管在开始的12个多月，一些企业担心收费对其收入和/或成本会产生负面影响，但伦敦交通局在其向伦敦市长就收费区域向西延伸咨询的报告中，认为"从长远来看，交通拥堵收费对企业没有明显的影响"（TfL，2004f），在收费方案启动一年后，利文斯通向伦敦议会提交了一份报告（London Assembly，2004c），宣称：

> 正确看待收费方案是重要的。交通拥堵已经困扰伦敦市中心数十年……企业因此每年损失数百万英镑。去年我实施的收费方案重新释放了道路，交通畅通无阻。如果不实施这个收费方案，那么年复一年，交通拥堵会一如既往，引起更多的迟滞，增加企业的成本。

利文斯通写信回应针对收费方案实施的质疑，其结论是："很显然……要正确地理解收费对企业的影响需要时间……我始终坚持自己的承诺，将与零售业和其他领域共同努力，想方设法减少交通拥堵收费实施带来的任何问题。"（Livingstone，2004）但2004年11月伦敦交通局才开始委任顾问调查收费对经济和商业的影响（*Evening Standard*，2004b）。

方案管理

伦敦交通局的承包商卡皮塔公司对伦敦收费方案的大部分运行内容负有直接的管理责任。正如第10章描述的，收费方案在收费开始后不久就很明显地表现出运行方式上存在严重的缺陷，导致伦敦交通局与卡皮塔公司就合同重新进行谈判，伦敦交通局为了使情况改善，追加了一大笔资金。伦敦交通局在《第二个年度报告》中提到的问题集中在：电话客服中心不能在一个合理时间内得到接听，或者拨打电话的用户频繁地被告知稍后重试；不是所有未付费车辆都能收到一张罚款通知；提供给上诉的证据具有缺陷（TfL，2004e）。2003年8月，《经济学人》形容收费的执法是“一件令人非常头疼的事”，文中引用伦敦交通局默里-克拉克的说法，承认一些驾驶者每天不支付费用就进入收费区域，而一周仅仅收到一张罚款通知（*The Economist*，2003b）。货物运输协会在收费开始的几个月后发现，其成员在一些标准之下为收费方案运行打分，其得分很低，207 以平均打分（10分制，1~2分“非常差”，8~10分“好”）来看，在服务热线的实用性、客户服务、信息准确性以及车队账户设置和管理的便捷程度方面都在4分和5分之间（即平均为“差”到“勉强满意”）（FTA，2003）。只有每天支付费用的便捷程度被打分“满意”。

商用车辆的经营者不是担心付费系统的唯一用户。收费方案的主要反对者伦敦保守党宣称，威斯敏斯特将近60%能够支付费用的零售商店，没有遵守其和伦敦交通局之间关于收费开放时间的协议（*Evening Standard*，2005）。虽然伦敦交通局回应付费是由短信、电话客服中心或因特网来完成，但英国皇家汽车俱乐部指出，“大量驾驶汽车者对网络和电话支付非常谨慎，他们想要……拿到一张收据”，而综合交通运输委员会的研究也发现，对低收入驾驶者的一个关键影响是他们想付现金，因为很多人没有其他支付方式所必需的银行账户或信用卡（CfIT，2003）。

2003 年 10 月，伦敦交通局在给伦敦议会的证词中估算，每天大约有 1 万辆车需要付费，其中约有 10% 逃避付费，多于原来所预计的；而基利把这个问题归于卡皮塔公司没有以一种积极的方式管理违规行为（London Assembly，2004a）。到 2003 年 10 月中旬，在发出的 90.5 万张罚单中，支付了罚款的仅有一半多，其中约 25% 存在争议。伦敦议会指出，大约 20% 的罚单通过成功的申诉或者上诉而被撤销，伦敦交通局对大约 60% 的上诉没有争议，但对于有争议的上诉，伦敦交通局仅仅赢得其中半数。货物运输协会在收费开始一年后的调查中发现，向其成员发出的罚单中有 26% 被撤销，尽管该协会承认这很可能由于最初的注册存在问题（FTA，2004b）。

伦敦交通局告诉伦敦议会，虽然它期望卡皮塔公司以适当的质量控制准时完成交易和工序，但在收费方案实施的最初几个月，卡皮塔公司没有达到预期的质量（London Assembly，2004a）。虽然利文斯通很期待卡皮塔公司下决心让方案圆满运行（见第 10 章），但很明显双方的合同缺少必要的性能指标，导致 2003 年 8 月需要签署一个补充协议（见第 10 章）。《星期日泰晤士报》声称，补充协议决定给卡皮塔公司的追加资金太多了，利文斯通为了确保他的 208 核心政策不崩溃而“实际上‘被勒索了赎金’”（*The Sunday Times*，2004b）。这份报纸认为卡皮塔公司拒绝一天追踪多于 4000 个未付费者——没有遵照合同的规定，因为超过该数对其而言边际报酬是不足的。由于大约有 8000 个未付费者，伦敦交通局正遭受收入上的损失，最后不得不屈从于卡皮塔公司追加报酬的要求；根据《星期日泰晤士报》的说法，伦敦交通局为此花费了 1500 万英镑。伦敦交通局根据德勤会计事务所会计师审计报告为追加资金进行辩解，该报告显示卡皮塔公司根据合同的原有条款不可能获得利润（TfL，2003a）。因为德勤的管理咨询助手曾经是伦敦交通局交通拥堵收费项目的主管，所以德勤的员工曾经参与伦敦交通局与卡皮塔公司原有合同条款的拟定是非常有可能的。

利文斯通总结了卡皮塔公司系统性能存在的几个主要问题：

(1) 在某些时候，等待客服中心响应的时间太长，或者电话无法接通；

(2) 错误记录车辆出行日期和车牌号，导致向付费失败的人发出了罚单；

(3) 兼容性低于预期；

(4) 在处理申诉和上诉程序时存在缺陷，不能为那些上诉的人或独立的审判员提供足够的信息。(Livingstone, 2004)

伦敦市长宣称，他“从一开始就坦率地承认了这些问题的存在”；随着这些问题迟迟得不到解决，他决定“采取更强硬的和更系统的行动”。卡皮塔合同经过“一种彻底的方式”重新谈判，支付给卡皮塔公司的报酬将“与其达到的可衡量的客户服务质量更紧密地联系在一起”，还提出了一个分阶段的提升计划，包括提高员工水平、更好的培训和监测、提升数据校验和对投诉的处理，以及采用更加实际的质量性能指标。

根据补充协议，卡皮塔公司在 2004 年 2 月之前必须提高其系统的性能，其中 2003 年 10 月和 2004 年 1 月是重要的时间节点。虽然利文斯通（Livingstone, 2004）和伦敦交通局（TfL, 2004e）都声明约定的措施应该在约定的日期执行，但由于在第一个时间节点没有完全实现，二者扣留了约定给卡皮塔公司的 33 万英镑(London Assembly, 2004a)。随着卡皮塔公司提供的系统性能提高，呼叫电话客服中心的平均等待时间和不能接通的次数都减少到“接近于零”（TfL, 2004e)。其在发出和追踪罚单方面也有了改进，从最初几个月的每周 1.5 万 ~2 万份罚单，到 2004 年第一个季度每周平均 3.5 万份罚单，相当于收费的 6%。费用收取从最初几个月较低的 35% 左右上升到 2003 年 9 月的 70%，这也是伦敦交通局设置的 2004 ~2005 年度目标水平（TfL, 2004c)。在那些已缴的罚款中，88% 是在 14 天内缴纳，罚金为 40 英镑（2004 年 7 月上调至 50 英镑)。

尽管打算进一步加以改善，并且承诺收费的执法水平预计至

209

2004年3月达到97%，但《星期日泰晤士报》在2004年2月报道，由于缺少卡皮塔公司提供的资料，发给违规者的罚单只有83%，其结果是每天没有加以追踪的驾驶者有1500多人（*The Sunday Times*，2004a），伦敦交通局的收入也持续受到损失。

随着卡皮塔公司的错误越来越少，用户也越来越熟悉支付程序，对罚单的申诉数量也下降了，从最初的超过60%下降到20%左右（TfL，2004e）。许多罚单是来自新近买卖的车辆，其车主信息变更在罚单发出时还未完成或处理。租车公司拥有的车辆也占据了罚单的一大部分，因为他们通过申诉程序请求把罚单转发给租车的人。到2004年3月，因为卡皮塔公司的失误而导致的申诉已经下降到所有发出罚单的2%。

到2004年2月底，针对罚单提出的上诉（随后在申诉后没有获得撤销）一共有3.9万件，占所有发出罚单的2%，尽管由于系统滞后，不是所有的罚单都能如期进入上诉阶段。这个数量远远大于预计的7000件（ALG，2004e）。在那时受理的上诉中，57%的案件对伦敦交通局有利（TfL，2004e）。不缴罚款产生的债务由地方法院负责收取。2003年6月~2004年3月，大约发出了6.7万张执行令，其中约26%是伦敦交通局向法院登记的债务。然而，到2004年4月，发出的执行令只有8%完成付款，尽管伦敦交通局预计其成功率会有所改善，其为2004~2005年度设定的目标是20%（TfL，2004c）。虽然伦敦交通局面对持续的违规者有权就地锁车或把车拖走，但《第二个年度报告》指出当收费方案确立时，伦敦交通局已经延迟了对这项权力的行使（TfL，2004e），不过伦敦议会表示，这也反映了最初强制执法的困难（London Assembly，2004a）。

210

英国汽车协会汽车信托一直批评伦敦交通局的办法，因为那些成功驳回罚款通知的驾驶者为一个证据记录副本而支付的10英镑并未得到退还（AA，2003）。后来该费用被取消。伦敦交通局也没有补偿驾驶者为指出罚单错误而承担的费用，这也引来批评。英国皇家汽车俱乐部基金会表达了担忧："数以千计的汽车驾驶者不得不竭尽全力来证明自己的无辜，这引起了忧虑、担心和愤恨。"（RAC，2004）英国金融与租赁协会（Finance and Leasing Association）在收费边界向西延伸的意见陈述中提出一个问题，因为英国驾驶和车辆许可局在一辆车的登记持有人和拥有者之间不做区分，所以车辆出租人对产生的罚单承担责任；该协会指出，除非登记持有人和拥有者之间得到区分，否则这个问题会随着英国驾驶和车辆许可局数据库的不断使用而越来越严重（FLA，2004）。

对收费的管理表示担忧的并不只是汽车组织。道路使用收费裁决员（Road User Charge Adjudicator）在其第一份年度报告中指出，包括利文斯通承认客户服务有缺陷的时期，伦敦交通局在收费管理和罚款方面有很多缺点，报告为伦敦交通局应该做出的改变提出了11条建议：

（1）改善客户服务，给接待呼叫的一线工作人员正确的知识；

（2）目标是确保及时提交与上诉服务相关的一切证据；

（3）争取法定申报程序的有效执行；

（4）与租赁协议公司一起，鼓励遵守相关的规定；

（5）当上诉悬而未决时停止继续执法；

（6）在上诉人车辆被锁定或拖走的情况下，使其有机会缴纳部分罚款并提出上诉；

（7）提供来自英国驾驶和车辆许可局的更充分证据；

（8）在所有标识上给出更充分的信息，特别是客服中心的电话号码；

（9）提供更具体的摄像证据；

（10）考虑更广泛地行使自由裁量权；

（11）对支付和上诉行为实行一致的处理方法。（PATAS，2004a）

211

《伦敦晚报》把这份报告解读为对伦敦交通局"冗长的批评"，也把伦敦交通局描述为通常"不合法地"对待针对罚款上诉的驾驶者（*Evening Standard*，2004c）。当然，如果不是利文斯通及时地采取行动，那么这份报告就会成为对伦敦交通局管理的一项严重指控。

《星期日泰晤士报》提出，在2004年2月存在大约6000名连续的违规者，其中约一半违规者可能是没有支付汽车消费税的驾驶者，还有未买过保险的驾驶者（*The Sunday Times*，2004a）。辨别并追踪这些驾驶者及其车辆显然比那些已经合法登记过的车辆更困难；但有效的追踪具有更广泛的重要性，因为根据估算未上保险的车辆（估计在英国有100万辆）使那些已上保险车辆的平均保险额度增加了30英镑（Downing Street，2004）。另一个引起关注的问题是车辆套牌，那些人试图通过采用一个完全相同车辆的牌照来逃避收费和法律，而罚单却被发给另一位车辆的所有者。

英国汽车协会汽车信托指出，执行收费的目标应该是获得一种更高的遵守程度而不是增加收入，它担心伦敦交通局已经把罚款当作一种收入来源而非一种实现遵守的手段（AA，2004），伦敦议会观察到由于每次支付的罚款超过基准的5英镑收费而产生了更高的总收入，伦敦交通局在改进遵守度和实现收入最大化之间面临艰难抉择（London Assembly，2004a）。这种困境为2004年11月《伦敦晚报》的一篇报道所阐明：最近6个月来，罚款收费在1.027亿英镑的总收入中占3850万英镑，导致伦敦议会交通委员会主席琳妮·费瑟斯通做出评论，“当伦敦交通局的交通拥堵收费支付现款的1/3以上来自罚款时，应该对它所承诺的收费方案的简单好用提出认真的置疑”（*Evening Standard*，2004d）。费瑟斯通和英国皇家汽车俱乐部都提醒利文斯通，其之前声称收费只是为了减少交通拥堵而不是赚钱，他们建议付费延长一天有很充分的理由。延长一天付费是对爱丁堡方案举行的公开听证得出的建议之一（见第14章）。

212 英国汽车协会为了证明其担忧并非无中生有，援引伦敦交通局计时（橄榄球原子钟）的准确性问题，指出其精确性不适用于日常的道路使用者。事实上，有一位审判员曾经受理过一起上诉，关于车辆是在7时之前还是之后进入收费区。在判决中，这位审判员建议，由于上诉人不得不依赖电台或手表，而非橄榄球原子钟，因此在收费方案运行时，伦敦交通局应该考虑安装一个可视的标志来提醒驾驶者（PATAS，2004b）。审判长指出，尽管一些审判员会容许2分钟的误差，但另一些人会严格执行法律条文；而审判长了解到伦敦交通局已经“决定接受2分钟的误差”（PATAS，2004a）。

提供一种可视的标志可以解决英国皇家测量师学会提出的问题，也有其他人建议，尽管大量的信息宣传把收费及其怎样运作告知了驾驶者和车辆所有者，但混乱和担忧依然存在，这对人们去往伦敦市中心是一种阻碍（RICS，2004a）。伦敦议会也指出，缴纳收费的“麻烦因素”阻碍人们去往伦敦市中心（London Assembly，2004a）。在考虑了收费对零售业影响的相关证据之后，伦敦议会的结论是“对收费时段缺乏意识”，伦敦交通局应该与零售商更紧密地合作，确保顾客理解收费方案，特别是那些来自伦敦以外的顾客，这也表明在最初的启动计划之后，仍然需要一种持续的信息宣传。可能作为回应，2004年7月伦敦交通局开始为2万家企业编制一个客户服务工具包（TFL，2004h）。

“伦敦第一”（根据补充协议要求卡皮塔公司做大量的改善落实时）对企业所做的调查发现，42%的受访者希望“注册和付费更加简单”，21%希望“电话客服中心有所改善”，而16%则希望“网站升级”（London First，2004）。43%的受访者在伦敦工商会“收费实施一年后”的调查中称，方案的行政管理问题，对企业来说代价昂贵（LCCI，2004c）。伦敦议会也注意到，付费方式受到拥有车队的企业的激烈批评（London Assembly，2004a），车队自动付费方式仅仅适用于拥有至少25辆车的用户，这使得较小用户付费特别麻烦。即使伦敦交通局宣布自2005年开始将门槛降低到10辆车（TfL，2004d），但在东南部和大都市交通区的平均商用车队规模是5辆车（FTA，2004a），一些较小企业可能会持续承受管理的沉重负担。货物运输协会也对车队自动付费计划中对车辆额外

213

收取50便士的正当性提出了质疑，因伦敦交通局曾提出需要补偿那些执法摄像头错过的车辆，但证据显示只有不到2%的车辆会被错过，这项补偿收费可以为伦敦交通局产生100万英镑的额外年收入（*The Guardian*，2004）。伦敦交通局回应说额外的50便士是适当的，因为它减少了经营者的麻烦，尽管他们声称自己还要承担管理成本。然而，作为伦敦交通局关于将收费增加到8英镑的提案的一部分，它建议放弃附加费，同时为月缴和年缴用户提供15%的折扣（见第14章）。

收　入

利文斯通曾经说过，鉴于收费方案成功地缓解了拥堵问题，他并不认为“收入的不足会危害整个收费计划”（Livingstone，2004），到2003年初，估计2003～2004年度来自收费的净收入从先前预测的1.3亿（见第9章）下降至1.21亿英镑（London Assembly，2003a），每隔两年会有小幅增长，2005～2006年度达到1.27亿英镑。然而，收费方案对交通流量比预计的更大的影响导致收入减少，加上执法领域遇到的困难和根据补充协议增加了的卡皮塔合同的成本，促使伦敦交通局下调2003～2004年度的净收入估算值，降至6800万英镑，而总收入为1.65亿英镑，运行成本9700万英镑，不包括为交通管理计划预算的2300万英镑（London Assembly，2003b）。

在伦敦市长2004～2005年度的预算中，预期2003～2004年度的净收入变为7000万英镑，而2004～2005年度的预算现在是9300万英镑，2005～2006年度将增加到9500万英镑（London Assembly，2004b）。然而，伦敦议会指出，2003～2004年度预算的净收入排除了一些计划支出的项目，包括：

（1）判决服务的成本从70万英镑增加至150万英镑；

（2）1000万英镑用于开发设计、实施和运行收费区向西延伸的业务；

（3）1700万英镑用于四年期（从2003～2004年度开始）的新技术试验。（London Assembly，2004a）

伦敦市长的2004～2005年度预算包括2500万英镑用于收费区向西延伸的提案，2005～2006年度追加预算8700万英镑（London Assembly，2004b）。然而，更加详细的伦敦交通局2004～2005年度交通拥堵收费预算，给予总额4000万英镑的向西延伸方案交通管理、技术试验和准备成本，另加50万英镑的其他交通管理成本、500万英镑的职员成本和9100万英镑的运行成本，由1.79亿英镑的收入来抵消，剩下净收入4200万英镑（TfL，2004c）。因此，即使排除向西延伸和技术试验的成本，净收入也是8300万英镑，而非伦敦市长向伦敦议会提交的9300万英镑，伦敦议会对收费方案“每年产生8000万～1亿英镑的净盈余”的能力表示怀疑（London Assembly，2004a）。到2004年9月，收入已经超出当年预算的9%，“主要是因为较高的……罚款收入”（TfL，2004a）。 214

英国工业联盟和英国汽车协会汽车信托都表达了担忧，尽管中央政府承诺第一个十年运行的净收入地方可以留用，但财政部2005～2006年度给伦敦的交通拨款至少削减了2亿英镑，远超过收费方案的财政收益的抵消值（AA，2004；London Assembly，2004a）。

净成本与收益

伦敦交通局在《收费开始后6个月》报告中，对收费方案的年度成本与收益做了一个初步估算（见表12－1），得出净收益为5000万英镑（TfL，2003b）。这些数据也在《第二个年度报告》中重复，额外的数据待定。

这一分析基于一种传统的交通评估，因为这种收费被定义为转移支付，所以收费本身被排除在外。正如之前指出的，伦敦议会认为估算的1500万英镑用户遵守成本是一个低估的数字（London

Assembly，2004a)，而且分配给公共巴士2000万英镑的成本偏低，可能要增加一倍（Corporation of London，2004)。此外，对停车收入和成本或者对实施成本的分期支付影响都没有任何设置。作为一个标准的以交通为基础的评估，它也排除了非交通的影响，比如交易损失、就业和社会影响以及房地产价值，或通过企业环境改善带来的任何好处。这种净影响取决于评估是限于伦敦市中心还是关系

215　到整个伦敦，财政部是否真的减少对伦敦交通的资助。而且，很明显，要明确判断长远影响为时尚早。

表12-1　成本与收益

单位：百万英镑

年度成本	
伦敦交通局行政管理成本和其他成本	5
方案运行成本	90
额外的公共巴士成本	20
用户遵守成本(支付交通拥堵收费及其行政管理)	15
总成本	130
年度收益	
时间节省,针对企业使用的汽车和出租车使用者	75
时间节省,针对私人使用的汽车和出租车使用者	40
时间节省,针对商用车辆使用者	20
时间节省,针对公共巴士乘客	20
可靠性收益,针对汽车、出租车和商用车辆使用者	10
可靠性收益,针对公共巴士乘客	10
车辆燃油和运行的节省	10
事故减少	15
对汽车使用者转向公共交通等不利	-20
总的交通收益	180
净年度交通收益	50

资料来源：TfL (2003b)。

总而言之，证据表明这个分析可能会大幅高估直接净收益，而且，如果财政部通过降低中央政府对伦敦交通局的资助来夺回一些

净收入，那么伦敦的净收益将会减少。

这些财政收益主要取决于收取交通拥堵费的成本。伦敦交通局2004～2005年度的预算显示，年度成本（不包括既定成本）为9600万英镑，而总收入（包括罚款收入）为1.79亿英镑。这意味着每英镑总收入要花费54便士。与其他一些道路收费方案——包括挪威的通行收费环和新加坡的电子道路收费方案——比较，是非常高的，这突出了这样一个事实：尽管方案采用车牌自动识别技术使利文斯通能够快速实施，但这不是最经济的技术（至少不像伦敦运用和管理的那样）。在其他城市，收费设定在5英镑以下或者较少的付费交易，可能车牌自动识别技术的成本效益会更低。 216

小　结

显而易见，收费方案在减少伦敦市中心交通拥堵这个首要目标方面大功告成，并且有利于改进公共巴士的通达性。尽管关于收费对零售业和娱乐业影响的证据存在冲突，物流业的净成本似乎很大，但一些预期中的负面影响要么没有发生（或目前为止还没有变得明显），要么比预期的更加缓和。然而，即使收费已实施将近两年了，要评估伦敦市中心和整个伦敦的净收入或净成本规模仍为时尚早。

伦敦议会倡议独立监测收费的影响，但因第10章中讨论过的理由，伦敦交通局承担了监测的主要任务。除了少数明显的例外，几乎没有独立的和客观的监测运行，一些传闻称伦敦交通局可能对其承包商实行了严格的控制，确保所有与研究相关的信息只能通过它自己的渠道进入公共领域。

存在独立研究的主要领域是交通流量，对于交通流量变化的性质和范围，已经在很大程度上获得共识。同样，也有一个广泛却并不普遍的共识：收费对收费区域外侧的交通流量几乎没有直接影响。虽然只有有限的独立评估，但似乎关于伦敦交通局所报告的收费对公共巴士的影响也不存在质疑。

没有明确共识的地方在于收费对经济的影响。伦敦交通局始终坚持自己的结论，在2003年的大部分时间内，收费对伦敦市中心零售活动的衰退仅仅起了很小的作用，这一观点遭到众多组织的质疑。总体来说，很可能收费对零售业和娱乐业产生最初的负面影响，对较小企业的影响大于较大的企业，但总体影响可能在经历的各种变化之中，由一系列广泛影响商业的要素所致。更重要的是，现在信心满满地得出结论还为时尚早。尽管商业服务行业似乎对交217通拥堵的减少和出行时间可靠性的提升感到满意，但大多数在收费区域负责配送的企业发现，它们不能把节省下来的充足时间转化成大量效益所得，与此同时，收费支付的行政管理又强加了额外成本。

虽然收费系统并不像某些人预料得那样差，但很快人们发现，其在收费和执法两方面的运行都存在严重缺陷。为费用支付者提供的糟糕服务以及执法不力，促使伦敦交通局与卡皮塔公司就合同展开再次谈判。事实说明，根据新的条款，服务品质得到了改善，尽管伦敦交通局可能不得不为此支付高昂的代价。由于与卡皮塔公司再次签订的合同而产生的额外成本，以及收费对交通流量的影响大于预期，净收入大大地低于预期。

参考文献

AA（2003）. *Congestion Charging in London – The Story after 9 Months*, Basingstoke：The AA Motoring Trust.

AA（2004）. *Congestion Charging in London – One Year On*, Basingstoke：The AA Motoring Trust.

ALG（2003）. *Impact of the Congestion Charging Scheme on Bus Occupancy Levels*, London：Paul Cullen for the Association of London Government.

ALG（2004a）. *Congestion Charging Motoring：Changes in Parking Usage and Revenues*, London：Ove Arup & Partners for the Association of London Government.

ALG (2004b). *Congestion Charging Motoring: Railhead Parking Survey*, London: Ove Arup & Partners for the Association of London Government.

ALG (2004c). *Congestion Charging Motoring: Traffic Impacts of the Congestion Charging Scheme*, London: Ove Arup & Partners for the Association of London Government.

ALG (2004d). *An Independent Assessment of the Impacts of Central London Congestion Charging Scheme, Project Overview*, London: Association of London Government.

ALG (2004e). *Transport and Environment Committee, Pre-Audited Final Accounts 2003/4*, London: Association of London Government.

Bannister, D. (2004). "Implementing the possible?" *Interface, Planning Theory and Practice*, Vol. 5, No. 4 (December), London: Tayor & Francis.

BBC (2003). *Newsnight*, 22 November.

Bell, M., A. Quddos, J.-D. Schmöcker and A. Fonzone (2004). *The Impact of the Congestion Charge on the Retail Sector*, London: Centre for Transport Studies, Imperial College London.

CBI (2004a). *Congestion Charging One Year On*, London: Confederation of British Industry.

CBI (2004b). *Consultation on Transport Strategy Revision – Extension of the Congestion Charge: CBI Response*, London: Confederation of British Industry.

CfIT (1999). *National Road Traffic Targets*, London: Commission for Integrated Transport. 218

CfIT (2003). *The Impact of Congestion Charging on Specified Economic Sectors and Workers*, report by FaberMaunsell, London: Commission for Integrated Transport.

Corporation of London (2004). *Congestion Charging – One Year On*, Report to Planning & Transportation Committee, 16 March.

DETR (2000). *Tackling Congestion and Pollution: The Government's First Report*, London: Department of the Environment, Transport and the Regions.

DfT (2003). *Attitudes to Roads, Congestion and Congestion Charging: Summary of March and July 2003 ONS Omnibus Survey Results*, London: Department for Transport.

DfT (2004). *Feasibility Study of Road Pricing in the UK: Public Attitudes to Road Pricing in the UK: A Qualitative Study*, London: Department for Transport.

Downing Street (2004). *Uninsured Drivers Face Crackdown*, 10 Downing Street, 11 August.

DTp (1995). *London Congestion Charging Research Programme*, Department of Transport, London: HMSO.

Evening Standard (2003a). "All quiet as charge bites," 17 February.

Evening Standard (2003b). "Brave new world," 17 February.

Evening Standard (2003c). "The rush to judgement," 14 March.

Evening Standard (2004a). "Scooter casualties soar," 12 July.

Evening Standard (2004b). "Mayor to pay £6m for road research," 8 November.

Evening Standard (2004c). "C-charge enforces 'unlawful'," 22 November.

Evening Standard (2004d). "Third of C-charge income from fines," 24 November.

Evening Standard (2005). "C-charge outlets closed in rush hours," 6 January.

FLA (2004). *FLA Response to Transport for London's Consultation on a Proposal to Extend the Central London Congestion Charging Scheme Westwards*, London: Finance and Leasing Association.

Forum of Private Business (2004). *Business Group blasts "gung-ho" Darling and Begg over congestion Charging*, Press Release, 15 December Knutsford: Forum of Private Business.

FTA (2003). *London Congestion Charging: Does it Measure Up?*, Tunbridge Wells: Freight Transport Association.

FTA (2004a). *London Congestion Charging - No Increase in Fines says FTA*, 22 April, Tunbridge Wells Freight Transport Association.

FTA (2004b). *Survey Results: London Congestion Charging - One Year On*, Tunbridge Wells: Freight Transport Association.

GLA (2003a). *Mayor's Question Time*, 26 February, London: Greater London Authority.

GLA (2003b). "The latest forecasts for the London economy," *London's Economy Today*, 11 (July).

GLA (2005a). *Annual London Survey 2004: Final Topline, 11 January 2005*, London: MORI, for the Greater London Authority.

GLA (2005b). *Time is Money: The Economic Effects of Transport Delays in Central London*, London: Oxford Economic Forecasting, Greater London Authority.

LCCI (2004a). *Formal Response to the Proposed Western Extension to the Congestion Charging Scheme*, London: London Chamber of Commerce and Industry.

219

LCCI (2004b). *Restaurant Sector being Damaged by C-charge says London Chamber Survey*, Press Release 12 July, London: London Chamber of Commerce and Industry.

LCCI (2004c). *The Retail Survey: One Year On: The Impact of the Congestion Charge on the Retail Sector*, London: London Chamber of Commerce and Industry.

Livingstone, K. (2004). "The challenge of driving through change: introducing congestion charging in central London," *Interface*, *Planning Theory and Practice*, Vol. 5, No. 4 (December), London: Taylor & Francis

London Assembly (2000). *Congestion Charging: London Assembly Scrutiny Report*, London: Greater London Authority.

London Assembly (2002). *Minutes of a Meeting of Transport Committee*, *2 July*, London: Greater London Authority.

London Assembly (2003a). *Mayor's Background Statement in Support of his Final Draft Consolidated Budget for 2003 – 04*, London: Greater London Authority.

London Assembly (2003b). *Minutes of a Meeting of Budget Committee*, *16* October, London: Greater London Authority.

London Assembly (2003c). *Transcript of Transport Committee Evidentiary Hearing*, *24 November*, London: Greater London Authority.

London Assembly (2004a). *Congestion Charging: A First Review*, *February*, London: Greater London Authority.

London Assembly (2004b). *Mayor's Background Statement in Support of his Final Draft Consolidated Budget for 2003 – 04*, London: Greater London Authority.

London Assembly (2004c). *Mayor's Report to The London Assembly*, *25* February, London: Greater London Authority.

London First (2003). *London Economic Panel Report*, *October 2003*, London: London First.

London First (2004). *Business Says Congestion Charge Works and is Good for London*, London: London First.

London Retail Consortium (2004). *London Retail Monitor*, June.

LSE (2003). *London's Place in the UK Economy*, London: The Corporation of London.

Nash, P. (2004). *Extended London Congestion Charge*, London: CACI.

New Scientist (2004), "City congestion charge clears the air," 27 November.

PATAS (2004a). *Annual Report 2003 – 2004*, *Road User Charging Adjudicators*, London: Parking and Traffic Appeals Service.

PATAS (2004b). "Topcrest properties v. Transport for London," *PATAS Newsletter*, August.

RAC (2004). *London Congestion Charging 12 months on*, London: the RAC Foundation.

RICS (2003). *Congestion Charging: The Impact on Business – Day 1*, London: Royal Institute of Chartered Surveyors.

RICS (2004a). *The Impact of the London Congestion Charge on Property*,

London: Royal Institute of Chartered Surveyors.

RICS (2004b). *A Proposal to Extend the Central London Congestion Charging Scheme*, London: Royal Institute of Chartered Surveyors.

RICS (2005). *RICS Research into the Impact of Congestion Charging on London Property*, London: Royal Institute of Chartered Surveyors.

Sainsbury's (2004). *Proposed Western Extension to London Congestion Charging Scheme: Letter to Member of Parliament*, London: J Sainsbury plc.

220 *Sunday Herald* (2004). "Capital to use London data to support congestion charges," 3 October.

TfL (2003a). *Board Minutes, 29 July 2003*, London: Transport for London.

TfL (2003b). *Congestion Charging: 6 months on*, London: Transport for London.

TfL (2004a). *Board Meeting paper, 27 October 2004*, London: Transport for London.

TfL (2004b). *Board Meeting paper, 1 December 2004*, London: Transport for London.

TfL (2004c). *Budget Expenditure 2004/2005 Congestion Charging and Road Network Operations*, London: Transport for London.

TfL (2004d). *Businesses, Fleets and Patients to Benefit from C – Charge Improvements*, Press Release, 23 July, London: Transport for London.

TfL (2004e). *Impacts Monitoring Second Annual Report*, London: Transport for London.

TfL (2004f). *Report to the Mayor following Consultation with Stakeholders, Businesses, Other Organisations and the Public*, London: Transport for London.

TfL (2004g). *Report to the Mayor following Consultation with Stakeholders, Businesses, Other Organisations and the Public*, Annex C, London: Transport for London.

TfL (2004h). *TfL Launch C – Charge Customer Care Kit*, Press Release, 16 July, London: Transport for London.

The Economist (2003a). "Ken leads the charge," 22 February.

The Economist (2003b). "Lucky Ken," 23 August.

The Guardian (2004). "Freight firms in C – charge row," 16 March.

The Sunday Times (2004a). "Congestion charge cuts traffic by third," 8 February.

The Sunday Times (2004b). "Ken's secret £75m road charge deals," 2 May.

The Times (2003a). "Full Throttle for this Rolls – Royce of a policy," 18 February.

The Times (2003b). "Capita expects congestion charges to boost fortunes," 21 February.

The Times (2004). "Buses are picking up passengers of a different strip: a pin-stripe," 13 February.

Valuation Office Agency (2004). "Appeals made on grounds of congestion charging," private communication. (See also *Evening Standard*, "Firms demand compensation", 18 March 2004.)

Visit London (2004a). *2004 Forecasts for London Visitors*, London: Visit London.

Visit London (2004b). *The Importance of Tourism in London*, London: Visit London.

Westminster (2003). *Topline Results Results from Business Questionnaire*, London: Westminster City Council.

221

13 所取得的经验

导 言

肯·利文斯通成功地实施了一项其他人想过却从未决定去做的政策——值得注意的例外是新加坡。他具有政治勇气，如在他的2000年竞选宣言中就将交通拥堵收费作为一个关键内容，而且在他就任以后立刻启动该项目，并建立了一个帮他确保这一政策正常实施的团队，这将成为他第一个任期最主要的成就。

其他人能够从伦敦的经验中学到什么呢？

远 见

尽管伦敦交通拥堵收费实施的功劳应该归于利文斯通，但也应该想到能够这样迅速地行动，应归于伦敦中央政府办公室主任热尼·特顿的先见之明，他建立了伦敦道路收费选择工作组。如果没有这种远见以及伦敦道路收费选择计划，利文斯通就会发现，在2004年大选前要实施一个有效的方案将会异乎寻常地困难。

领导能力与勇气

毫无疑问，激进政策或方案的成功实施需要很强的领导能力与政治勇气。它需要一位战士，要有眼界，要准备为了实现其所认为真正重要的东西而冒险，要准备为获得长期利益而在短期内承受批评，也要拥有足够的尊严来推动和确保核心成员对其决策的信心。222 总之，这是一个能够使变革成真的人。

虽然对交通拥堵严重且道路容量无法增加的地方实施收费是合理的，但前后相继的国家和地方政治领袖总是寻找各种理由，拖延或回避实施一项重大收费方案的决策。直到2000年，只有新加坡的李光耀有决心去压倒批评者与质疑者，实施一项收费方案。

利文斯通的勇气与领导能力使得对道路使用收费成为英国政府交通政策中一项可接受的内容。

稳定性

即使有了强大而坚定的领导能力，仍需要一种政治与政策的稳定性。荷兰与斯德哥尔摩引入收费措施的尝试遭遇失败，是由于其所依赖的联合体内部认同破裂了。在香港，一度有报道称著名的行政管理机构正在进行电子道路收费（ERP）试点项目的改组。在布里斯托尔，多年以来掌权的工党集团培育了几个交通拥堵收费方案，但在工党失势后被搁置。在爱丁堡，掌权的工党由于担心失去议会席位，同意对其收费方案举行公民投票，而不是利用权力机构做出关键决策。

英国（近来将权力下放到英格兰）交通政策的一个基本弱点是交通大臣频繁更替，相继而来的即使不是政策方向的变化，也是政策重点的变化。1997年大选后，约翰·普雷斯科特授权组成了引入道路使用收费的机构，但他在2001年被史蒂芬·拜尔斯所取代，后者明显对于道路使用收费观念不那么倾心，2002年拜尔斯被阿利斯泰尔·达林所取代，达林起初也不关心道路使用收费。然而，随着公路容量需要大幅增加，以满足日益增长的交通需求被提上议事日程，伦敦方案的成功肯定使他相信，道路使用收费应该是英格兰交通政策的一个必要组成部分——但不是现在，几乎可以肯定不在他的任期之内。

利文斯通有三个紧密相关的关键优势：第一，作为一个无党派人士，他不被任何政党及其政策所关注；第二，作为执行市长，他223在批准与实施其方案的过程中无须获得其他政客的（连续）支持；第三，他在不得不面对投票箱之前有一个四年的任期。

利文斯通免受许多其他城市的政治约束，可以采用一个中等任期的视角，推进这项他认为能为其在 2004 年大选中带来好处的政策。

果断迅速的行动

虽然可能有争议说，一项像交通拥堵收费这样激进的政策应该慢慢来，通过时间来获得支持，但也有强有力的证据表明，在面对程序与资金困难、技术问题、政治变化和精心策划的反对行为时，时间会侵蚀最初对有争议政策的承诺。因此，快速行动可以保证方案实施，而用一种更为放松的方式却有可能失败。

利文斯通决定在伦敦市中心实施交拥堵收费，并使其在尽可能短的时间内开始实施。虽然一些人批评他采用了一种仅允许每天收费的技术（车牌自动识别），而不是与每辆车对交通拥堵的单独作用更加相关的技术，但此种技术不易推广，并且运行昂贵，利文斯通还是选择实施一种能在他第一任期内又快又好实施的系统。他宁愿选择对现在而言“足够好的”系统，而非以后的“更好的”系统。

一揽子均衡政策

单独的交通拥堵收费极少是一种独立的交通政策，即使曾经是，它也应该是一揽子均衡措施的一部分，为使用汽车提供足够的选择，并减轻负面影响。利文斯通在改进公共巴士服务与交通和环境管理方面进行了大量投资。

一个稳健的方案

快速实施需要一个稳健的方案，一个大体上看起来可能可靠和公平的方案，其已经过深思熟虑，一旦做出“实施”的决定后，就能按时实施，不会有技术和程序上的拖延以及经费方面的超支，而且这个方案在付诸实施后会更有效率。

伦敦道路收费选择工作组的有效研究为利文斯通提供了一个方案，此方案由一个专家团队耗费一年时间开发出来。这一背景赋予方案一定的可靠性。这不是利文斯通的方案，他曾经梦想由其关系密切的顾问团队关起门来提出这个方案。与之相反，这是由一个独立的专家小组根据调查研究所得而开发的方案。 224

可靠的研究与分析

毫无疑问，利文斯通关心“大局”，尤其是以下几个方面：

(1) 伴随公共巴士服务质量的“显著”提升，伦敦市中心的交通拥堵呈现“显著”下降；

(2) 按时交付一个有效运行且为伦敦民众接受的系统；

(3) 产生大量的净收入，改进公共交通；

(4) 保持伦敦的世界城市地位，因而也就保持了伦敦的经济实力。

但是，要交付一个稳健的方案，依赖于对需求和影响的通盘考虑，也依赖于可靠的研究与分析。伦敦交通局从伦敦道路收费选择工作组的研究中得到好处，又从伦敦交通拥堵收费研究项目中获益。因此，伦敦交通局收费研究团队从坚实的研究与方法起步，其建立的基础预示着设计的进程。那种知识基础对于自信而快速地推进进度是至关重要的。

然而，该方案的某些关键部分受到了政治家及其顾问的特别关注，因为分析技术还不够先进，无法满足他们的需要。特别是在研究相关可能的影响评估方面，存在技术上的缺陷和空白：

- 当地的交通流量
- 当地的环境
- 当地的经济
- 当地社区的不同部分（特别是低收入汽车使用者）
- 商业车辆与流通行业
- 遵守与执法

225 方案在研究基础方面也存在不足，需要开发一种方法，确定区域的通行许可对交通的影响。

虽然近来许多学术研究与欧洲委员会资助的研究都直接指向开发“最理想的”道路收费设计，但是最理想的原则在伦敦从来不是问题。关于收费系统或费用水平几乎没有政治争论，相应的，对于封锁区位也几乎没有争论。关于收益、成本、社会净收益和社会净成本也没有很多政治争论，对交通流量总体下降水平也没有多少争论；因考虑到不确定性，数量预测程序被认为是合理的。确实，难以回避的结论是，研究群体探讨的问题与在该方案提交前那些人最感兴趣的问题之间存在很大差距。

一个良好的法律框架

《大伦敦政府法案》确实提供了一个非常有效的法律框架。这是不需要过度规定的，该法案为伦敦市长提供了相当大的权力（例如，除了一次公开所证的要求与行动的权力）。

政府通过《大伦敦政府法案》赋予伦敦市长权力，国务大臣的作用有限，加上执行市长拥有的广泛权力，这些都有利于利文斯通迅速行动。国务大臣根据《2000 年交通法案》在英格兰其他地区的交通拥堵收费方案中所发挥的作用，表明其他从事地方收费政策的机构不可能有同样速度和独立的行动。

一个单一机构

利文斯通还有一个主要优势，那就是在他的直接控制下，伦敦交通局负责管理主要的路网、交通（信号）控制、公共巴士，还拥有交通拥堵收费权。虽然伦敦各自治市需要对当地的路网负责，也因之需要许多地方交通与环境措施补足该项费用，但其交通资金大多来自伦敦交通局，因此，伦敦交通局可以发挥重要的影响。况且，不像英国的其他地方，伦敦的公共巴士服务仍是可以调控的，由伦敦交通局详细列出需要的服务，并与供给方订立合同，这使得利文斯通可以直接控制修订后的公共巴士服务改善条款。

这种对关键要素的统一控制使利文斯通能够实施整个一揽子计划，而且，这也是他能够快速行动的核心。 226

合　作

即使伦敦交通局这个主导机构拥有广泛的权力，其他组织也总是在方案的成功开发和实施中起着作用，也需要对方案的实施保持同样的承诺。因此，在起步阶段也需要投入资源，那些组织兑现一致的承诺是十分重要的。

伦敦交通局与自治市之间存在紧张关系，各自治市感到伦敦交通局不与它们沟通，而伦敦交通局担心自治市的集体承诺对任何人都没有好处。

充足的资金

收费方案有效的实施需要充足的资金，以满足方案本身及其相关的和辅助的措施的需要。尽管不能为不充分的规划或预算找借口，但一旦做出“实施”的决定，快速实施的情况就意味着需要一种合理的额外资金，以处理无法预见的需求而不至于延迟或使关键部分遭受风险。一揽子措施的按时实施也有利于维持公众的信心。

凭借伦敦交通局的庞大预算，利文斯通可以确保为方案的准时实施配备必要的资金。

实用主义

对于利文斯通来说，技术是推动者。采用哪种技术对成本控制和方案的按时实施是至关重要的。

利文斯通和伦敦交通局交通拥堵收费团队的一个重要特质是对方案实施的实用主义手段。因此，虽然对伦敦技术的一些批评是公正的，但利文斯通明智地决定，在他的第一个任期内施行一个不那么“完美的”系统远远好于推迟该方案的实施，更何况可以从方案中增加收益，简单地说也为了提供更好的技术精度。

227

随着设计与实施的进展，该团队说过，它把一些困难和不可预见的问题视作应去克服的挑战，而非放置在前进道路上的障碍：它采用了“能做就做”的方法，这对于一个成功方案的快速实施来说是必要的。

技术能力

成功实施有挑战性的项目需要伦敦交通局董事会的所有高级职员，利文斯通决定组织一个能够并且也会按时执行收费方案的团队。作为一个新组织，伦敦交通局有幸从一张白纸中创立一个交通拥堵收费部门，可以不受雇用法的约束和其他适用于已有职员的限制，雇用最适合的成员（不管是职员还是顾问），而且，这个组织还需要一位拥有必要的财源的领导，他愿意为聚集与维持一个极有能力的团队支付费用。

项目管理

尽管需要设计和执行这样一个方案，一种非常高水平的、拥有广泛领域技能的能力是必需的，但好的项目管理对于成功具有决定性的作用。然而，卡皮塔合同的不足之处表明，要使一个大团队随着时间获得一种高水平的竞争力，肯定要面临一些挑战。

获得与保持广泛的支持

利文斯通很早就认识到应该用磋商和信息管理来获得媒体、重要利益相关方和公众的支持。媒体宣传的关键要素应是对整个方案的议案建立并保持信心，其应该是无误的，并能抵御欺诈和托词。

平心而论，虽然媒体仍对收费方案持批判态度，但团队却寻求与交通拥堵收费部门和所有媒体部门建立良好关系，以帮助他们理解方案。如果方案失败，利文斯通显然愿意通过撤销它来道歉，以挽回一些颜面，但这样也会冒着疏远一部分人的风险，那些人被认为明显地准备拿公共资产搏一把。

确保大多数开车去伦敦的人注意到收费方案，并且注意到方案会对他们产生怎样的影响，这对顺利启动和接受这个政策来说是极其重要的，但首先需要让人接受伦敦市中心需要减少交通拥堵，这个方案是解决交通拥堵的一个合理而公平的方式。虽然公共交通被看作一个更大的问题，但人们已经认识到需要减少交通拥堵。几乎没有疑问，使用公共交通前往伦敦市中心的通勤者中有很高比例——85%——易于接受这一收费。对他们来说，收费可以改善公共巴士的服务。而且，很多不在伦敦市中心工作的伦敦人只是偶尔前往市中心，他们去市中心也搭乘公共交通；其中一些伦敦人可能也希望从其他路线的公共巴士服务提升中获益。因此，对大多数伦敦人来说，利用收费方案的净收入来改进公共巴士服务，意味着会

228

有获得好处的更大可能，而非成本或不便增加。

然而，世界上很少有城市像伦敦一样广泛地使用公共交通，在使用水平更低的城市里，对适当交通选择的供给可能会具有更大的挑战性或花费昂贵。

交通拥堵收费方案是伦敦市长《交通战略》的一个关键部分，这一事实对赢得重要利益相关方和公众全心全意拥护也是很重要的，但是，仍需要向他们表明这个政策的其他因素也与交通拥堵收费一样是在发展的。伦敦街道上新公共巴士的外观或许是最明显的说明。

交通拥堵收费不是一张印钞许可证

有人认为对利文斯通的一个吸引力是，他在伦敦道路收费选择方案中看到了一种可以预测的净收入流。尽管《2000 年交通法案》已经明确任何交通拥堵收费方案的目的必须是减少交通拥堵，而非增加收入，但巨大的收入源以及由之产生的交通投资，对于获得公众认可是极为重要的。然而，伦敦经验表明交通拥堵收费不是一张印钞许可证。

相对于挪威的收费环和新加坡的电子道路收费方案来说，伦敦方案的直接成本率是较低的。原来预计成本会占收入的 62%。这些成本包括交通和环境管理措施方面的投资，但它并不包括额外的公共交通服务的净成本。结果，由于收费对交通的影响比预期的更大，收费收入实质上更低一些，导致了更低的成本率。这就强调了一种收费悖论：收费的影响越大，净收入就越低，（以伦敦为例）公共巴士的净成本增加越大。

229

这里，有一个很重要的教训，推动交通拥堵收费方案的其他地方似乎都被忽视了。一个方案的大部分成本是独立于收费水平的。不管费用是 2 英镑还是 10 英镑，伦敦交通局在收费 5 英镑时承担了更多的成本。收费更低的话，将会有更多的需求，因此也就有更高的总交易成本，但对包括额外的公共巴士容量在内的补充措施的需求会降低。收费高而需求低的话，总交易成本就会降低，但容纳那些转向公共交通的人的成本就会增加。

收入用途

就如已经说明的，（抵押的）净收入流的潜力及其使用可能是实施一个收费方案及其被广泛接受的政治决策的核心。然而，因为地方交通的大多数资金是由财政部从一般税收中分配的，抵押观念十分薄弱；对财政部来说，在其他名目下减少资金总是很容易的。尽管可以把收入拨给特殊用途，但财政部不太轻易以这种方式巧妙处理资金；直接把收入与一个特定项目联系起来是有争议的，人们认为这会给某个部门带来好处，而非造福于整个社会，从而降低一个收费方案的普遍接受程度。

尽管受到来自一个广泛利益范围——包括伦敦议会、威斯敏斯特市、英国工业联盟、“伦敦第一”和汽车协会——的压力，利文斯通并没有选择将净收入指定用于特殊项目，而是宁愿将其与伦敦交通局的一般收入相混合。但是，大伦敦政府（即伦敦交通局）的资金结算特点意味着财政部确实可以一只手拿回一部分收入，而另一只手“给予”一部分收入，这也正是英国工业联盟和其他组织所担心的。

230 然而，为了确保净收入留在地方，不需财政部回拨对于地方的收费经济情况来说通常是一个核心问题。详细设计的指定给付计划，比如为一个特殊项目借贷的资金可以冲抵净收入源，更有可能确保收费方案抵押的净收入留在地方，而非用于补偿财政部资金的减少。

执 法

有效执法对任何收费方案的成功来说都是最为重要的。糟糕的执法反过来影响公众的接受度和服从度：“如果他可以逃脱付费，那我为何要付费?”然而，比起实现和维持一个最初的较高水平，从一个相对低水平提升到服从水平，通常需要付出更大的努力。

有证据表明，由于伦敦交通局和卡皮塔公司之间的原始合同不够完善，伦敦的有效执法起初有点弱，在花费了一年时间之后才将其提升到伦敦交通局要求的标准。

小　结

伦敦方案的成功依赖于一个人——肯·利文斯通——的坚定领导力及其在推进政策过程中甘担风险的意志，其他很多人会退缩，但他坚信这是必要的。他获得了一系列条件的支持，这使他比较容易推行这样一个激进政策，而其他很多城市的市长要采用该政策就比较困难。这些条件包括他的独立性与行政权力的结合，对交通重要部分及其相关预算的直接控制，他从零开始组建一个全新而高质量的团队的能力，《大伦敦政府法案》的条款以及通勤者大量使用公共交通去往收费区域。

至关重要的是，利文斯通采用了现有的“足够好的”技术，而不是推迟行动，等待利用某些可能（或不可能）马上就会出现的更好技术。他没有让“最好的”技术成为方案的敌人。

尽管从伦敦得到的经验对于任何想要引入交通拥堵收费的机构来说是重要的，但采用一种适合其自身需求和环境的路径，而非试图模仿利文斯通与伦敦，也是必要的。

231 虽然对于道路使用收费已有大量的研究，但现有研究并未很好地提供一些重要思考，以切近这个方案。确实，在一些详细的技术研究支持之下，很多关键的决策都是建立在实用主义和政治权宜之计的基础上的。

14 未 来

232

导 言

利文斯通在交通拥堵收费方面的成功，唤醒或者说激发了世界上许多国家与城市的兴趣，但这一方案在伦敦并没有得到广泛的认同。参与2004年伦敦市长竞选的保守党候选人史蒂夫·诺里斯就致力于废除这个方案。

然而，伦敦的成功以及认识到2000年作为中央政府“十年计划”的一部分大胆启动的全国交通拥堵收费的目标难以实现，且英格兰不会也不可能通过增加道路容量或改进公共交通来解决交通拥堵，受这些因素的刺激，中央政府向全国道路使用收费系统迈出了第一步。

2004年市长选举

尽管布莱尔曾说利文斯通会是伦敦的灾难，且利文斯通因为2000年以无党派人士身份竞选伦敦市长而被赶出工党已有五年时间，2003年后期布莱尔却意识到，当时参与2004年伦敦市长选举的工党候选人伦敦议会议员尼基·加夫龙，即便是最好的结果也仅可能排名第三。很多人对利文斯通持有某些反对意见，但布莱尔决定寻求与利文斯通和解，确保他回归工党，并作为工党候选人取代加夫龙正式参与竞选，而加夫龙放弃竞选（成为利文斯通的副手，他在利文斯通第一个任期的大多数时间里担任这个职位）。2004 年 1 月，利文斯通被允许再次加入工党，并被接受作为候选人参加即将到来的大选，通过获得国家执行委员会工党宣言的主要职责，他也证明了实力。

233

交通拥堵收费被看作利文斯通第一任期的主要成就，因此毫不奇怪，它是2004 年伦敦市长竞选的一个重要主题。作为五项关键承诺之一，利文斯通保证“将会继续推进这个卓有成效的伦敦市中心交通拥堵收费方案，但会改善它，并减少‘麻烦因素’”，他还保证：

（1）通过为所有用户引入自动借记卡账户以及街区预付方法，即当需要进一步付款时形成自动的提醒服务，“使交通拥堵收费制度更易使用”；

（2）“就延伸收费区到威斯敏斯特、肯辛顿和切尔西更多的地方进行咨询”，保留现有居民的折扣，收费时段在晚 6 时结束而非晚 6 时半；

（3）“在圣诞节和新年期间，暂停交通拥堵收费”。（Labour Party, 2004）

作为对比，保守党候选人斯蒂芬·诺里斯则承诺取消交通拥堵收费，他解释道：“很明显，收费正在毁灭收费区的商店与餐馆，同时给那些无力支付的人带来真正的困难……交通拥堵收费……极有可能是历史上第一个真正损失金钱的税种。”（Conservative Party, 2004）自由民主党候选人西蒙·休斯承诺：

（1）允许多一天支付；

（2）将收费时段的结束时间从晚 6 时半改至晚 5 时；

（3）允许街区预付，允许每辆车每年 5 次免费进入收费区；

（4）收费区不向西延伸到肯辛顿和切尔西。（Simon 4 Mayor, 2004）

然而，达伦·约翰逊与绿党都“极力坚持……将交通拥堵收费延伸至同心环的整个大伦敦区，但与市中心相比，以较低的费率收费”（The Green，2004）。

在这次竞选中，利文斯通再次胜出，获得36%的选票，击败了获得28%选票的诺里斯与15%选票的休斯。在与诺里斯的决定性竞选中，利用单一可转让的选票，利文斯通赢得了55%的选票，从而保障了交通拥堵收费的未来。

扩大方案

234

在伦敦市中心交通拥堵收费开始后不久，利文斯通就谈到扩大这个方案，其中有多个不同的选项，可以向东，也可以向西，还可以围绕希思罗设立一个分隔的收费区。他暂时放弃了希思罗方案，因为研究表明只有对道路的所有使用者收费而不是原计划的仅对坐飞机的乘客收费（LTT，2004a），方案才会奏效，此后，他决定首先将方案从最初区域向西延伸。遵照《大伦敦政府法案》，第一步是就伦敦市长的《交通战略》修订进行咨询，而不是就一个新的《计划纲要》进行咨询，如果他决定修订《交通战略》，那么《计划纲要》需要跟进。正式考虑延伸方案始于2003年9月，此时最初的方案刚好运行7个月，对其产生的一些影响理解有限。这个提案被包含在伦敦交通局的《2004年5月至2009年10月事业计划》中，董事会在9月的一个休息日对其进行研究，利益相关方与伦敦议会和职能机构的咨询会也在2003年10月举行。这充分表明，利文斯通推进收费区延伸的决定反映了他对收费政策的信心，如果收费方案要在2008年伦敦市长竞选前顺利扩大的话，就需要尽早行动，他不打算再等着充分地了解最初方案的影响了。

新的收费区域包括威斯敏斯特市剩余的大多数区域以及肯辛顿和切尔西的大部分，也可能在厄尔斯考特地区和泰晤士河沿岸做选择。提案的内容是设置一个单独的收费区域（最初的区域加上延伸区域），但内环路的西部（公园支路、格罗夫纳地和沃克斯豪尔桥路）和埃奇韦尔路的南端合起来，无法提供一条贯穿中间的免费道路。给合并区域的所有居民一个 90% 的折扣，伦敦交通局预测在这个区域内交通流量会减少 5% ~10%，交通拥堵会减少 10% ~20%（TfL, 2004e）。尽管伦敦交通局预期年净交通收益增加 6000 万 ~9000 万英镑（依据利益相关方的观点，但略去了公众的看法），它预测最初区域的交通流量会有 1% ~2% 的增加，而预期年净收入将增加到 1000 万英镑。

伦敦议会议员对设置一个单独的收费区还是两个分隔的收费区提出质询，伦敦交通局的米歇尔·迪克斯解释，设立和运行单一的收费区方案会更便宜，而且更易于理解（London Assembly, 2003b）。然而，一个双区域的方案将不会在市中心区域造成任何额外的交通流量，也会获得略高的收入。

235

范围广泛的许多组织回复了利益相关方的咨询，而伦敦议会从这些组织获得证词后，表达了一些担忧，包括：

（1）较低的净收入，以及延伸区运行所冒的财政损失的风险；

（2）创建单一收费区而非两个收费区有正当的理由；

（3）考虑到新豁免居民拥有的 6 万辆汽车在最初的收费区域内行驶会受益于折扣和创建免费道路这一事实，伦敦交通局声称延伸区不会引起“重大的交通后果”；

（4）对靠近不收费道路居民的影响。（London Assembly, 2003c）

伦敦议会的结论是：

> 还不能充分地了解经济情况，因此在向公众和其他利益相关方咨询了解现行方案的所有经济影响以及提案可能存在的影响前，考虑交通拥堵收费方案的进一步延伸并不成熟。
>
> • 它还不能明确地证明，现行收费区西边的交通拥堵水平严峻到要授权立即规划一个延伸区。
>
> • 咨询应该保留真实的选项，真正地模式化，以便利益相关方和公众获得充分的信息，做出知情的选择。

伦敦议会还指出，“除非现在就考虑其他选择，不然提议咨询的收费区边界有被在《计划纲要》阶段确定的危险”，这证实了一个重要的咨询层面。肯辛顿和切尔西拓展了咨询，并得出一个结论，考虑到高等法院就威斯敏斯特上诉最初方案所做的裁决，一旦修改伦敦市长的《交通战略》，那么“不仅延伸区的原则而且其边界将实际上被固定”，并且不应该假设“在后面的阶段可以修正一切不足或错误……比如当任何一个在延伸区实施的交通规则……终于制定的时候”（Kensington and Chelsea，2004）。正如伦敦议会的审查指出的，这个观点强调了伦敦市长的《交通战略》强度：“很明显……伦敦市长可以选择利用《交通战略》来确定他提出的交通拥堵收费方案的诸多细节……如此行事，或许可以限制就交通拥堵收费原则进行咨询的范围。”（London Assembly，2000）由此看来，一旦《交通战略》发布，这个战略（和任何的修订版）都赋予伦敦市长相当大的权力去实施《交通战略》包含的政策和计划。

236

考虑到这种解释以及伦敦交通局在其咨询文件里提供的有限信息，肯辛顿和切尔西请求伦敦市长在提供更多的信息之前延迟咨询；威斯敏斯特的结论是，该提案尚不成熟，使威斯敏斯特“至少在伦敦交通局提供测试结果以消除其市议会的顾虑之前，除了反对外别无选择”（Westminster，2004）。

尽管可以预料到来自威斯敏斯特、肯辛顿和切尔西的反对，但考虑到其对最初方案的立场，原始方案的支持者（至少在原则上）包括了伦敦政府协会和企业组织，“伦敦第一”也认为延伸方案不够成熟，需要提供更多的信息，“伦敦第一”还对其需要投入的资金提出了疑问（ALG，2004；London First，2004a）。

虽然伦敦议会 2003 年所做的一项调查发现，威斯敏斯特、肯辛顿和切尔西的大多数居民赞同收费区域向西延伸的想法（London Assembly，2003a），但一年后《伦敦晚报》紧随咨询之后进行的一项舆观（YouGov）民意调查却发现，48% 的人反对这个计划，仅 26% 的人支持这个计划（*Evening Standard*，2004a）。

有着10万份意见陈述，修改《交通战略》的咨询激发出民众比最初的《交通战略》咨询更为浓厚的兴趣，后者的意见陈述少于1万份（见第7章）。然而，最初的《交通战略》是一个大文件，覆盖了整个伦敦所有范围的交通问题和政策，而修订版着重于一个单一的问题和伦敦的一个特定区域。在地方议会极力反对利文斯通方案的情况下，毫不奇怪，它有能力精心组织一场有效的宣传运动。它这样做也有利于促成一种可能与预期不符的更高程度的赞 237 成回复。虽然利文斯通认识到这样的运动是“完全正当的”，但他常常不屑一顾，说“这种类型的咨询尽管绝对有用，但也不可避免地会引出主要来自那些对任何咨询都持反对意见的人的回应”（GLA，2004b）。

在参考了收到的意见陈述以后，利文斯通在2004年8月宣布，虽然“很明显，这个提案存有争议，大多数回复咨询的人反对这个方案”，决定修改他的《交通战略》以涵括延伸区的提议（GLA，2004b）。他仍相信“向西延伸收费区是伦敦交通拥堵收费合乎逻辑的下一步”，但他承认“提案草案显得太过教条”，而且“在决定制订一个延伸区规则前，需要进一步调查延伸方案的潜力和影响”。他还承认应该“尽快”实施方案的表述是不合适的，同时解释他“非常注意来自企业社团的担忧，尤其是对小企业的影响”，他相信有一个向西延伸区，将会成为在晚6时停止收费的强大理由。

虽然利文斯通认识到，在进一步考察方案的确切形式和时限以 238 后，伦敦交通局有可能认为制订一个《延伸区纲要》（一个不可能的决定）是不合适的，但他总结道：“现在是提供一个政策框架的时候，以使向西延伸区成为可能。”他坚信会有一个单一的收费区域，一条免费道路贯穿其间，同时沿着A40高速公路即大西路，但是精确的边界留待以后进一步讨论（见图14－1）。与此同时，他还坚信所有的居民都会受益于90%的折扣，而且，把这种折扣扩大到收费区以外的一些居民也是有可能的。

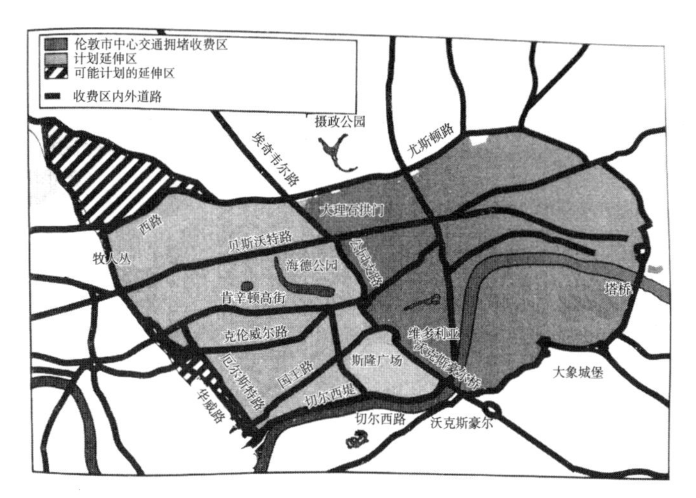

图 14－1　收费延伸区建议图

在咨询和考虑了这些意见陈述以后，伦敦议会及肯辛顿和切尔西根据《大伦敦政府法案》的解释，认为利文斯通实施延伸区的权力几乎肯定会在公布《交通战略》修订版时确立，关于《计划纲要》草案的咨询需要解决的仅仅是细节问题，而不是原则问题。实际上，《经济学人》把利文斯通的宣言描述为“主要为了防御延伸区最终面对法律诉讼……利文斯通不得不表明他已经在正确的时间宣布这些事情，而且正确地应付（或无视）了公共咨询”（*The Economist*, 2004c）。《金融时报》以“利文斯通决定提前收费”作为标题报道了这个修订后的《计划纲要》（*Financial Times*, 2004a）。

如此一来，这位曾经以反汽车和有意向富人征收重税著称的工党市长，将推进一项让顽固的保守党选区富裕居民获益的政策，因延伸区所包含的那些地方的居民将在整个收费区域享受 90% 的折扣，而那些位于区域外侧的低收入者要进入收费区则不得不支付全部费用；正如《卫报》所说：“根据民意调查，骑士桥区域的中产阶级应该赞成这个方案，但他们没有赞成。”（*The Guardian*, 2004）

伦敦交通局的瓦尔德在回复伦敦议会议员的质疑时称没有延长收费天数或时数的打算，尽管有利文斯通的宣言，但伦敦交通局没有将减少收费时间的计划公之于众（London Assembly, 2004）。

2005 年 1 月，为实施延伸区计划而制订的《计划纲要》草案开始向利益相关方寻求咨询。这个草案包括一项提议：延伸区域外侧的约 2.1 万居民可以获得 90% 的折扣（*Evening Standard*, 2005a）。

虽然这个向西延伸区极有可能是利文斯通第二任期内实施的唯一延伸区，但伦敦交通局发起了关于覆盖伦敦更大部分甚至整个伦敦的收费范围扩大的可行性研究。然而，车牌自动识别系统局限于向西延伸区的范围，进一步的延伸需要使用某种电子收费的形式。

239

技 术

因此，在研究进一步延伸可能性的同时，伦敦交通局启动了先进收费技术的调研。研究以后的最简单选择是，用数码摄像机取代车牌自动识别的模拟摄像机，利用当地——路边的——车牌自动识别程序，通过一个较低成本的电缆网传输产生的证据记录，以降低通信成本。这导致 2004 年 8 月一个着手采购的决策的产生，预算成本 3400 万英镑，目标在 2006 年运行。投标文件承诺对该系统的供应、维护（可能直到 2016 年）及其最终的更新。这项技术将首先用于新提出的向西延伸区，然后用于原先的中心区域。

对使用专用短距离通信（电子标签和信标）、移动手机和卫星定位（全球卫星导航系统）的电子收费系统的调研是一项更为基础的工作。最初的工作证实了全球卫星导航系统和移动手机定位精准性的问题，亨迪向伦敦交通局董事会报告，一套“使用得起的卫星系统至少在十年内是无法实现的”；然而，“现有方案和一切后来方案的提升都可以提供电子标签与信标系统”（TfL, 2004d）。紧跟这项研究，伦敦交通局计划采用电子收费标签，以此作为现有方案与向西延伸区议案以车牌自动识别为基础收费的一种选择，但要到 2009 年启用（*Evening Standard*, 2005b）。虽然类似的选择已用于多伦多407高速公路和墨尔本城际高速（车牌自动识别选择仅对真正的临时用户有用，那些用户一年最多有12天使用这个设备），在伦敦之所以延迟采用这种系统，可能是因为伦敦交通局决定延长卡皮塔公司现有合同至2009年2月以及将其应用于向西延伸区（*Financial Times*，2005a）。

伦敦交通局的基利把电子标签与信标技术视为得以对繁忙道路或拥堵市中心实行收费的因素（*The Times*，2005b），尽管利文斯通很快做出反应，否认有在向西延伸区以外推进收费的政策。然而，拥有一个电子标签和信标系统仍是不够的，还必须为那些不适用于它的车辆提供其他设备。这些车辆可能继续使用车辆自动识别系统，也需要一种收费结构，其对那些使用电子标签的和使用车辆自动识别的车辆的差别一样有效。撇开技术，其他地方的收费应该被认为是必要而合理的。 240

收费技术是需要得到国务大臣批准的一个内容，以确保全国标准的通用性，或任何不兼容性“对伦敦以外的个人……没有损害”（GLA Act，1999）。然而，尽管在1990年代末已有大量研究（DTLR，2001），2002年又开始了进一步的研究（DfT，2002），但那些标准尚不存在。鉴于要求田野调查在2005年完成，被认可的标准在未来两年左右不可能发布。然而，由于中央政府认为在2014年以前，以全球卫星导航为基础的系统不可能准备好投入全国性应用（DfT，2004c），很明显，交通部需要核准一套以专用短距离通信为基础的系统以实现地方收费方案的计划，以此作为其推进一个全国性的、以全球卫星导航为基础的收费方案这一最终目标的一步，这将在下文进行讨论。

收费及其支付

在收费开始实施后不久，利文斯通说：“当我们要增加收费的时候，无法想象在可预见的未来会有什么情况，尽管或许十年后，收费上涨是必然的。”（*The Times*，2003a）然而，2003 年 11 月，据《泰晤士报》的报道，伦敦交通局的米歇尔·迪克斯说：“除非随着时间流逝增加收费，不然交通拥堵将开始持续增加。”（*The Times*，2003b）伦敦交通局《2004～2005 年事业计划》认为收费增长“与 2005 年起的零售价格指数（RPI）相一致”（TfL，2004a），而修订后的《交通战略》的主要条款是，根据评审，“如果监控项目显示……方案的有效性随着时间而递减”（GLA，2004a），那么仍继续推行收费项目。

在利文斯通的第一个任期初期，他承诺 2008 年之前，公共巴士票价会固定在 70 便士，增加地铁票价但不会超过通货膨胀的比例。然而，到 2003 年，现付的公共巴士票价上涨至 1 英镑，尽管持有牡蛎卡的人单程票价仍为 70 便士。在宣布这些改变时，利文斯通保证在接下来的四年内票价增幅不会超过通货膨胀。但是，2004 年 9 月，他宣布在 2005 年 1 月公共巴士和地铁票价会大幅度上涨，现付的公共巴士单程票价涨至 1.2 英镑，持牡蛎卡公共巴士单程票价涨至 1 英镑，地铁票价增长 1%（GLA，2004c），而到 2006 年很有可能会进一步上涨（*Evening Standard*，2004b）。利用 241 财政部授予的新的“谨慎借贷”权，伦敦交通局打算用这些增价去融资借贷 29 亿英镑，以为一个 100 亿英镑交通投资包的一部分提供资金（GLA，2004a，2004d）。尽管一些人把财政部的决定视为利文斯通、托尼·特拉弗斯、伦敦政治经济学院地方政府金融专家的“政变”，评论这对支付借贷利息的影响和公共巴士资金缺口的扩大表明“低票价的利文斯通已经变成了高票价的利文斯通”（*LTT*，2004b）。《今日地方交通》评论道：“曾经的一名低票价战士……利文斯通现在为了推进重大的新投资项目乐于牺牲那些原则。”（*LTT*，2004c）但是，利文斯通为此次涨价做出辩解，他说：“我们有了一次千载难逢改变我们交通体系的机会。为了抓住给予伦敦的这个机会，我不打算躲避这个短期内必然很艰难的选择。”（*Evening Standard*，2004c）

由于这些涨价，交通拥堵收费的增加也是不可避免的，即使仅仅为了防止人们从公共交通转向小汽车；尽管利文斯通承认交通拥堵收费将不得不上涨，但他起初拒绝说涨多少或什么时候涨。然而，他在2004年11月接受英国广播公司伦敦无线广播栏目访谈时说，涨价“至少1英镑”（BBC，2004b）。当他表明“我总是说在这个任期内票价会达到6英镑这个区间”时（*Evening Standard*，2004d），利文斯通似乎忘记了2003年2月的话：“当我们要增加收费的时候，无法想象在可预见的未来会有什么情况。”

然而，在表示涨价“至少1英镑”的四周内，他通知伦敦交通局就增加收费到8英镑即加价60%进行咨询，他说：“我计划在伦敦市长任期内做一次大幅度的涨价。”（GLA，2004e）他也建议：

（1）为月付或年付提供15%的折扣（月付等同于有3天的免费，年付有40天的免费）；

（2）限制对包括自动车队方案在内的车辆涨价，涨到7英镑，取消原来证明不受欢迎的50便士的附加费（见第12章），为相关的街区车辆提供同样的折扣；

（3）涵盖自动车队方案中的汽车；

（4）降低加入车队方案的门槛，从25辆车降至10辆车；

（5）延迟支付的费用（即在出行日晚10时以后）固定在10英镑；（TfL，2004c）

（6）自2005年10月起，取消车队通知方案；（TfL，2004b） 242

（7）根据居民折扣方案，减少修改车辆登记、注册和更正的费用，从5英镑降至2.5英镑。

在正式文件中，伦敦交通局解释提出这些变革是为了：

- 保持和增加交通收费方案的收益
- 支持对进一步减少交通拥堵的措施做新的投资
- 支持对伦敦市长《交通战略》中更重要的目标做新的投资（TfL，2004c）

尽管交通与环境宣传组织“交通 2000”欢迎涨价，但涨价的程度被有些人认为是不合比例的，尤其因为，像皇家汽车俱乐部基金执行董事埃德蒙·金对下院交通委员会所说的，引进收费方案显然是为了“减少交通拥堵而非增加收入”（House of Commons，2005a）。由于皇家汽车俱乐部原则上支持道路使用收费，金表示担心利文斯通改变那些原则，而且“如果汽车驾驶者看到伦敦发生的事，他们将更加怀疑一个全国性的方案”。无疑，确保立法的明确意图是，批准收费的目的是减少交通拥堵，并非增加收入，就如伦敦交通局就涨价所述三个目标中的两个。伦敦政治经济学院的托尼·特拉弗斯把涨价的提议视为“财政部的一个胜利，把支付基础设施的负担从全国纳税者转移到伦敦票价和收费支付者身上”（*Financial Times*，2004c）。《泰晤士时报》的结论是：“利文斯通先生似乎决定让驾驶者为其交通预算短缺付费。”（*The Times*，2004）伦敦交通拥堵收费的长期支持者“伦敦第一”回应说，它“已经看到这样一种涨价的正当理由”（London First，2004b）。它认为这一改变使得收费管理“按照这种大涨价是完全无法满足的，也是不能接受的”。伦敦工商会曾经不同意伦敦交通局关于收费方案对伦敦经济尤其是零售业和休闲业影响有限的观点，以为这个涨价的提议会使问题恶化，“尤其对最无法承受涨价的边缘企业”（LCCI，2004）。243 伦敦议会交通委员会主席琳内·费瑟斯通指责利文斯通在 2004 年选举前没有提及公共交通和拥堵收费的涨价（*Evening Standard*，2004f）。

实施月付和年付的折扣与伦敦道路收费选择工作组的建议相反，其研究是伦敦市长方案的基础。工作组认为长期票“会削弱收费与车辆使用之间的联系”。尽管工作组的说明性方案假定长期票是可用的，但“不能以折扣来出售”（ROCOL，2000）。然而，折扣的提议是对批评攻击伦敦交通局支付制度“麻烦因素”的一个回应。

其他英国城市

尽管“十年计划”中包括一项目标，即到2010年，“我们8个最大的城市或城镇”将会实施交通拥堵收费方案，还有12个城市对工作场所停车征税（DETR，2000a），但在英格兰范围内表示出兴趣的城市非常有限。到2004年末，这些方案只在杜伦和伦敦实行，诺丁汉是唯一一个处于实施高级阶段的另类英格兰城市。

杜伦

为解决车辆与行人之间在进入城市历史中心和到达杜伦大教堂、城堡时的矛盾，杜伦是第一个利用《2000交通法案》（2000）收费权的英格兰地方政府。2002年10月，杜伦地方议会对周一至周六上午10时至下午4时间进入萨德勒街和市场地的车辆实施2英镑的收费。人们在一个售票机上支付费用，它与路上的一个自动护柱相连，费用支付后，护柱会下降。公共巴士、居民、学生和残障人士的车辆是免费的。

诺丁汉

诺丁汉是唯一一个根据《2000年交通法案》推进对工作场所停车征税的英格兰城市，并打算在2005年采用这个方案。这个方案计划每个车位最初的年费为150英镑（十年后涨至350英镑），适用于这个城市边界范围内的大多数停车位，十年间大约收取1亿英镑。这项收费将向雇主征收，雇主可以决定是否将全部或部分费用摊派给雇员。税收除了部分用于资助诺丁汉的轻轨以外，政府希望这项税收会鼓励雇主支持上班行程的变革，因此给雇主折扣以实施通勤出行计划。残疾人士、小企业和应急车辆是免费的，给摩托车、电动脚踏车、助力车和自行车使用的车位也不包括在这个征税方案内。

244

尽管这个城市致力于这种停车征税，但主要的企业表示反对。这些企业宁愿征收的是一种交通拥堵费，而不是任何形式的道路使用收费。

布里斯托尔

布里斯托尔一直站在英国计划实施交通拥堵收费城市的前列，其收费计划以一条市中心警戒线为基础，对早高峰入境者收费 1 ~ 1.5 英镑。但是（如第 13 章指出的），随着 2003 年 5 月工党完全失去政权以后，这些计划被搁置一边，但没有废除，只是优先考虑让本地公共交通获得重大提升，部分通过一个轻轨方案来实现。然而，这却牵涉了邻近的格洛斯特郡南部，其对这个方案性质的认识存在一些严重分歧，这导致了未来的不确定性。

布里斯托尔与其他 7 个欧盟城市一起，是欧盟资助发展项目的伙伴，在布里斯托尔进行全球定位系统的技术研究。该研究的结论是，尽管全球定位系统对以警戒线为基础的城市方案而言还不够可靠，但与“路段”（即以里程为基础的收费）相比，其可靠性是非常高的（Progress，2004）。

爱丁堡

自从 1991 年大卫 · 贝格（后成为交通一体化委员会的主席，也是一位交通拥堵收费的坚决提倡者）担任交通委员会的召集人（主席），爱丁堡一直在考虑一种交通拥堵收费方案，并将其作为综合的交通一揽子措施的一部分。随着一个席位的丧失——有人认为可能是收费方案导致的，工党控制的议会决定，关于实施交通拥堵收费的最终决定会依据 2005 年 2 月举行的交通战略全民公投来做出。有人认为市议会的决定也受到 2003 年一个收费区之外爱丁堡彭特兰的苏格兰议会席位丧失的挑战，本来这个席位是由工党交通大臣持有的，但转到了反对收费方案的苏格兰保守党领袖手中

245 （*Evening Standard*，2003），然而其他因素（包括新苏格兰议会大楼

的花费）可能发挥了更重要的作用。

举行公投的决定被视为一次冒险，因为它只提供了一个单一的主题，使那些反对工党政府的人能够与那些反对收费提议的人联合起来，正如利文斯通所指出的，公投也可能被其他因素所绑架（*The Scotsman*，2005a）。利文斯通也担心，“反对”的决定会导致威斯敏斯特中央政府搁置一个全国性收费体系的计划，其他英国城市也会放弃它们正在推进的地方计划；苏格兰的首席大臣杰克·麦康奈尔敦促那些打算投“反对”的人想一想新的交通体系对污染与投资的意义（*Evening Standard*，2005）。为消除人们对该收费提议影响市中心商店的担忧，同时鼓励“同意”选票，议会决定考虑采取在市中心停车第一小时免费的措施（*The Scotsman*，2005b）。

公投问题的措辞是：“这张选票附上的传单给出了有关爱丁堡市议会对交通建议信息。市议会的‘首选’策略包括交通拥堵收费和通过交通拥堵收费增加交通投资。你支持市议会的‘首选’策略吗?”（Edinburgh，2004）要求支持这个建议的投票人投“同意”，反对这个建议的投“反对”。公投以邮寄选票的形式进行，以公众调查的结果为条件。这次调查在2004年10月报告其得出的结论是：“由于需要考虑对部门经济影响的研究……爱丁堡市议会应该就免费、收费支付安排和具体的收费点细节‘审慎地进行’《收费纲要》的修改。”（Scottish Executive Development Department，2004）

收费方案由两条警戒线构成，一条环绕市中心，在早7时至晚6时30分运行，另一条环绕整个城市，在城市环路的内侧，仅在早7时至10时运行（二者都只在工作日运行）。

不管穿越警戒线的入境次数的多少，每天都征收一个单程的入境费用2英镑。在第一年后，收费每年都会随着通货膨胀而上涨。支付方式有各种办法，包括在售票机、网络、移动电话和商店支付，可以按天、按周、按月或按年支付。应急车辆、摩托车、有许可证的出租车、公共巴士和长途客运汽车（包括出租巴士和残246疾人士使用的车辆）、"蓝牌"持有者、由授权的故障与维修组织运行的基于故障维修目的的车辆以及注册汽车俱乐部的车辆可以免费通行。这种收费利用车牌自动识别来执行，罚款费用与城市停车罚款费用相同（现在是 60 英镑），在 14 天内支付罚款减少 50%，若在 28 天后仍未完成支付就会上升到 90 英镑。

尽管有公众调查报告的批评和来自市议会官员的建议，但爱丁堡市议会还是决定保留这个有争议的方案，对外层警戒线外的城市居民实行免费（*The Scotsman*, 2004b），这个决定使法夫郡、中洛锡安郡和西洛锡安郡的议会发起一场法律诉讼（*The Scotsman*, 2004c）。然而，爱丁堡市同意将支付费用的时间延长，可以从出行日午夜必须支付延长到第二天午夜。

原来爱西堡市议会的目的是收费可以减少爱丁堡市内和附近的交通拥堵，达到"学校假期"时的水平，改善出行时间，减少污染。净收入在 15 年后估算可达 15 亿英镑，可用于资助这个城市和苏格兰东南部新的交通项目，从而增加出行选择，这一收入在地方政府间按比例划分，给予付费者的居住区。为推进一揽子交通措施的发展，爱丁堡市建立了一个爱丁堡交通项目的独立公司，利用收费收入流来贷款和融资。以公投为准，爱丁堡打算于 2006 年实施收费方案，而一旦大约 1 亿英镑的地方交通改造完成，这个方案将运行 20 年。

英国其他地方

虽然英国的其他城市没有就交通拥堵收费或停车位征税做出承诺，但有许多城市已将收费提上议事日程，包括加的夫、剑桥和南安普顿，但伯明翰、利兹、利物浦和曼彻斯特等几个大城市却已经决定不实行交通拥堵收费，至少目前是这样。然而，随着中央政府拒绝为曼彻斯特轻轨系统的延伸计划提供资金，采用交通拥堵收费方案可能是该计划复活的关键。山峰地区国家公园规划了一个使用者收费系统，在周日或银行休假日使用德温特车道需要支付费用。苏格兰首相杰克·麦康奈尔坚决支持收费，他说："在苏格兰的某时某地，人们应该为城市交通拥堵做一些事，不论是在爱丁堡、格拉斯哥、阿伯丁、其他任何地方还是在高速公路上，我已准备好考察这些政策选择。"他还表示支持那些足够勇敢去解决这一问题的人（*The Scotsman*，2004a）。

247

世界其他地方

在 2004 年 7 月荷兰欧盟轮值主席任期开始时，荷兰的交通大臣预测，除了斯德哥尔摩（见第 5 章）、阿姆斯特丹、哥本哈根和都柏林是正在考虑实施收费方案的欧盟城市以外，收费方案在整个欧盟会很普遍；此外，也有关于在几个选定的瑞士城市进行试验的讨论。其他城市，从奥克兰到上海、从圣保罗到吉隆坡都处在考虑收费方案的某个阶段；尽管这样的交通拥堵收费在美国似乎是个可恶的想法，但一些城市和一些州对使用"管理车道"收取通行费兴趣日益增加，包括在亚利桑那、佛罗里达、佐治亚、马里兰、北卡罗来纳、俄勒冈、宾夕法尼亚、华盛顿和弗吉尼亚的高承载率收费和快车道收费。有几个地方甚至在考虑引入以里程为基础的收费，以替代州政府的燃油和销售税，为交通运输融资提供资金，这种办法由于燃油税收入的潜在减少而得到鼓励，即燃油消费随着燃油效率的增加和可替代燃料的市场渗透而减少。

俄勒冈

俄勒冈州立法机构通过了一个法案，建立一个特别工作组，调查增加收入的可替代"使用者付费"手段（Oregon，2001）。以里程为基础的车辆出行里程（VMT）收费原型已经发展了，一种是以车载装置连接车辆里程表为基础，另一种是以全球定位系统的使用为基础（Joseph，2004；Whitty 等，2005）。以全球定位系统为基础的系统利用一个里程表连接提供里程数据，使用全球定位系统来确定“里程收集区”内的行程，其间收费价格可能不一样。其他的仅仅依靠全球定位系统。在车辆加油时，无线连接会下载车载装置收集的信息，将以里程为基础的收费计入购买燃油的费用。这个工作已经证实了不同于其原型的相对优缺点，由于全球定位系统加里程表这一手段性能最好，俄勒冈州得出结论：有足够的能力推动俄勒冈 280 位居民进行为期一年的试点实验，从 2005 年中开始，定于 2007 年初提交报告，该实验由美国交通部门提供资金支持。

248

皮吉特湾

作为以里程为基础的收费评估的一部分，覆盖西雅图地区的皮吉特湾地区议会启动了为期一年的试点方案，有 500 辆车安装了全球定位系统车载装置，以确认车辆位置和呈现使用道路的“费用”(Puget Sound, 2004)。参与者将获得一笔预算，其中以里程为基础的使用成本会从中扣除，他们还被获准以现金方式保留未使用的余额。

其他州包括加利福尼亚和马萨诸塞都在考虑实行以里程为基础的收费的可能性。

向载货汽车收费

正如第 5 章所描述的，奥地利、德国和瑞士对重型载货汽车已经采用了以里程为基础的电子收费系统。由于奥地利的方案引起其周边载货汽车的区域分流，所以包括捷克和斯洛伐克共和国、匈牙利和波兰在内的许多其他国家，都考虑对载货汽车采取以里程为基础的某种形式收费，不仅针对公路，也针对快速公路和高速公路。瑞典也计划实施这一收费项目，与斯德哥尔摩方案结合起来运行（见第 5 章）。

促发 2000 年英国燃料抗议运动（见第 2 章）的一个因素是英国载货汽车经营者承担的燃油税和车辆税水平。与其他欧盟国家一些竞争者的税收水平相比，他们在英国境内可以自由经营，满箱燃油的车辆在英国可以跑相当长的距离，而在英国以外购买的燃油更为便宜。2002 年，财政大臣认识到需要一个公平竞争的机会，发起了一次关于载货汽车税收变革的咨询，提出了两条标准：

> • 为了公平、效率和竞争，载货汽车税不应该建立在国籍歧视的基础上……（并且）因此应该……影响到每个参与本国税收活动的人……而非……仅影响……参与本国税收活动的国民。
>
> • 不论国籍，道路使用者应该承担他们加给社会的真正成本。(The Treasury, 2001)

结果是英国决定采用以里程为基础的载货汽车道路使用收费，适用于英国一切道路上所有超过 3.5 吨的货车，不管是何国籍都要收费（The Treasury, 2002）。然而，2005 年 1 月公布的一份咨询文件中提到对一些车辆排除收费的可能性（The Treasury, 2005）。尽管创造一个公平竞争的机会是这一收费的首要原因，但减少载货汽车与汽车税也是一个原因（House of Commons, 2005a）。

249

由于这个方案是作为一个税收措施启动的，因而其发展由英国海关税务局通过一个新的货车道路使用收费（LRUC）管理机构来管理，而不是由交通部来管理。计划经过必要的授权立法，即将该方案纳入《2005 年金融法案》，2004 年着手系统的采购，2006 ~ 2007 年进行试点目标的测试，2007 ~ 2008 年开始安装和收税（The Treasury, 2004a）。

根据现有安排，持有“污染减少证书”的清洁车辆有资格在车辆消费税（VED）方面得到折扣，人们期望新的收费可以随着欧洲车辆排放标准的改变而改变。因为车辆消费税、燃油消耗量以及由此支付的税收会根据车辆的重量而变化，在某种程度上反映了车辆对道路的磨损；收费也可能随着对车辆重量和车轴分布数量的某种计量而变化，并有一项有关铰接货车的拖车条款（The Treasury, 2005）。另外，这个系统的配置也需要具备依高速公路和其他道路的不同以及一天内时间段的不同收费随之变化的能力。

道路经常使用者需安装一个车载装置以计算收费。尽管投标文件没有对此做出规定，但以卫星定位为基础是最有可能实现的。那些每年在英国行驶总里程数低于某个尚未决定的门槛的使用者，则需安装一个特别的车载装置，并且可能会要求其输入行车记录仪读数或其他与已行驶里程相关的信息。这个方案将分阶段实施，首先覆盖重型车辆，为期两年（House of Commons，2005a），其后逐渐扩大到整个英国 42.6 万辆超过 3.5 吨的商用车辆队伍（DfT，2004e）。

征收燃油税效率高，成本低，且几乎没有逃税机会。燃油税也代表了一种里程收费和有效率的收费，因为燃油消耗量与驾驶里程和车辆情况直接相关。提议以里程为基础征收费用无疑成本更加高昂，尽管政府对于耗费多少成本似乎总有一套托词，以 2003 年 12

250 月财政部经济秘书约翰·希利的话说，由于我们还在考量几种不同选择，因此还未针对车载装置进行招标，“仍不清楚估算的资本与行政管理成本”（Hansard，2003）。2004 年 6 月，一位海关税务局的发言人也持有类似主张，认为推估方案成本的时机尚未成熟（BBC，2004a）。2005 年 1 月，货车道路使用收费主管迈克·希普告知下院交通委员会，他不能说由谁来承担车载装置的安装成本，“直到我能够有机会自信地为财政大臣们列出这个方案确切地要花多少钱”，他不希望该时间为“最早到 2005 年底”，“不指望能在今年年底（即 2005 年）之前有机会向大臣们呈现一种完整的商业情况”；尽管已有“一些估算，并已经提交给财政大臣……但估算并不确定”（House of Commons，2005a）。由于该方案预计除了车载装置的成本（定在 250 英镑）以外，安装德国的车载装置成本“高达 750 英镑”，成本和由谁买单的不确定性开始引发担忧（House of Commons，2005a）。

为保护英国经营者的利益，中央政府承诺载货汽车收费对整个行业来说是中性税收，由燃油税的支付折扣来抵消（The Treasury，

2004a)。最初减少车辆消费税的选择已被抛弃，因为欧盟可能将其视为反竞争；而且，由于2001年对载货汽车采用更低的税率，车辆消费税在载货汽车的总税收中仅占很小一部分。考虑过对运行的载货汽车选择一种特征鲜明的低燃油税（与为农业车辆所用的免税红柴油相比），但没有采用。

货车道路使用收费主管希普建议，可以设置基本的燃油税返还，使燃油税大体上与欧盟的平均水平一致，而收费选择“保持了那种平衡”（House Commons, 2005a）。他表示将英国燃油税与欧盟的平均值联系起来，可能使每升有23便士的折扣，一年总计23亿英镑（与45亿来自载货汽车的燃油税收入相较）；尽管税收在不同的重量、排放量及其他因素之间有所变化，但平均费用为每公里8.5便士。

当税收平均为中性时，一些经营者将多付，而另外一些将少付，但在管理这一收费时，相对于既有安排，所有人可能都要承担额外的成本。虽然一些经营者（英国的或外国的）可能选择在英国购买更多的燃油，这会增加净燃油税收入，但相对于现有水平，这样的额外收入不可能太多。假如有合理的预期成本，那么相对于燃油税，在征收费用的成本方面似乎不可避免地有很大增加，为了让经营者实现税收中性，实施和运行这个方案的大部分成本将不得不由来自非英国车辆和一般课税的额外收入来负担，对后者来说，这一成本可能是巨大的（可能有上亿英镑）。 251

中央政府所采用的这一方式的基本原理受到艾伦·麦金农教授的质疑。他认为依据收费收入20%的成本（像对德国系统的估算），这个方案每年的成本会超过7亿英镑（McKinnon, 2004）。该数据还可能被低估了，因为德国方案仅适用于高速公路和超过12吨的载货汽车，而英国方案拥有额外的复杂性，适用于所有道路以及所有超过3.5吨的车辆。麦金农指出，因为大多数外国车辆可能在车载装置上使里程有所限制，考虑到他们在英国道路上的里程，对于那些高于其标准行驶的车辆来说，复杂的基础设施几乎专门针对英国车辆。

财政部和海关税务局在强调成本时的回应不免给人留下这样的印象：要么中央政府对方案没有先做评估就做出承诺，要么不管成本如何，（做了评估）就决定继续，或者财政大臣已经准备支付任何必要的价格，以此作为迈向全国道路使用收费系统的第一步，而不管唐宁街或交通部关于政治风险的担忧。的确，这些基本方案是在中央政府决定发起对全国道路使用收费系统（见下文）进行一项研究之前确立的，但它们包含除了那些需要作为一种税收措施以外的功能，以一种基本的里程收费取代一部分的燃油税，还包含一种根据道路类型和时段变化实行收费的能力。因为外国注册车辆仅占英国道路行驶货车总里程的4%（或吨/公里的6%）左右（DfL，2003b），麦金农的结论是"不能仅将这个方案说成是与外国经营者公平竞争的一个手段"，这一结论加强了一种印象：将要实施的收费是由财政部领导的，是迈向一个完全以里程和交通拥堵为基础的全国道路收费系统的重要一步（应该补充一点，与英国载货汽车竞争的外国载货汽车在车辆中的比例和吨/公里数更高；这个总数包括不存在这种竞争的行业，如市政府服务和自营运输）。

252 由于载货汽车和小汽车的燃油率不断提高以及在小汽车市场替代性燃油（享有较低的燃油税或零燃油税）较高的市场渗透率，尽管每年的车辆里程在增加，但燃油税收入的潜力在减少（Potter等，2004），这或许可以完全归因于财政部有意推进一个全国性的道路使用收费系统。

"按驾驶情况付费"保险

在讨论全国道路使用收费之前，先记录一下与收费非常相关的"按驾驶情况付费"保险的发展。这是由一家美国汽车保险公司——前进汽车保险公司——开发的险种，该公司把技术特许给一家英国保险公司——诺里奇联盟。这个系统基于一套车内设备，记录车辆的使用状况，并将信息传输到控制中心，分析车辆信息，评估车辆所暴露的风险以及应该支付的保险费用。这一系统使用全球定位系统确定位置，利用蜂窝数据手机传输记录的信息。分析包括确定使用道路的等级以及每次行程时段；在记录的数据中，似乎有错误或不确定的行程会被删除。这一系统也为故障和故障维修提供精确的位置信息。通过把保险费用与有关意外风险暴露的因素，包括驾驶量、使用的道路类型和时段相联系，这种“按驾驶情况付费”的保险也可能影响出行行为。紧跟最初的400名驾驶者试验以后，2004年秋，英国启动了一项5000名驾驶者的试验，2005年1月诺里奇联盟发动了一项针对年轻驾驶者的计划，这些驾驶者为安装车载装置不得不支付199英镑（*Financial Time*, 2005b）。

虽然道路使用收费并非如此，但该保险采用的原则在本质上与收费方案是一样的，其技术可能为一个单独的车内装置的发展奠定基础，把车辆识别、保险和道路使用收费以及诸如道路导航和紧急服务呼叫这样的服务合并于一个唯一的车内装置中；“今天对道路费用的自动征收仅仅是一个小盒子，但明天可能转变为汽车的控制中心和通信中枢”（*The Economist*, 2004a）。

走向全国性的收费系统?

虽然2000年发表的“十年计划”含有在城市间路网和大城市区域减少交通拥堵的目标——“到2010年低于现有水平”，但它已经取消对全国城市间路网的收费（DETR，2000a）。在随后的《2000年交通法案》中也有这个特点，其包含了城市收费计划的条款，但除了以一个城市方案的一部分存在以外，没有制定关于全国性路网收费的条款。 253

由于普雷斯科特在2001年大选后离开了交通大臣的位置，“十年计划”的这些目标和其他目标背后的驱动力消失了。中央智库公共政策研究院（IPPR）中的左派认为，“交通政策的瓦解可以追溯到部门的重组与改组”（Grayling，2004）。正如第12章所述，下院交通委员会指责中央政府没有率先把收费作为“一个强有力的工具”推进（House Commons，2003b），另一篇报告的结论强化了这一点：“没有广大区域的道路使用收费，交通拥堵的减少只会在短期内有效。”（House Commons，2003a）但是，2003年12月报道伯明翰在大量的公共交通改造落实以前不考虑收费的决议时，《伯明翰邮报》称：“中央政府已经放弃鼓励主要的英国城市……到这个十年末采用交通拥堵收费方案。”（*Birmingham Post*，2003）

由于越来越清楚“十年计划”的美好愿景不可能实现，英国的交通系统正变得更糟而不是更好，布莱尔任命伯特勋爵（英国广播公司前总经理，由唐宁街10号任命领导“思考蓝天”计划）开发一项长期的交通计划。虽然从未公布，但伯特计划中一项广为人知的内容就是创造一个全国性收费的“超级高速公路”网（*The Guardian*，2002a），而阿利斯泰尔·达林在被任命为交通大臣数周后就否决了这一想法（*The Guardian*，2002b）。

与“十年计划”的目标相反，在2004年的交通白皮书《未来交通：2030年的路网》中，很明显中央政府认为在接下来的十年里交通拥堵将会恶化（DfT，2004c）。基于“十年计划”的假设，预计在2000～2010年间交通量会增长26%，到2015年将增长31%。这些预测使得关于交通拥堵减少的假设显得过于乐观，白皮书中提出的政策至少在未来5～10年里可能对减少汽车使用影响有限。因此，没有强有力的行动，这些数据很可能会更高的。

254　布莱尔和达林对利文斯通的交通拥堵收费方案都表示过质疑。然而，在注意到方案的成功和得到广泛认可后，达林心悦诚服：

> 不得不考虑道路使用收费，可以作为我们对道路进行明智管理的一部分。这个方案可以为汽车驾驶者提供一种更好的因

应，给他们提供怎样出行和何时出行的选择……如果我们没有找出其是否可行并审视从中可以得到的成果，那么我们在未来几代都会失去机会。（DfT，2003b）

其后，达林确立了一项道路收费的可行性研究（DfT，2003a）。这项研究由利益相关方和公务员所构成的指导小组监督，负责“就设计和实施一个新的英国道路使用收费系统，向国务大臣提出切实可行的选择建议”，并要求任何系统必须考虑到：

- 为交通收费结构提出一种更有效的方法
- 保持公正，尊重个人隐私，促进社会包容性和可达性
- 为英国的所有地区创造更高的经济增长和生产力
- 使环境获益

指导小组的报告于 2004 年 7 月发布（DfT，2004a），补充了《未来交通：2030 年的路网》的内容，表明“中央政府将主导有关道路收费的辩论，与利益相关方合作，确立和解释怎样和何时收费，为道路使用者提供想要的可靠性和标准”；在前言中，布莱尔解释说：“关键是汽车驾驶者怎样为道路的使用付费，而不是要付多少。我们将会做必要的工作，以使艰难的决定早日通过。”因此，布莱尔政府似乎最终克服了障碍，因下院交通委员会曾经指责政府袖手旁观。国家审计署关于公路局处理英格兰高速公路和干线公路交通拥堵的一个工作报告强调政府需要行动，其结论是：“近期需要采取行动，以处理眼下的主要道路问题和路网上的交通拥堵盲点。”（NAO，2004）

日常交通拥堵的发生

虽然交通拥堵被广泛视为一个严重且日益恶化的问题，严重地影响生活质量、环境和经济，但与由意外事故和天气所造成的交通

拥堵相反，车流过量的日常交通拥堵的发生在一般路网条件下是相对有限的。对“十年计划”的研究发现，只有伦敦、其他城市群和大都市区的拥堵超过全国平均水平（=100），而其他城市区域（98）、剩余的乡村部分（35）和城市内部网络（57）都低于平均水平（DETR，2000b）。然而，伦敦的交通拥堵是很严重的（357），其他城市群和大都市区也一样（212）。展望2010年，预计交通拥堵增长15%，在城市间路网（+28%）和城市区域外的其他地区（+36%）则会更糟。利兹交通研究所（ITS）以模型为基础的研究提供了一项不同区域和道路类型的交通拥堵（和其他成本）的分析（见表14-1，利兹交通研究所，2001）。它表明早期的交通拥堵城市区域是伦敦和其他城市群的内部地区。城市内部的交通拥堵在主要城区内部和周边以及内部连接的通道最为严重，尤其是M1和M6，格莱斯特和格雷厄姆发现可以预料交通拥堵的增长很多发生这些城市内部的连接通道上（Glaister and Graham，2003）。

表14-1　1998年不同区域和道路类型的交通拥堵成本

单位：便士/每公里

区域	高速公路	干线公路和主要道路	其他道路
伦敦市中心	53.75	71.09	187.79
内伦敦	20.10	54.13	94.48
外伦敦	31.09	28.03	39.66
城市群内部	53.90	33.97	60.25
城市群外部	35.23	12.28	0.00
大于25平方公里的城市	—	10.13	0.72
15~25平方公里的城市	—	7.01	0.00
10~15平方公里的城市	—	0.00	0.00
5~10平方公里的城市	—	2.94	0.00
0.1~5平方公里的城市	—	1.37	0.00
乡村	4.01	8.48	1.28

资料来源：Institute of Transport Studies（2001）。

指导小组以模型为基础对不同区域类型的边际社会成本（其中交通拥堵可能是最大的组成部分）的分析（见表14－2）发现了一个与交通研究所有点相似的类型，其设定的费用接近于边际社会成本，有10个区块，尽管强制条件限制了收费的多少，但最高值为每公里80便士（DfT，2004a）。 256

表14－2 2010年不同区域类型的边际社会成本

单位：便士/每公里

区域	平均费用
所有区域的平均值	1.9
伦敦(伦敦市中心交通拥堵收费除外)	14
城市群内部	13
城市群外部	3
人口大于25万人的城市区域	5
人口大于10万人的城市区域	5
人口大于2.5万人的城市区域	4
人口大于1万人的城市区域	2
乡村道路(公路局)	0
乡村道路(其他)	-1

资料来源：DfT（2004c）。

关于交通拥堵集中度的说明见图14－2，该图使用了与表14－2相同的假设，表明每公里车辆数少于20%产生的费用将大于每公里5便士，只有大约3%的车辆愿意支付每公里超过20便士的费用；图14－2也将这些费用与每公里的平均燃油税成本进行比较（DfT，2004a）。

实施全国收费的政治

257

尽管布莱尔和达林都做出支持收费的表述，但《经济学人》不相信中央政府的决心，指责中央政府“短期怯懦，长期勇猛”，

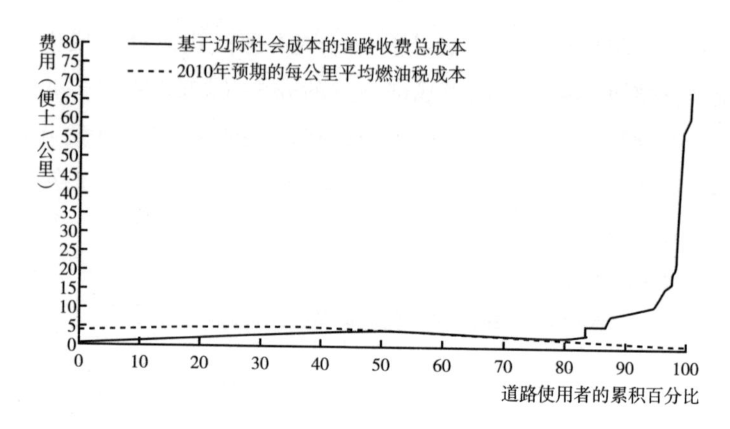

图 14-2　2010 年交通付费的比例（基于边际社会成本的费用）

在宣布其计划的同一个星期就推迟了已经计划的燃油税涨价，在“面对嘈杂的汽车游说团时”是胆小的（*The Economist*, 2004b）。

虽然有人期望在 2004 年秋季中央政府的一个项目会紧随白皮书和指导小组的报告启动，但很明显该项目一直被拖延，预计会在“投票日之后好久”——2005 年 5 月实行（*Financial Times*, 2004b）。达林曾有“不要将交通做标题”的名言，2004 年 11 月和 12 月的新闻报道可能都证实了这一点。《伦敦晚报》有篇涵盖范围广泛的关于交通问题的采访，采用了一个双跨页内标题“你每次驾车请付费”，还有一篇题为《达林先生，交通还是一团糟》的社论，写道：“这个计划将激怒驾驶者……当情况仍远未明朗的时候，通过改善后的公共交通替代汽车的使用是正确的。”（*Evening Standard*, 2004e）此外，达林在一次地方政府协会的会议上做完演讲后，《每日快报》在头版刊登了一篇题为《一英里 1.34 英镑的驾驶税》的文章，其中一个内标题是“就是另一种隐形税——这次加于驾驶者”，还有一篇社论题为《‘开车即付费’会带走我们的自由》（*Daily Express*, 2004）。《每日镜报》和《每日邮报》也采用类似的具有敌意的标题（LTT, 2004d）。也许是留心于此，达林在受到下院召唤时更谨慎了：“我非常谨慎地说，这是不可避免的。可能正确的是将会有道路收费方案在地方上开始……但在你说‘是的，我们确实在做道路收费，更有甚者，这个方案看起来就如此’之前，仍有很多糟糕的事……需要解决。”（House of Commons，2005c）

布莱尔政府可能担心承诺实行全国道路使用收费会遇到政治风险，包括英国石油公司、壳牌、戴姆勒－克莱斯勒、福特、通用汽车、本田、日产、雷诺和丰田在内的石油公司和汽车生产商在内的强大联盟，在一项有关可持续性和流动性的研究得出的结论是：“今天的流动性体制是不可持续的。如果现在的趋势持续下去，它也不可能变成那种情况。”（World Business Council，2004）它们承认“缓解交通拥堵”是“提升可持续流动性前景的七个目标”之一，也是实现流动性的一种方法，它们解释说“把费用具体化并转向道路使用者可以提供一种经济刺激，调整出行时间、选择可替代的路线、拼车、结伴旅行或者完全取消出行”，结论是“在某些情况下，道路收费在减少高峰期的交通拥堵上是有效的”。 258

即使达林和他的内阁幕僚（严格来说是唐宁街的顾问）支持这个原则，其成功实施还有赖于整个方案发展期间的政治稳定，指导小组认为这一时间在10～15年。皇家汽车俱乐部基金会主席（交通部的前高级成员）戴维·福尔摩斯指出：“（在这段时间内）将会有三次大选……几任国务大臣。”（House of Commons，2005a）就算一些评论员是正确的，英国很长时间是在工党政府统治之下，但考虑到1997年以来政策的摇摆不定，那段时间的政策稳定性前景看起来遥遥无期。而且，后面会讨论到，建立一种全国收费不仅仅是威斯敏斯特的事务，它也是北爱尔兰、苏格兰和威尔士地方政府的事务。

如果达成一种政治共识，那么实行全国收费的前景将会大大加强。然而，保守党反对向道路使用者收费，宁可选择对新增容量收费。在2004年的保守党大会上，交通发言人蒂姆·约宣称保守党人会废除载货汽车道路使用收费方案，而苏格兰议会中的保守党领袖戴维·麦克莱奇强烈反对爱丁堡的道路收费方案。虽然自由民主党支持收费的原则，但它的爱丁堡议员决意反对这个城市的交通拥堵收费提案，其在布里斯托尔的党派同僚重申了这一政策，他们在2003年的地方选举中通过宣传反对由当时的工党城市政府开发的收费方案而当选。在这两个案例中，尽管他们声称支持收费的原则，但都反对具体的收费方案，可以把他们的行动视为地方机会主义。

这导致对一种分阶段的实施方法的推崇，首先在明确需要采用收费方案的地方引进少数准备充分的方案，再加上强有力的地方领导，这样才有可能使政治和政策风险比“大爆炸”式的全国性方法得到的质疑少得多，就如达林已经认识到的那样（House of Commons, 2005c）。这也会表现出较少的技术和项目风险，这是非259常现实的，尤其是对公共部门而言。而且，现有的有限证据表明，如果对收益增加的认识使最初有限的方案扩大，那么公众的认可度可能会更高，就像一般的情况那样。因此，这种方法也有助于建立政治信心。确实，如麦凯指出的，进步需要一种政治意愿、公众意见和技术的结合（Mackie, 2002），或者用地方政府协会的话来说：

> 成功依靠所有的利益相关方、中央和地方政府、汽车工业和企业团体，确保不把道路收费视为一个“政府与驾驶者”或“环境与行业”问题，而是把它视为一揽子措施的一部分，给予道路使用者和地方社区有关出行和生活方式的现实选择，并提供一个公平竞争的环境。（LGA, 2004b）

技术

指导小组的结论是，一个全国性的收费系统需要将收费与出行位置、时段和里程联系起来——“对交通拥堵的瞄准越精准，解决交通拥堵的效果也就更好”——但是，那种适用的全球卫星导航系统“至少在2014年前”无法承担（DfT, 2004a）。指导小组指出，由于以里程为基础的收费会随着时间和地点而变化，因而“收费，与路网的使用，以及车辆对交通拥堵及其他环境影响的真正作用关系更加密切……结果是道路容量获得了更好的使用”。

由于英国有大约2600万车辆，实施任何一个全国系统都需要安装车载装置，尤其是那些以全球卫星导航系统为基础的系统，这将面临巨大的挑战，同样，要在同一时间对道路上数千万车辆中的每一辆进行信息管理也是巨大的挑战。然而，由于卫星导航系统在汽车上越来越普及，指导小组建议中央政府也许可以通过欧盟确保卫星导航系统拥有收费系统所需要的功能（DfT，2004a）。确实，鉴于改装基于全球卫星导航系统的复杂车载装置的预期费用，指导小组看到要求汽车工厂在所有新车上安装这种车载装置将更为合适。工厂安装将避免汽车的其他功能与车载装置之间出现干扰，价格也比改装更为低廉。

260

然而，工厂安装存在一些真正的弊端。首先，这种做法需要厂商和欧盟签订协议（一个耗时的过程——欧洲标准委员会通过专用短距离通信标准耗费了十年时间）。其次，这种做法在车队高比例安装之前要经过许多年，在2014年前落实难度很大。即使这样，也无法保证原先的车载装置会正常运行，其他没有工厂安装车载装置的旧车辆仍需要安装。另外，选定几年前的一项特别技术投入使用充满风险，尤其是已选择的技术有被新技术超越的风险。

如果使用全球卫星导航系统需要工厂安装车载装置（一个没有为德国、瑞士的载货汽车方案，或前进保险公司和诺里奇联盟的“按驾驶情况付费”保险方案所使用的装置），那么将会出现一些严重的问题，如全球卫星导航系统是否像看上去那样是理想选择。然而，交通部道路收费部门的主管戴维·兰贝蒂认为，主要的区别在于载货汽车的行车记录仪可以用作一个“可靠的里程计算设备”，而小汽车则没有任何类似设备；达林认为，将多种设备一起投入汽车使用，“在我所说的时间表内是不可能的”（House of Commons，2005c）。

尽管如此，如特许物流与运输学会在给下院交通委员会的呈词中所说："最好的技术可能是好技术的敌人。假如暂时的解决方案日后能够升级，那么我们不应该在正取得某些进步之前等待完美的技术。有价值的方案可以利用现有可用的技术来实施，或许这包括全球定位技术。"（CILT，2004）菲尔·古德温教授把指导小组的建议实施时间表描述为"恶劣的"，形容其"不可能不是幻想，距其他政府议程来说太过遥远……而且处于可能产生真正的研究与开发（R&D）的投资时间表以外"（LTT，2005）。正如古德温的解释，政治应该推动技术，这一点利文斯通在伦敦已经清楚地证明了。如果我们让技术推动政治，那么总会有一些更好的事情诞生，这是一个搁置艰难抉择的理由。毕竟，自 40 年前巴巴拉·卡斯尔考虑《斯米德报告》以来，这是后续英国政府的要旨（见第 4 章）。然而，如果交通拥堵收费要在英国的交通政策中起到一种关键作用——这在路网满足不了需求的情况下似乎是不可避免的，那么，避免使交通拥堵收费实施延迟的失败就至关重要了。

261　如果现在的中央政府真的致力于引进道路使用收费，那么就可以像新加坡那样利用现有的、先前利用短期发展资助优化的技术来做（见第 5 章）。那样可以利用全球定位系统或更简单的电子标签与信标技术，而收费结构会被设计为充分使用任何适宜的技术，并被定位为培育后续的技术发展以及不断将革新后的技术加以利用。只要好技术足够好（尽管不是理想的），那就应该使用。重要的是要界定必须提供的这个系统的功能，包括通信标准，同时要鼓励进一步的发展，以使新旧装备元件能够一起成功地运行。

一个阶段性的实施可以从专用短距离通信的电子标签与信标系统开始，就如伦敦的计划一样。电子标签很容易安装，而且相对廉价；实际上，佛罗里达的收费高速公路计划引入"扔掉"标签，采用将一张薄标签粘在挡风玻璃内的形式，为行程支付几美元，与"按驾驶情况付费"的电话卡概念类似（*Sun - Sentinel*，2005）。然而，电子标签需要相当多的路边基础设施（包括"信标"），并与一个控制中心连接通信。因此，它们最适合于分离的系统，如按点收费（包括警戒线）方案和以特定的路段收费。随着应用的扩大，以全球卫星导航系统为基础的系统——车载装置成本更高但路边基础设施成本更低——可能更为经济。然而，只要不是每辆车都有一个车载装置，不管是电子标签还是全球卫星导航系统，就必须有一个可替代的设施。有了电子标签与信标，可能即车牌自动识别，使用道路基础设施需要专用短距离通信的交换及其执法。然而，全球卫星导航系统不需要这样的基础设施，却需要其他（可能更复杂更昂贵）的装置。这有利于强化那种最初采用以电子标签与信标为基础的系统的方案。

正如指导小组指出的，收费系统实施成本巨大。当前的实施过程几乎普遍依赖于车牌自动识别，对潜在的违规车辆摄像，并通过许可证记录追踪驾驶者（或车辆持有人）。其报告建议，如果欧盟进行关于电子车辆识别的研究，即为欧盟内所有注册车辆提供一个唯一的识别符号，使其适时地被纳入这样一个系统，那么就可以大大地降低成本。电子车辆识别也有利于使每年车辆注册的执行得到改进，进而提升车主记录对于收费和其他交通执法的准确性。然而，正如第3章所指出的，电子车辆识别作为一项规范，不可能在几年的时间内就进入古德温“恶劣的”时间表中，特别是如果它需要得到欧盟批准的话。 262

利用基于专用短距离通信的警戒线或连接收费（通行费），收费的执行集中于车辆通过一个收费点后是否完成了一次有效的支付交易。由于基于里程的收费覆盖了使用全球卫星导航系统的开放路网，其实行变得更加复杂，因为至关重要的条件是车载装置功能正常，以使准确的收费价格出现于整个收费路网行程的任意一个点。因为车辆在极多数量的地点进出这个路网，而且在一个（容易知道的）连接样本上的固定收费点轻松躲避和逃逸，所以移动的收费装置就变得必要了，尽管它们的使用成本比固定的自动收费点要高得多。在识别违规者的可能性、对违规施以罚款和最终收取费用和罚款的可能性之间实现平衡，而执行收费和罚款的成本达到一种可接受的水平，这样一个有效成本的收费执行策略的开发，将成为在全国布置部署的全球卫星导航系统技术的另一大挑战。

可互通性未来会成为可接受的核心，也因此是分阶段方法的成功。使用者只需要一个车载装置（不管是电子标签还是全球卫星导航系统），在英国境内任何地方旅行，不管经过多少现有的收费道路和过境点，也只需向一个收费机构付费。效率可能要求各收费机构使用一种单一的或数目有限的“后台”设施。为建立必要的机制做好准备，应该是中央政府的首要任务。

成本

实施和运行一个全国收费系统的成本将是巨大的。其不论是由道路使用者承担还是来自一般的税收，目标应该是使一个系统具体化，其中按年计算的（实施加上运行和执法）成本相对于收益是适宜的。挪威城市的“收费”系统很典型，成本约占收入的20%，奥地利和瑞士的货车收费方案的成本则占收入的7%～15%（见第5章）。荷兰政府设定以20%作为收费计划的成本最大比例（Tip and Wittebols，2004），德国方案的预计成本也是如此。那可能是一个合理的目标。

263

指导小组的附加说明承认：“在接下来的10年间，我们不可能有把握地预测出一个使用定位技术的全国方案会花多少钱”（DfT，2004a），其顾问估算，如果不带乐观倾向，启动的总成本会在100亿～270亿英镑，如果允许乐观一点，那么会上升到230亿～620亿英镑（DfT，2004d）。然而，大部分的花费可能落到使用者而非中央政府身上，尤其是在新车上强制安装车载装置，或车主负责车载装置的改装费用。虽然预计车载装置是启动成本的主要部分，但还有大量的其他直接启动成本，至少在第一阶段，其是一种公共部门的费用。这些费用包括路边基础设施、后台功能、公众信息和整个系统的验证。另外，公众的（及由此政治的）认可几乎肯定地依赖于投资补充的交通措施。在“十年计划”总计划支出背景中设定潜在的成本高达620亿英镑，在公共模式、私有模式和所有模式中，预计2001~2011年总支出为1810亿英镑（DETR, 2000a）。

指导小组的顾问估算，一旦整个系统启动和运行，每年的运行成本在20亿~30亿英镑，但如果乐观一点，可能高达50亿英镑（DfT, 2004a），许多时事评论员觉得成本太高了，皇家汽车俱乐部称其是“无法接受的”（House of Commons, 2005a）。2004~2005年度交通部在道路和地方交通上的支出大约是35亿英镑（DfT, 2003c）。尽管承认估算产生了“非常庞大的数字”，但指导小组指出，它“低于可能获得收益的价值”，可以抵消私人汽车方面一年花费的600亿英镑（DfT, 2004a）。

鉴于2003~2004年度来自燃油税和车辆消费税且不包括增值税的总收入为280亿英镑（The Treasury, 2004b），根据简单的（但不是必然有效的）假设，以里程为基础的收费会取代所有汽车的车辆消费税和燃油税的总收入，每年50亿英镑的运行成本占收入的18%（不包括分期偿还的启动成本）。不包括增值税有两个原因：第一，它是一种适用于大多数商品和服务的消费税，是总收入的组成部分；第二，来自燃油增值税的收入无法准确估算，因为零售商的增值税收益率包括所有的增值税目录的商品。然而，指导小组称，为了使设定的收费与边际社会成本相等，交通部的全国模型给出了2010年的总收入90亿英镑（按1998年的物价水平）。根据这一收入，运行成本将会超过50%，形成一种相对低的成本率（尤其是和现有的燃油税征收相比），尽管分析认为会有净社会收益。有一项分析强调了这种低比例，与之相较净收益可以从110亿英镑燃油税的增加中获得，占征收成本非常少的一部分。然而，这都会增加使用者的成本，不论交通拥堵的程度以及他们出行去何地和何时出行。公共政策研究院对一个增加收入的方案进行了研究（由格莱斯特和格雷厄姆进行），认为收费能够获得约160亿英镑

264

（按2010年的物价水平）的额外收入，减少7%的交通流量，相当于一个中性收入方案增加了7%（Grayling，Sansom and Foley，2004）。假如一部分燃油税也由道路使用收费取代，那么征收成本可能低于方案收入的20%（假设成本是50亿英镑）。当收费增长，收入也随之增长，从而减少成本的相对规模时，很难否认指导小组估算的系统成本是非常巨大的。

如果考虑到这个系统实施和每年运行的总成本，那么对于覆盖整个路网的一个真正全国性系统的经济效率，应该有真正的置疑。利用先进的车载技术对仅仅因为一个意外事故或天气而遭受交通拥堵的路网的一部分实施收费，似乎难以证明是合理的，在这一收入很可能已获得的情况下。这就强烈要求有两个层次系统，对这个路网的大部分路段以及一天（和一周）内的非交通拥堵时段征收燃油税，而对该路网的那些经常出现交通拥堵的路段以一种交通拥堵收费上浮征收价格，这对于征收和执行收费是有效率的。然而，指导小组持不同观点："不论是全国性的随时间和地点变化的电子征收里程费，还是简单地与里程相关的收费——如燃油税，都要通过地方的交通拥堵收费方案来补充。"除非新的（以里程为基础的）收费系统应用于整个路网，否则重建车辆消费税和燃油税的构想难以实现的，指导小组倾向于使用一个新的全国电子收费系统。然而，这一争论似乎忽视了非常高的可能性，即排除了车辆消费税和燃油税初期的重建，任何系统都可能分作几年来实施。

265

税收、成本和收入中性

鉴于对货车道路使用收费的驾驶者税收中性的承诺确立了先例，要对全国收费系统做出一个类似承诺可能会有压力，除非到时引入一个全国的系统，废除对载货汽车收费的税收中性原则。虽然这样一个政策变化可能符合交通政策的基本原理，但这极有可能影响对一个全国方案做任何类似承诺的信誉，并由此影响方案的可接受度。然而，如格莱斯特和格雷厄姆（2004）指出的："现在的税收设置已发展10多年，不符合经济的原理论……强加于汽车驾驶者，以确保使用汽车的总成本反映车辆使用的边际社会成本的各种税收没有发展起来。”

由于载货汽车道路使用收费，税收（或成本）—收入中性意味着如果车辆使用的总税收成本（针对所有使用者和整个国家）没有增加，那么这个大方案的实施和运行成本就不得不由中央政府的其他收入来补充。指导小组声称，“即使道路使用者支付的总费用没有超过他们支付的燃油税，仍可以获得主要收益。但新增的收入可以为更多的交通基础设施或服务提供资金，也可以创造更高的环境收益”（DfT，2004a），这个小组给出一种印象，它太期望方案的支出可以从其他政府收入或不相关的收入来获得。但是，考虑到它承认的实施和运行成本非常巨大，这似乎是不太可能的，尽管有中央政府似乎承诺过的（车载装置和/或其安装可能例外）载货汽车道路使用收费的先例。

撇开谁承担实施和运行成本的问题，中性原则有重大的政策意义。由于在交通拥堵区域和最为拥堵时段有相对较高的收费，而在那些交通流量较少的区域，费用会较低或可能非常低，这就会鼓励更多地使用那些区域内的道路，部分由于高成本区域的分流，以及发展要求的增加。一些人可能认为这恰恰反映了市场的力量，但任何一项这样的特定政策的结果应该是被认识到并策划出的，而不是无意识的。而且，对道路使用者来说，成本中性的一项政策对整个社会不可能是最有效率的。

266

如果以直接使用者的角度，收费的总体影响是要实现税收中性，那么方案将不会产生新增的资金，以补充交通改善，减轻那些交通拥堵地区和时段的收费影响。但是，替代物并不仅仅是一种经济需要，公众接受度也可能高度依赖于这些措施的及时兑现。实际上，其兑现或许需要期待在收费启动时有额外的投资。

虽然载货汽车道路使用收费确定了一个先例，但伦敦确立了另一个。在这里，使用小汽车、厢式货车和载货汽车的成本有了真正的增长，但方案的运行费用来自收入（启动成本的资金来自伦敦交通局的一般收入）和再投资于交通——包括改善公共巴士服务——的盈余。对于一个全国方案来说，这或许是更为现实的模型，是道路使用总成本中的一种净增长。虽然非拥堵区域的驾驶者支付的费用会少于现在，但那些最拥堵区域的驾驶者则肯定要支付更多的费用，收入方面的净增长可以重新投资到交通中，首要的是那些支付最高费用的区域，自然也是额外投资需求最大的区域。其中关键词是“额外”。这样一种安排仅可能获得一般认可，如果满足以下条件的话。

（1）清楚投资的“基本”（即没有收费）层次；

（2）非常明确额外投资是什么；

（3）财政大臣不能要回“基本”资金，假如有“额外”资金存在；

（4）在额外收入产生的地方和额外收入花费的地方之间，存在一种合理的界定清楚的关系。

即便上述条件都满足，政治家们面对使用该方法带来的道路使用总成本的增加也可能会退缩，虽然以交通、经济和环境的角度都能很好地证明这种方法是合理的。

虽然在全国方案完全落实之前，削减燃油税和车辆消费税很可能不切实际，但这必然为终极政策提供了信号。无疑，承诺削减一种税或两种税都会增加方案的可接受度，即使其不能达到完全的税收中性或收入中性，然而这样的削减时间表不会在古德温“恶劣的”的时期里。

这就涉及设置收费以及管理成本和收入的问题。

267

收费和权力下放

然而，重要的是，首先要指出，当财政大臣为整个英国设定燃油税时，英国国会只有将“全国”道路使用收费系统引入英格兰和威尔士的能力。苏格兰和北爱尔兰的职责在于权力下放的行政机关（虽然威斯敏斯特通过立法驳回了权力下放行政机关的要求，但这似乎是最不可能的）。即使在威尔士，威斯敏斯特的权力也是有限的，因为在干线公路安装任何设备都会处于威尔士议会的管理权之下。因此，尽管载货汽车道路使用收费是一项税收事务，适用于整个英国，但（举个例子）苏格兰能够决定不加入一般的道路使用收费系统，这导致英格兰和苏格兰在燃油税和由此造成的燃油成本方面最终可能存在差异。那样就会再度引起争论，关于载货汽车道路使用收费的实施是否能形成一个公平竞争的环境。即使苏格兰国会同意加入，毫无疑问它也要控制其管辖范围内的收入，即使不控制成本和基本的收费水平。

权力下放问题也有助于强调整个英国达成一种政治认同的需要，而非仅有威斯敏斯特主要政党间的一致。由于每个国会/议会都有自己的选举周期，要在整个英国达成一致可能会带来政府中任何一个席位发生变动及其控制权和/或政策发生变动的风险。

设置和规范收费

如果道路收费或交通拥堵收费有效影响了出行决策，那么收费结构应该是可以预测并易于理解的，1964 年斯米德提出了两条标准（Ministry of Transport，1964，见第 3 章）。要让收费是使用者可以接受的，它们必须看起来公平合理。与这些条件紧密相关的是收费与燃油税和车辆消费税的关系，收入的使用及其规范。

的确，指导小组进行的研究发现，道路使用者理解收费结构的能力将影响收费的接受度、遵守度和效率，研究认为，“不可能将……道路收费概念的接受度与他们对其试图发出的价格信号的回应能力分离开来”（Institute of Transport Studies，2004）。这一研究也得出结论，驾驶者不能或不愿去计算他们将承担的精确费用，他们理解的收费结构是“能够希望的最好价格”，并且能够评估相关选择的成本，这意味着需要一个能够呈现如下说法的收费结构：“在预期交通最拥堵的时段和区域，收费也将是最高的。”

268

如果中央政府能成功地鼓励地方政府采用地方交通拥堵收费方案，既解决地方问题，又成为一个全国系统的探索者；那么在引入全国的收费系统之前，将会有几个区域拥有地方收费方案。但中央政府不应该避开，只是等待地方政府采用收费方案。正如国家审计署报告（NAO，2004）中解释的，交通拥堵是关键的城市间交通走廊的一个严重问题，中央政府可以并且应该发挥一种引领作用，采取行动，实施必要的立法，并在国家路网的某些路段引入开拓性方案。确实，向毗邻已计划实施地方收费的城市地区的城市间路网引入收费，将有助于阻止经济活动的去中心化。

虽然有人可能认为，一个开创性计划的必要部分是获取来自不同收费结构和水平的经验，但如果一个国家的收费体系有大量的差异，就会存在混乱的风险，阻挠人们顺利地理解斯米德的收费原则，增加基本原则遭遇争论的可能性。这不仅是收费结构和水平的问题，而且也是事关豁免和折扣的问题。

鉴于伦敦设定的为居民提供90%的折扣，以及之后为街区支付提供折扣的先例，如果其他地方的道路使用者不能找到类似的好处，且地方政治家不遵循利文斯通的例子并做出各种让步，以追求他们的方案接受度，结果将是令人惊讶的。虽然有人主张对地方收费方案决定实行这些措施是地方政府的责任，不仅交互操作的实行可能限制其特性，而且方案也可能需要一致性（因为要满足综合的原则）。

因此，明显有必要建立一个全国性的框架，指导地方和城市间方案的设计，它承认地方政府会采取旨在把净收入投资到地方交通的措施，以弥补交通拥堵收费，受到至少可以保留净收入10年的条款的（由《2000年交通法案》规定）影响。在实施收费方案的269 过程中，地方政府会做出政治上的承诺，可能也有合同上的承诺。认识到“避免一种渐进式的发展”的需要，达林承认中央政府必须起主导作用（House of Commons，2005c）。

对于一个全国性方案来说，指导小组强调了地方知识在设置收费方面的重要性。而且，因为公路管理局负责97.5%的英国路网，地方政府对收费影响其道路使用有直接兴趣，特别是那些有关补充地方交通拥堵收费的机构；地方政府协会（一个代表英格兰地方政府的机构）宣称“任何国家道路收费方案都需要地方有决策的能力，针对收费的水平和规模”（LGA，2004b）。因此，强烈需要创建一个代表中央、地区和地方政府的机构，做出关键决策，如以透明方式设置收费（包括豁免和折扣）和净收入的分配。

证明透明度以及持续尊重收费方式的原则，对于达到足够的公众接受度可能是至关重要的。《新土木工程师》对土木工程师所做的一次民意调查发现，只有16%的人“信任中央政府会把道路使用收费获得的钱投回到道路上”（*NCE*，2004）。皇家汽车俱乐部的汽车基金会发现，74%的受访者要求有一位独立的检察官代表道路使用者的利益，只有10%的汽车驾驶者认为不需要独立的检察官，信任中央政府会“执行公平的解决方案”，而要求一位检察官的比例上升到60%（RAC，2004）。这种信任缺失无疑反映出民众对政府普遍缺乏信心。

对独立管理或监督的主张提出了一个为指导小组所证实的重要的制度性问题。根据现有的（英格兰和威尔士）立法，国务大臣在批准地方收费方案（在伦敦之外）方面起着一种准司法的作用。然而，这可能与其作为全国收费方案的倡导者或提供者是矛盾的。如果既有的地方收费方案由国务大臣批准，其后被归入全国方案，情况将是复杂的，而当一个全国方案有可操作性，那么这种复杂将不可避免。

指导小组审查了一系列的收费结构和水平，包括设定收费等于边际社会成本、提出收入中性，以及设置收费水平为从10便士到75便士不等的幅度；平均收费根据边际社会成本方案征收，如表14－2所示有10种收费水平。在这一体系下，如表14－2中所示，一半以上的道路使用者付费将少于燃油税（假设废除燃油税），约80%的道路使用者付费不超过每公里5便士。 270

尽管经济目标有一种强有力的正当性，如设定收费与边际社会成本相当，但它们对于使用者来说可能是十分不透明的，很容易造成对情况发生变化（其没有受益于利文斯通在伦敦收费中60%的增加）的担忧。"服务水平"是新加坡所采用的方法，以设定收费来实现高速公路上的平均车速在每小时45公里至每小时65公里，在干线公路和中央商务区内为每小时20公里至每小时30公里（见第5章）；美国采用高承载率收费车道，设定收费以维持车辆的自由流动。这两种方法具有很多优点。

设置服务目标的水平，不论是时段和区域（或特殊线路）的平均车速，还是运行方面的其他一些直接数据，都是一项政治/政策上的决定。而实现这些目标的收费被解读成一项技术任务，且要求一个独立的监管者"确保收费水平得到正确的应用……收费的进展符合国会确定的作用"（House of Commons，2005a）。这些目标会提供一个透明的原则，便于为道路使用者理解，还能提供政治上的可计量性，并避免收费水平细节被干预。它还有潜在的"可接受度"的优点，即如果需要降低费用和其他数据，收费也会减少。

然而，任何有关交通拥堵的收费都会存在负面影响：当交通容量由于投资和交通拥堵减少而增加时，收费也会减少。那些使用有投资的道路的人也比使用没有投资的道路的人承担了更高的费用。投资不可能给予那种特定的交通走廊甚或道路；它可能给予一条新的公共交通线路，其可以吸引道路使用者放弃汽车。这意味着需要为新增的交通容量计入一种"附加费"。尽管这是必需的，但会给相对直接的服务水平概念增添一定程度的不透明性。

正如指导小组认为的，这也有利于建立收费结构，鼓励使用更有效率的（污染较少的）车辆，就像伦敦交通拥堵收费和载货汽车道路使用收费中那样。然而，将收费设定为等同于边际社会成本在环境方面好处是十分有限的；若要产生重要的影响，收费就必须非常高。

对其他方式的影响

引入与交通拥堵相关的收费，可以预料将导致一些行程转向公共交通，使其需求增加，但依赖于需求怎样得到满足，并不必然提升那些需要公共补贴的服务的经济活力。鉴于铁路占很少的份额以及存在于部分铁路网的容量问题，相对少的人从汽车转向铁路，但在铁路使用方面可能呈现一种相对多的增长，给交通容量造成严重的问题，其中很多问题无法在中、短期内得到解决，且大多数问题需要巨大的投资。

相当于边际社会成本的收费会引起质疑，即为那些打算鼓励使用公共交通而不是私人道路交通的人提供了补助金的正当性（Glaister and Graham, 2004）。然而，最大的补助金偏重于乡村地区，那里交通拥堵有限，因此在那里，需要一种从燃油税到以里程和交通拥堵为基础的收费再分配；如果收费前的服务得以保留，那么可以很好地削减汽车使用成本，而可能的后果是减少了公共交通的使用，并因此增加了公共补助金的成本。正如格莱斯特和格雷厄姆得出的结论，针对引入以交通拥堵为基础的道路使用收费没有争论，但需要一种认同，即想明白并且能够应对收费对公共交通政策可能带来的后果。

公众可接受度、个人隐私和公平

任何方案的公众可接受度都可能受到收费合理性和公平观念以及净收入用途的极大影响。净收入消失于国库总收入中的任何概念几乎肯定会使对收费的反对增加，就如达林所说的：

> 如果你想赢得民心和民意，我想这是非常重要的……人们可能看到它们有差别。如果看起来只是你做出了贡献，但一些未详细说明的第三方却从中获益，那么要说服人们相信这实际上对他们是一个更好的办法，是相当困难的。（House of Commons, 2005c）

确实，对人们来说，重要的可能不仅仅是表明绝大部分收入将专用于交通——但不必然用于道路，而且要表明这些收入是额外的资金，至少是大部分资金，多于或高于那些可能以其他方式已经分配给交通的资金，这也可能非常令人满意；考虑到人们对中央政府的信任度不高，强调对收入进行某种形式的独立管理是有必要的。

272

皇家汽车俱乐部认识到可以对道路使用收费与促使撒切尔夫人下台的人头税（社区收费）进行比较，指出由人头税产生的输家比赢家多（RAC, 2004）。如果设置收费会产生更多的赢家而不是输家，那么可接受度会提升；有输家的地方一定获得了改善，输家能够认识到必须通过减少交通拥堵来改善，以便有更多的出行时间保障和更好的选择方式。相比这下，人头税被视为一种没有任何好处的花费。

一般认为公众的态度受媒体影响，来自伦敦、爱丁堡的证据和全国系统的最初想法表明，总的来说媒体倾向于站在收费方案的对立面，尽管《伦敦晚报》现在准备承认伦敦方案的好处。一个拥有良好公众形象的战士是必需的，他可以对承诺做出说明，也可以对平衡做出说明，这对于成功推进任何一个收费方案都是必需的，即使不能完全避免，至少也可以抵消一些敌对。在建立对收费系统的信心方面，媒体也发挥着关键的作用，如证明这是一个无差错、无欺诈和无逃税的系统，是得到一般公众接受的关键；媒体的质疑尤其当其建立在不好的基础上时，可能特别有破坏力。

公众对收费方案的接受度也受到担忧公民自由——或更具体地说——个人隐私和公平的影响。个人隐私——担心车辆被追踪，有关行动数据被储存——经常被视为几乎任何形式的电子道路收费系统都存在的一个潜在问题。但是，一个以卫星为基础的系统可能被用于许多其他的交通执法目的，加上对获取记录的控制，是公民自由行动组织“自由”所担忧的（*Traffic Technology International*, 2004）。虽然有些人的个人隐私可以通过直接销毁成功完成支付交易后的记录得到保护，但到目前为止，收费机关担忧那样会阻碍用户确认、核查和可能质询任何潜在的收费错误。尽管指导小组的研究显示，62%的调查受访者“没有视它（个人隐私）为重要问题”，但指导小组指出：“忧心于个人隐私问题的数量可观少数派强烈地持有这样的信念。”（DfT，2004a）然而，正如这项研究发现的，几乎没有人了解这样一个系统是如何运行的，很多担忧有可能通过了解系统的设计和信息得到解决。但是，他们认为要克服所有的担忧可能并不那么容易，他们的结论是：“个人隐私的重要性……意味着它是政策制定时首先要解决的问题。”指导小组的研究还发现，“一些初始的证据表明……当建议由一个独立的第三方负责管理方案的时候，对个人隐私的担忧在某种程度上得到了安抚”。

273

虽然有人认为伦敦市中心的收费通常使那些低收入者获益，因为他们可能更多的是公共巴士使用者，但毫无疑问，收费给那些需要使用汽车的人带来了负面影响。由于其他地方的公共交通较不普遍，给穷人工作、教育、健康和购物造成了社会排斥（Lucas，2004），因而，对于收费给那些低收入者带来的影响，可能担忧更大。负面影响的特点和程度可能依赖于地方环境：家庭、工作和重要服务的地点与公共交通服务的关系，以及步行和骑自行车的可达性。然而，有一些证据说明，如果固定的车辆消费税成本由一种使用收费取代，与里程相关的保险方案，如诺里奇联盟的“按驾驶情况付费”也是可用的，那么负面影响可能得到减轻（Grayling，Sansom and Foley，2004）。但是，如果汽车所有者不得不支付必要的车内设备费用（资本和/或安装），对那些低收入者将会产生一种特别严重的影响。然而，减少燃油税作为交通拥堵收费的一个补充，将有利于那些低收入的汽车使用者，他们不需要使用交通拥堵的道路，因此对那些乡村地区汽车使用者特别有利，那时公共交通选择几乎不存在，步行或骑自行车不是一种切实可行的选择。

对支付的设置需要简单地适应那些没有信用卡或银行账户的使用者，其中包括很大一部分低收入者，从伦敦的调查研究中发现，这些低收入者付费特别不方便（见第12章；CfIT，2003）。

地方收费方案

由于最早直到 2010 年中期，才似乎有可能实施一个全国范围的收费系统，中央政府计划由地方政府率先实施，就像“十年计划”提出的那样。指导小组建议，可以通过使用不同的收费技术和增加收费的可接受度，为全国性收费系统“提供一条路线”(DfL, 2004a)。达林告诉下院交通委员会，他期望收费“从地方开始”，他要“看到一个足够大的区域实现一种结果……从中能够获得一些优势”，而且它可以“在大约五六年内”做到（House of Commons, 2005c)。

274

尽管因为利文斯通的再度当选而强化的对伦敦方案成功的期待可以鼓励其他地方政府发展收费方案，但地方政府对启动收费方案几乎没有兴趣。2003 年 11 月，英国广播公司的《晚间新闻》发现，在 49 个回复民意调查的英格兰单一机构和大都市机构中，只有一个正在考虑使用交通拥堵收费，26 个认为在接下来的十年中仅仅会再多几个方案（BBC，2003b)。直到达林宣布建立交通创新基金，宣布“要支持这种一揽子的投入……包括道路收费、模型转换以及更好的公共巴士服务”(DfT, 2004a)，才开始引起各方注意；但采用交通拥堵收费不是获得基金的先决条件。这个基金开始于 2008～2009 年，预计其预算约 2.5 亿英镑，在“基本完全发展起来的时候将增加到约 250 亿英镑”（House of Commons，2005c)。然而，基金真正能达到多少将依赖于未来的《综合支出评估》，并要抑制铁路对公共资金的贪婪胃口。因此，这似乎更多的是一种强烈愿望而非坚定承诺。

虽然资金可能很重要，但它不是地方实施收费方案的主要障碍，技术问题也不是；根据地方政府协会的说法，这是“政治的意志”（LGA，2004a)。确实，指导小组承认，地方选民和地方政府目前看到“冒险尝试”好处不多，建议中央政府需要提供“更多的鼓励和领导力”，也要求中央政府更直接地帮助地方政府。考虑到自“十年计划”启动以来中央政府的记录，下院交通委员会明确表示，地方政府可能需要更多的信心，在中央政府就一个全国收费方案做出最后决策前它不会成为替罪羊（House of Commons，2003b）；这反映了英国广播公司政治记者马克·马德尔的话，利文斯通的方案是“一个借口，在肯·利文斯通遭受政治不幸和初期困难的时候，中央政府强烈反对，其后却要将其引入这个国家的每一个城市”（BBC，2003a）。

275

尽管获得额外的资金会鼓励采用包括交通拥堵收费在内的政策，但除非地方上普遍认识到交通拥堵是一个严重问题、收费是旨在缓解交通拥堵一揽子措施中一个合理的措施，否则其不太可能实现。不过即使如此，地方政府的一个主要顾虑是收费对地方竞争力的潜在影响，它可能会把贸易和经济发展赶到其他地区，对现在的英格兰地方政府结构来说，这个顾虑几乎不能回避。虽然1997年布莱尔政府承诺为伦敦构建一个地区政府，但没有试图重设1986年与大伦敦议会一同废除的大都市郡，而这一政策在大曼彻斯特、默西赛德、南约克和西约克郡、泰恩－威尔以及西米德兰兹保留，在几个地方的单一议会之间进行了划分，这是一种在西北部实行的结构，彼得·霍尔称之为“疯狂”（*Regeneration and Renewal*，2005a）。尽管这些城市都有地区性的旅客运输管理局和客运交通管理局（Passenger Transport Authorities and Executives），为其城市群准备《地方交通计划》，但权力仍保留在地方议会，一个地区范围的方案需要获得地方议会的批准，在那些城市群中要实施收费方案可能性大大降低，因为议会处于不同的政党或党派团体的控制之下。

下院交通委员会成员、前曼彻斯特市议会领袖和政府组织秘书格雷厄姆·斯特林格，强力支持在伦敦以外建立有直选市长的城市区（*Regeneration and Renewal*，2005b），这一想法受到地方政府大臣尼克·雷恩斯福德原则上的支持（*Regeneration and Renewal*，2005c）。然而，尽管一个关于未来地方政府的咨询文件（ODPM，2004）提升了更多直选市长的可能性，但在十年内最终实现任何一种改革，以促使在城市群内实施地方收费方案，都希望渺茫。实际上，有报道称英国副首相办公室（Office of the Deputy Prime Minister，ODMP）的城市政策项目主任因对中央政府缓慢推进城市区域的发展感到失望而于 2004 年 11 月辞职（*Regeneration and Renewal*，2004）。地方政府协会把地方政府管理范围的模式也看作交通拥堵收费的一道阻碍，因其边界“与出行到工作区域几乎没有关系”（House of Commons，2005b）。

关于经济效益和风险同样存在一些顾虑。其他城市不太可能支持 5 英镑的收费——尽管利文斯通独自计划收取 8 英镑，或在一天很多时段里收取；爱丁堡的计划是 2 英镑，外层警戒线每天只运行 3 个小时。然而，就如第 13 章已经指出的，收费和执法成本将不会相应下降。由于英国地方政府非常依赖来自中央政府的资金（其掌控的地方税收占收入的 1/4），交通创新基金的一个潜在用处是认购实施收费和执法系统的所有成本；有报道称，布里斯托尔计划的方案就依赖于一种假设，即中央政府会提供包含这些成本的资助。地方政府也可能寻找一种捆绑式的安排，即在成为一个中央政府的开创者后，确保不会有相关的地方成本或收入罚款。另外，需要对地方的补充措施进行投资，以适应交通拥堵收费带来的交通和模式转变。由于紧张的交通预算，这些投资可能依赖于中央政府的资金。

276

但是，资金仅仅是需求的一部分。由于取消对伦敦以外的公共巴士服务的控制，地方政府不能实现利文斯通所策划的那种改善。然而，很明显中央政府不选择让伦敦以外重回管理范围（DfT，2004c；Hansard，2004）。相反，2004 年白皮书强调利用法定的优质伙伴关系和优质合同实现公共巴士服务的改善。但地方政府协会表明其相信“存在于伦敦的力量……并不存在于这个国家的其他地方……要使任何一个道路收费系统运行，变革是最基本的”，它怀疑任何方案难以实现，“直到监管的框架出现变革”（House of Commons，2005b）。尽管有些渺茫，但仍有一线希望。有报道称，达林在与大曼彻斯特客运交通管理局（PTE）的讨论中指出，曼彻斯特重回某种程度的管理是可能的，作为一揽子计划的一部分，可以确保客运交通管理局的未来轻轨延伸计划（*Evening News*, 2004）。如果这个计划在曼彻斯特变成现实，那么“某种程度的管理”可能变成其他地方“激进”政策的一部分，包括收费。

如果期望地方政府扮演开创者的角色，那么它们应该清楚地理解地方方案怎样在收费的技术上与可能的未来全国方案相联系（例如，怎样使地方车牌自动识别与电子标签和信标、专用短距离通信方案与全国方案的整合，或怎样移植到全国方案），以及怎样管理来自先前地方方案已有的收入。通过抵押净收入流，保证地方收入的增长是现实的，并且无论如何不会被抵消，而中央政府资金的削减也可能是关键的。 277

就准许收费技术提供的类型，以及交互运行的“后台”（最理想是可分享的）服务设备，其能够让使用者通过一个单一部门向不同机构支付费用，这些早期决策也是必要的。

虽然《2000 年交通法案》提供了基本的权力，使地方政府能够实施这些方案，但国务大臣干预和拖延的权力远远高于其在伦敦方案中的，因为在伦敦，收费计划可以根据《大伦敦政府法案》执行。如果伦敦市长被国会认可有能力做出决策，那么就很难理解为什么其他地方的政府也对选民负责，却在没有国务大臣持行使干预权时不能做出类似决策。同时，对《2000 年交通法案》是否批准区域范围的方案实行存在质疑，那种类型的方案可能需要减少竞争劣势的顾虑，对是否获得必要的政治认同也存在怀疑；应该对《2000 年交通法案》做出修订，以允许对主干道（包括高速公路）收费，而不是将其作为一个地方政府方案的一部分。这表明需要早早地对已有的立法进行详细评审和修订，以便于那些方案批准，并允许对高速公路和主干道实施收费。

就如第 13 章已经指出的，稳定性是尝试诸如交通拥堵收费这样激进而长期的策略的一个关键条件。但是，很多地方政府的选举周期是这样的：1/3 的成员在每个 4 年任期中有 3 年要为重新选举而竞选；副首相办公室正在考虑所有成员有一个普通的4年任期，以克服一些因频繁选举所造成的怯懦。

尽管强调地方政府作为开创者的作用，但其兑现更有赖于中央政府“新地方主义”为开拓地方的领导才能提供动机与机会的效率，这些才能为最近的保守党和工党政府的中央集权主义政策所扼杀。但有迹象表明这是有希望的。在斯密研究所（一个左翼的智库）的文件中，戈登·布朗的前主要经济顾问埃德·鲍尔斯写道：

> 我们必须准备走得更远，让地方民众能够更多地为满足地方需求做出地方决策。伦敦成功地引入了交通拥堵收费，表明可以用怎样一种公平且负责的方式去决策实施。我们应该准备考虑其他的激进选择，确保权力和责任下放，以能携手前进。(Balls，2003)

278

戈登·布朗曾说：

> 下一个十年将看到最大的权力转移，从白厅和威斯敏斯特转移到地区、地方和社区，使英国从旧式的“白厅最了解”文化转向不是一个而是有很多行动和权力中心的英国。(Brown，2003)

然而，这似乎表明戈登·布朗的兴趣在于分权，“把决策权下放给很多较小的地方团体”而不是城市地区，他的传记作家也暗示，其动力是反驳“他是一个无药可救的中央集权主义者和‘控制怪物’”这种持续的攻击欲望（Peston，2005）。

在一个对维多利亚时期城市的分析中，如伯明翰的张伯伦等地方领袖取得了巨大进步，特里斯特拉姆·亨特的结论是：“19世纪的历史清楚地表明，下放的权力吸引了地方人才。”（Hunt，2004）然而，即使中央政府计划分散权力，似乎也不相信那里有必需的人才。在起草《地方交通规划》指南时，交通部说，它“对地方政府一直尝试实行战略领导，以获得对有潜在争议的《地方交通规划》（*LTP*）方案（如交通拥堵收费或其他需求管理措施）的地方支持特别感兴趣”（DfT，2004b）。但是，只要中央政府继续通过白厅管理，剥夺地方政治家的真正权力，要吸引真正的人才进入地方政府将是困难的，除非他们将其作为一块去威斯敏斯特的垫脚石；正如特拉弗斯指出的：“只有一种办法使地方政府更有权力，那就是给它更多的权力……一种真正的地方分权应该是一切改革的目标。”（*The Times*，2005a）但是，那意味着给地方政府对财政和地方税收更多的控制权，财务部放弃其近几十年来获得的权力，而这似乎是不可能的。即使威尔士也没有获得征税的权力，苏格兰也仅仅被赋予最小的权力。

政策真空

我们会不会有一个全国性的以里程为基础的使用者收费？我们什么时候实行这一收费？这一收费会怎样影响需求？在能够清楚地回答此类问题之前，肯定会存在不确定性。这种不确定性将影响采取怎样的方法去发展和计划长期的政策、规划和方案：“收费使方案更不必要还是更有必要呢？”如何对它们做出评价：“未来的需求是什么？”以及怎样为它们提供资助：“可能的收入流是什么？”

279

虽然有关是否和怎样推进一个全国系统的决定是复杂的，但拖得越久，由拖延造成的困难可能也就越大。在此只给出一个例子。交通部于2004年开始一次咨询，关于是否为西米德兰兹/曼彻斯特的交通走廊提供额外的交通容量，最好通过拓宽现有的M6高速公路或建设一条新的与之平行的收费道路。就如特许物流与运输学会指出的，如果在中央政府决定通行费“何时征收、怎样征收、征收多少”之前实施采购，那么潜在的特许权获得者将“不能评估这个建议的一般收费……对其潜在收入或装备和管理通行费征收成本的影响，有可能出现风险溢价，除非……中央政府同意一种可接受的安排，为这些风险提供担保”（*Focus*, 2005）。

与此同时，人们也期望政策真空可以引起地方政府的注意，使其有兴趣考虑实施交通拥堵收费。

取得进步

若要取得进步，就需要中央政府对全国收费系统的提案勾勒一条清晰的路径，以一种“绿皮书”的形式指明关键的选择和决策点，这样所有利益相关的党派都有机会发表他们的观点。绿皮书应该列出现有（2000 年）交通法案项目计划中的所有变化，以能够实现立法；新的立法无疑是必需的，像达林在引述现有立法时认识到的：“只有足够全面才能走下去。”（House of Commons, 2005c）解决法律目标可能既耗费时间又代价昂贵，而对此的威胁将阻止诸如交通拥堵收费这类政策的推进。也许是运气好而非由于计划好，《大伦敦政府法案》给伦敦市长相当大的权力，但规定他要遵守这个法案。任何对《2000 年交通法案》的修订以及新的立法，都应该为伦敦以外的政府提供类似的保护。

如果达林的说法是正确的，与伦敦的 3 年时间相比（其受益于伦敦道路收费选择一年的研究），在实施任何额外方案（在伦敦之外的英格兰）之前，收费方案从 2005 年起需要 5 ~ 6 年的实施时间，这意味着，如果这些方案想作为一个全国性方案的有效开创者，在 2014 年即指导小组建议的最早时间投入实施，并应对一些交通拥堵的增长，那么它们需要按时启动。但是，考虑到各种各样的障碍，那似乎是不可能的。或许，那就是达林为什么谈论 2020 年全国方案的原因。

280

小　结

由于肯·利文斯通再度当选伦敦市长，伦敦交通拥堵收费方案在其所覆盖的收费区域和收费的技术方面，可能会得到进一步的发展。然而，延伸收费区域以及将收费涨价到 8 英镑，一般来说不会被居民和企业轻易接受。

伦敦最初方案的成功已经促使其他人考虑采纳交通拥堵收费的政策，虽然英国地方政府态度仍然勉强，只有爱丁堡承诺实施交通拥堵收费，诺丁汉承诺对工作场所停车征税。尽管伦敦方案获得了发展，但中央政府在骑墙观望以后做出了一个初步的承诺，在 2010 年中期推进一个以里程为基础的全国道路使用收费系统，这意味着到那个时间，卫星定位应该足够精确，相关设备足够便宜，使这样一个系统变得切实可行。引人注目的是，诺里奇联盟愿意以现有的全球卫星导航系统技术作为其业务新方法的基础，记录投保人出行的地点和时间，这与中央政府的谨慎形成鲜明对比。在 2001 ~2005 年的政府及其后继者之外，危险确实存在，即当“好的”形式或技术为早期行动提供了真正机会的时候，由于当局习惯于“最好的”形式或技术，决策遇到困难。然而，当该行动尝试依赖地方政府时，其结构和权力却无法满足需要，这就表明威斯敏斯特和白厅没有理解真正的问题之所在；尤其是尽管资金十分重要，但它并不是地方政府不愿意接受交通拥堵收费方案的首要原因。

即便如此，中央政府继续推进对载货汽车以里程为基础的可能会使用全球卫星导航系统的收费，尽管利文斯通的担心可能是对的：爱丁堡公投中的“反对”会导致中央政府和其他地方政府废除收费计划。但是，那会使真正的弱点得到证明，即缺少决心去解决交通拥堵造成的全国和地方非常严重的问题，这与利文斯通的承诺形成强烈的对比。

尽管布莱尔起初有些反感，但利文斯通已经指出了道路。但是，除了几个显著的例外，其他地方追随利文斯通看起来可能还要一些时间，载货汽车收费除外。中央政府及其官僚既前后矛盾又谨慎；他们本身不愿意采取激进的步伐，也不愿意下放权力让地方政府开辟道路。 281

参考文献

ALG (2004). *Report to Leaders' Committee*, Item 13, 20 April.

Balls, E. (2003). "Making economic policy local: how we can deliver full employment and rising prosperity for all," in E. Balls, J. Healey and C. Koester (eds), *Growing the Economy*, *The Local Dimension*, London: The Smith Institute.

BBC (2003a). "Thorny issue of congestion charges," 11 February, 09:32 GMT.

BBC (2003b). Newsnight *Survey Suggests Strong Opposition to Congestion Charging outside London*, BBC Press Office, 22 December.

BBC (2004a). "Road Charge 'Costly and Complex'," 1 June, BBC News.

BBC (2004b). "Road toll up by 'at least £1'," 1 November, BBC News.

Birmingham Post (2003). "Reverse gear over congestion," 1 December.

Brown, G. (2003). *New Localism Empowers Local Communities*, Treasury Newsroom & Speeches, 7 February.

CILT (2003). *The Impact of Congestion Charging on Specified Economic Sectors and Workers*, report by Faber Maunsell, London: Commission for Integrated Transport.

CILT (2004). *Response to Transport Select Committee: Road Pricing: Should all roads be toll roads?* London: Chartered Institute of Logistics and Transport. (Also due to be published in the Transport Committee's report on its inquiries.)

Conservative Party (2004). *A Safer London. It Can Be Done*, Manifesto for Steve Norris, London: Conservative Party.

Daily Express (2004). "£1.34 a mile driving tax, and Pay-as-you-go motoring will take away our liberty," 15 December.

DETR (2000a). *Transport 2010*, *The 10 Year Plan*, London: Department of the Environment, Transport and the Regions.

DETR (2000b). *Transport 2010*, *The Background Analyses*, London: Department of the Environment, Transport and the Regions.

DfT (2002). *DIRECTS Road User Charging Research*, London: Department for Transport.

DfT (2003a). *Managing our Roads*, London: Department for Transport.

DfT (2003b). *News Release 20030085*, *9 July 2003*, London: Department for Transport.

DfT (2003c). *Departmental Investment Strategy 2003 – 04 to 2005 – 06*,

London: Department for Transport.

DfT (2004a). *Feasibility Study of Road Pricing in the UK*, London: Department for Transport.

DfT (2004b). *Full Guidance on Local Transport Plans*, 2nd edn (Draft for consultation, July 2004), London: Department for Transport.

DfT (2004c). *The Future of Transport: A Network for 2030*, London: Department for Transport.

DfT (2004d). *Road User Charging Feasibility Study, Implementation Workstream, Report on Implementation Feasibility of DfT Road Pricing Policy Scenarios and Proposed Business Architecture*, Deloitte Consulting, London: Department for Transport.

282

DfT (2004e). *Transport Statistic Bulletin: Vehicle Licensing Statistics 2003*, London: Department for Transport.

DTLR (2001). *Road User Charging and Associated Technology, Roads and Local Transport Research Programme: Research compendium 2000 – 2001*, London: Department of Transport, Local Government and the Regions.

Edinburgh (2004). *Council Approves Arrangements for Transport Referendum*, News Release, 9 December, The City of Edinburgh Council.

Evening News (2003). "Conservatives set to take swing at Gray," Edinburgh, 25 April.

Evening News (2004). "Delegates tram talks raise hopes," Manchester, 27 September.

Evening News (2005). "Jack's honesty plea on tolls," 28 January.

Evening Standard (2004a). "Voters reject C – charge," 11 May.

Evening Standard (2004b). "Fares rise on bus and tube," 21 September.

Evening Standard (2004c). "It's a once-in-a-lifetime choice," 11 October.

Evening Standard (2004d). "£6 C – charge on way," 1 November.

Evening Standard (2004e). "Pay every time you drive your car," and "Transport is still a mess Mr Darling", 28 November.

Evening Standard (2004f). "£8 charge could ruin firms," 1 December.

Evening Standard (2005a). "Discounts offer in 'buffer – zone' for C – charge," 18 January.

Evening Standard (2005b). "WinDSRCreen sensors will pay the C – charge," 21 January.

Financial Times (2004a). "Livingstone determined to charge ahead," 12 August.

Financial Times (2004b). "Sensitive issue swept under the carpet," 14 October.

Financial Times (2004c). "Congestion charge to £8 planned by London mayor," 1 December.

Financial Times (2005a). "Capita to get congestion charge contract extended," 12 January.

Financial Times (2005b). "Pay-as-you-drive plan to lower young motorists' premiums," 12 January.

Focus (2005). "M6: giving motorists a choice," *Focus*, February, Chartered Institute of Logistics and Transport.

GLA Act (1999). *Greater London Authority Act 1999*, London: Her Majesty's Stationery Office.

GLA (2004a). *The Mayor's Transport Strategy Revision*, London: Greater London Authority.

GLA (2004b). *Statement by the Mayor Concerning his Decision to Publish his Revised Transport Strategy*, London: Greater London Authority.

GLA (2004c). *New Fares Policy will Secure £3bn Investment in Transport*, Press Release, 21 September, London: Greater London Authority.

GLA (2004d). *Mayor Unveils £10bn Investment Programme to Transform* London's Transport Network, Press Release, 12 October, London: Greater London Authority.

GLA (2004e). *Mayor to ask TfL to consult on £8 congestion charge*, Press Release, 30 November, London: Greater London Authority.

283 Glaister, S. and D. Graham (2003). *Transport Pricing and Investment in England: Technical Report*, Southampton: Independent Transport Commission.

Glaister, S. and D. Graham (2004). *Pricing Our Roads: Vision and Reality*, London: Institute of Economic Affairs.

Grayling, T. (2004). "Whatever happened to integrated transport?" *The Political Quarterly*, Vol. 75, No. 1, pp. 26 – 34, Oxford: Blackwell.

Graying, T., N. Sansom and J. Foley (2004). *In The Fast Lane: Fair and Effective Road User Charging in Britain*, London: Institute for Public Policy Research.

Hansard (2003). *Lorry Road Users Charge*, Column 493W, 10 December.

Hansard (2004). *Bus Regulation*, Column 619, 4 February 2004.

House of Commons (2003a). *Jam Tomorrow? The Multi Modal Study Investment Plans*, House of Commons Transport Committee, London: The Stationery Office.

House of Commons (2003b). *Urban Charging Schemes*, *First Report of Session 2002 – 03*, House of Commons Transport Committee, London: The Stationery Office.

House of Commons (2005a). Uncorrected transcript of oral evidence, to be published as HC 218 – 1, Minutes of Evidence taken before Transport Committee,

12 January.

House of Commons (2005b). Uncorrected transcript of oral evidence, to be published as HC 218 – 1, Minutes of Evidence taken before Transport Committee, 19 January.

House of Commons (2005c). Uncorrected transcript of oral evidence, to be published as HC 218 – 1, Minutes of Evidence taken before Transport Committee, 2 February.

Hunt, T. (2004). *Building Jerusalem: The Rise and Fall of the Victorian City*, London: Weidenfeld & Nicolson.

Institute of Transport Studies (2001). *Surface Transport Costs and Charges*, Leeds: Institute for Transport Studies, University of Leeds.

Institute of Transport Studies (2004). *Road User Charge-Pricing Structures*, Leeds: Institute for Transport Studies, University of Leeds.

Joseph, J. (2004). "No distance left to run: two US states' novel idea of road user fairness," *Traffic Technology International*, Tolltrans supplement.

Kensington and Chelsea (2004). *Key Decision Report, 22 April 2004, by Director of Transportation and Highways*, London The Royal Borough of Kensington and Chelsea.

Labour Party (2004). *A Manifesto 4 London: London Mayoral and London Assembly Elections 2004*, London: Labour Party.

LCCI (2004). *"Mayor's £8 C – Charge Plan Troubling" Says London Chamber of Commerce*, Press Release, 30 November.

LGA (2004a). *The Future of Transport: A Network for 2030*, LGA briefing, London: Local Government Association.

LGA (2004b). *Road Pricing-Evidence of the Local Government Association to the House of Commons Transport Committee*, London: Local Government Association.

London Assembly (2000). *Congestion Charging: London Assembly Scrutiny Report*, London: Greater London Authority.

London Assembly (2003a). *Mayor Must Do More to Sell Congestion Charging to Londoners*, Press Release, 24 July.

London Assembly (2003b). Transport Committee, 26 November, Transcript of Evidentiary Hearing.

London Assembly (2003c). Transport Committee, 11 December, Draft Mayor's Transport Strategy revision: central London congestion charging – westwards extension, Response from the London Assembly. 284

London Assembly (2004). *Minutes of Meeting of Transport Committee*, 11 November, Appendix A.

London First (2004a). *Submission to Transport for London*, 6 April.

London First (2004b). *London First Alarmed at Congestion Charge Increase*, Press Release, 30 November.

LTT (2004a). "Heathrow roads charge ruled out as mayor consults on extension," *Local Transport Today*, 26 February.

LTT (2004b). "High fares the price of Treasury support for TfL/PTE investment," *Local Transport Today*, 9 September.

LTT (2004c). "The price of Ken's ambitions," *Local Transport Today*, 9 September.

LTT (2004d). "Papers reprise opposition to nationwide road user charging," *Local Transport Today*, 16 December.

LTT (2005). "Road use charging: don't wait for the big bang," *Local Transport Today*, 20 January.

Lucas, K. (2004). "Transport and Social Exclusion," in K. Lucas (ed.), *Running on Empty: Transport, Social Exclusion and Environment Justice*, Bristol: The Policy Press.

Mackie, P. (2002). *The Political Economy of Road User Charging*, Leeds: Institute for Transport Studies, University of Leeds.

Mckinnon, A. (2004). *Lorry Road User Charging: A Review of the UK Government's Proposals*, Heriot Watt University, Edinburgh, http://www.sml.hw.ac.uk/logistics. (See also A. Mckinnon and D. McClelland (2004). *Taxing Trucks: An Alternative Method of Road User Charging*, Edinburgh: Heriot Watt University.)

Ministry of Transport (1964). *Road Pricing: The Economic and Technical Possibilities*, London: HMSO.

NAO (2004). *Tackling Congestion by Making Better Use of England's Motorways and Trunk Roads*, London: National Audit Office.

NCE (2004). "NCE 500," *New Civil Engineer*, 8 December.

ODPM (2004). *The Future of Local Government: Developing a 10 - year Vision*, London: Office of the Deputy Prime Minister.

Oregon (2001). *House Bill 3946*, 71st Oregon Legislative Assembly, 2001 Regular Session, State of Oregon.

Peston, R. (2005). *Brown's Britain*, London: Short Books.

Potter, S., M. Enoch, B. Lane, G. Parkhurst and B. Ubbels (2004). *Taxation Futures for Sustainable Mobility*, Economic and Social Research Council, Swindon: "New Opportunities on the Environment and Human Behaviour" Programme.

Progress (2004). *Progress Project*, *Main Project Report.*

Puget Sound (2004). *The Traffic Choices Study*, Seattle: Puget Sound Regional Council.

RAC (2004). *Road Pricing*, Press Release, 7 December.

Regeneration and Renewal (2004). "Lunts quits ODPM over city regions," Ben Walker, 19 November.

Regeneration and Renewal (2005a). "New Year's solutions: a 2005 wish list," Ben Walker, 7 January.

Regeneration and Renewal (2005b). "The mayor maker of Manchester's," Ben Walker, 21 January.

285

Regeneration and Renewal (2005c). "Minister backs core city mayor's ," Ben Walker, 4 February.

ROCOL (2000). *Road Charging Options for London: A Technical Assessment* , London: The Stationery Office.

Scottish Executive Development Department (2004). *Inquiry into Proposed Congestion Charging Scheme.*

Simon 4 Mayor (2004). *Policies for London*, info@ simon4mayor. org. uk.

Sun - Sentinel (2005). "SunPass getting new look," *South Florida Sun-Sentinel*, 24 January.

TfL (2004a). *Business Plan*, *2004 - 5*, London: Transport for London.

TfL (2004b). *Greater London (Central Zone) Congestion Charging Variation (No. 4) Order 2004*, *Supplementary Information*, London: Transport for London.

TfL (2004c). *Greater London (Central Zone) Congestion Charging Variation (No. 5) Order 2004*, *Supplementary Information*, London: Transport for London.

TfL (2004d). *Minutes of Board Meeting*, 22 July 2004, London: Transport for London.

TfL (2004e). *A Proposal to Extend the Central London Congestion Charging Scheme to Cover most of Kensington &Chelsea and Westminster: Your Opportunity to Comment*, London: Transport for London.

The Economist (2004a). "The Road tolls for thee," *The Economist Technology Quarterly*, 12 June.

The Economist (2004b). "Stop - go," 24 July.

The Economist (2004c). "The zoney war," 14 August.

The Green Party (2004). *Quality Life for a Quality London: The Green Party Manifesto for London 2004*, www. london. greenparty. org. uk.

The Guardian (2002a). "Blair urged to reject Birt Plan for new motorways," 20 May.

The Guardian (2002b). "Number 10 defends Birt after dig by Darling," 3 June.

The Guardian (2004). "Target Zones," 14 August.

The Scotsman (2004a). "Executive backs traffic tolls for every Scottish city," 4 June.

The Scotsman (2004b). "Labour leadership vows to keep congestion charge exemption," 3 December.

The Scotsman (2004c). "City hit by legal fight on road toll poll plan," 22 December.

The Scotsman (2005a). "Britain's transport strategy depends on Edinburgh 'yes' vote on road tolls," 20 January.

The Scotsman (2005b). "Free parking: the price of congestion charge," 22 January.

The Times (2003a). "Mayor pledges to peg congestion charge for a decade," 26 February.

The Times (2003b). "Bigger zone 'to increase congestion and debts'," 3 November.

The Times (2004). "Congestion Charge to be £8," 1 December.

The Times (2005a). "Winds of change must give power back to town halls," Tony Travers, 1 January.

The Times (2005b). "London leads the way to make drivers pay on all busy roads," 25 January.

The Treasury (2001). *Modernising the Taxation of the Haulage Industry: A Consultation Document*, London: The Treasury.

The Treasury (2002). *Modernising the Taxation of the Haulage Industry: Progress report one*, London: The Treasury.

286 The Treasury (2004a). *Modernising the Taxation of the Haulage Industry: Lorry Road User-charge*, Progress report 3, London: The Treasury.

The Treasury (2004b). *Public Sector Finances Databank*, 21 October, Table C4, London: The Treasury.

The Treasury (2005). *Modernising the Taxation of the Haulage Industry: Lorry Road User-charge*, A discussion paper, London: The Treasury.

Tip, A. and A. Wittebols (2004). "The key to success," Annual Review, *Traffic Technology International.*

Traffic Technology International (2004). "Charging into trouble," August/September 2004.

Transport Act (2000). London: Her Majesty's Stationery Office.

Westminster (2004). *Congestion Charging Update*, Report to Transport and Infrastructure Overview and Scrutiny Committee, 2 March, City of Westminster.

Whitty, Jim, Jack Svadlenak, Norman C. Larsen, Charles B. Sexton, Darel F. Capps, J. David Porter, David S Kim and Hector A. Vergara (2005). "Development and performance evaluation of a vehicle - miles - travelled revenue collection system," paper presented at the 85th Annual Meeting, January 2005, Washington, DC: Transportation Research Board.

World Business Council (2004). *Mobility 2030: Meeting the Challenges of Sustainability*, World Business Council for Sustainable Development.

15 最后

到本书出版的时候，伦敦收费将涨价到 8 英镑，方案向西延伸的纲要将得到批准；爱丁堡民众将决定他们是否实行交通拥堵收费；为载货汽车道路使用收费方案的采购也将走上轨道。一次英国大选也将举行（2005 年 5 月）。

无论谁执掌中央政府，都将继续面临为交通运行提供适宜的道路系统容量的挑战，鉴于增加满足需求的容量所面对的所有困难。这些困难随处存在，也包括需求增加的环境后果。而且，不管反对交通拥堵收费的观点如何，交通拥堵本身不是一种控制需求的有效方式，此点易于为一个广泛的企业、汽车和环保利益的联盟接受。这些看法可能越来越多地由一个不得不忍受日益严重的交通拥堵的选区反映出来，其认识到最近英国的交通政策没有起作用，确认需要重新思考我们怎样利用交通、怎样为交通付费。

因此，似乎不可避免的是：一个政府在某些阶段将不得不展现出肯·利文斯通的魄力，做出一个清楚而全面的承诺，引进与交通拥堵有关的道路使用收费，从声称技术不够成熟的防护面纱背后走出来。

技术应该是政策的实现者，而不是驱动者。如果允许技术驱动政策和政治，那么，总有另一种更高水平的技术即将来临，怯懦的领袖会辩称那种技术是值得等待的。在交通拥堵对生活质量、企业效率以及国际竞争带来一切慢性后果之前，有决心的领袖可以利用现有技术在那些最需要的区域兑现实在的收益。现在做一些事，或立即就做，比在我们能够做得“更好”一直推迟行动可能使我们的社会更好。

诚然，方案的雄心越大，技术失败的风险也就越大。几乎毫无疑问，按时交付的德国高度复杂的货车收费系统遇到了车辆通行收费的困难，这增加了一些对大规模道路收费方案可行性的严重质疑。成功实施一种英国载货汽车道路使用收费的方案，具体、按时和不超预算对英国其他收费方案的未来是至关重要的。

然而，新加坡、奥地利以及瑞士强化了伦敦的教训，表明如果不设立过高的目标反而可以取得成就。“足够好”可能是好政策的基础；实际上，为实施和运行“最好的”政策要估算庞大的成本，要让交通部道路收费可行性研究指导小组建议的以全球卫星导航系统为基础的全国性系统完全实施似乎是极不可能的。

因此，可以毫不怀疑，指导小组建议这一方案宁可从地方方案开始是正确的。但是，与其将它们视作开创者——这意味着不确定性与风险，还不如将其视作一个规划方案的步骤，利用现有技术解决最大的需求，不久可以为地方的承诺所支持。

然而，如果中央政府要克服其最初在 2000 年发布《十年交通计划》后遇到的失败，说服地方政府采用收费方案（可以断定几乎无法归功于伦敦或爱丁堡），那么，它将不得不在对待地方政府的方式上做出重大的改变。中央政府必须认识到能够兑现和保持地方公共交通主要是公共巴士改善的重要性。那是许多权力中的第一个，它应该回归地方议会，如果这些权力可以吸引有才能的地方勇士以他们的信念和领导才能，说服他们的社区采用像交通拥堵收费那样的激进政策，是很明智的。

培养地方领袖的同时，中央政府应该全力支持他们，在法律、经济或政治援助方面给予一切必要的东西，帮助他们实施和运行成熟的收费方案。如果伦敦市长拥有全权决定一次公开听证的必要性及其框架，那为什么其他政府议会就不行呢？难道国务大臣真的根据《2000 年交通法案》的规定，必须拥有伦敦以外英格兰地方收费方案的一切控制权吗？

然而，中央政府并不期望地方议会解决一切问题。在中央政府直接负责的一些高速公路和主干道，也像很多城市区域一样，交通拥堵是一个大问题。中央政府应该优先补助对这些道路实行收费的地方政府方案，制定允许收费的法律。

中央政府既不应该认为道路收费是一种投资选择，也不应该认为它是一种有用的公共收入新来源。收费在仅是一系列广泛交通政策的一部分，包含了对额外容量的投资的情况下才是切实可行的。在城市区域，对额外容量的投资将主要但非绝对地在公共交通上，并鼓励更多（安全的）骑行和步行。同时需要在提高对交通的控制和管理方面进行投资，还需要特别解决额外的公路容量。在主要城市和城市群周边的区域以及城市间的交通走廊，大部分投资可能用于使现有公路得到更好使用，以及选择性的额外容量。如果收费给交通使用者和地方社区带来好处，而不是单纯地被看作另一种税收，它才是可接受的。

广泛实行与交通拥堵相关的道路使用收费政策，将对整个社会产生影响。这种影响超越了机动车的使用方面，既提供了机遇，也带来了威胁。中央政府在提供“加入思考”方面要担当领导职责，要求对所有的后果进行适当的规划和管理，这是十分必要的。然而错误的是，即使在交通政策界限内，为“十年计划”打下基础的“整合”主题也在白皮书《未来交通》中缺失。

肯·利文斯通已经表明收费可以产生效用，鉴于再度当选为伦敦市长，他也表明收费不像左派和右派的政治家所认为的那样必然是一个巨大的政治风险。但是，几乎没有证据表明，除了爱丁堡以外，英国其他地方有政治领袖——不论是国家的还是地方的——准备在不久的将来效仿利文斯通的例子（写于 2005 年初）。这也暗示出交通拥堵正在恶化，在某些区域更糟，但在领袖们拥有利文斯通的决心和勇气，并采取有效的行动减少交通拥堵之前，只有少数人从中得益，大多数人将遭受行动迟滞之苦。

索　引

（页码为边码）

译者后记

城市交通是现代大城市最为棘手的问题之一，伦敦交通拥堵收费开创了特大城市以收费方式来缓解交通拥堵的先河。作者马丁·G. 理查兹在交通规划方面拥有40多年的工作经验，曾经担任英国交通部伦敦交通拥堵收费研究项目的主任，也是伦敦道路收费选择工作组的成员之一。作者希望记录伦敦交通拥堵收费政策出台的真实进展，以对英国未来的交通拥堵政策做出自己的贡献。此书写成于2005年，既是对伦敦交通拥堵收费政策的一种经验总结，也是对未来交通拥堵政策的展望。对于我国现代大城市的交通拥堵治理来说，此书对于全面认识伦敦的交通拥堵政策及其实施无疑具有重要意义。

此书的翻译获得杭州师范大学城市学研究专项经费的资助，是杭州师范大学城市学编译丛刊计划的一部分。此书第1～12章由周洋译出初稿，第13～15章及索引由李杨协助部分翻译工作，最后由本人做了全书的校译。翻译是一项十分艰辛的劳动，在此对两位参与者谨致谢意，同时也感谢邵璐璐编辑的努力与帮助，使译稿得以顺利付梓。

虽然我们已经把此书翻译出来，但对于中文版本仍是忐忑不安的，因为语言习惯的差异和译者的水平所限，与原版作者的英文表达相比，中文译本难免存在一些词不达意的地方，甚至可能存在舛误，敬请读者批评指正。

张卫良

2016年11月8日

图书在版编目(CIP)数据

伦敦交通拥堵收费：政策与政治 / （英）马丁·G. 理查兹（Martin G. Richards）著；张卫良，周洋译. --北京：社会科学文献出版社，2017.1

（城市学编译丛刊）

书名原文：Congestion Charging in London：The Policy and the Politics

ISBN 978-7-5097-9919-2

Ⅰ.①伦… Ⅱ.①马… ②张… ③周… Ⅲ.①城市交通-交通拥挤-交通运输管理-研究-伦敦 Ⅳ.①TU984.561

中国版本图书馆 CIP 数据核字（2016）第 261181 号

城市学编译丛刊

伦敦交通拥堵收费：政策与政治

著　　者 / ［英］马丁·G. 理查兹（Martin G. Richards）

译　　者 / 张卫良　周　洋

出 版 人 / 谢寿光

项目统筹 / 徐思彦

责任编辑 / 邵璐璐　郭　烁　于　冲

出　　版 / 社会科学文献出版社·近代史编辑室（010）59367256

地址：北京市北三环中路甲 29 号院华龙大厦　邮编：100029

网址：www.ssap.com.cn

发　　行 / 市场营销中心（010）59367081　59367018

印　　装 / 三河市尚艺印装有限公司

规　　格 / 开 本：787mm × 1092mm　1/16

印 张：23.75　字 数：330 千字

版　　次 / 2017 年 1 月第 1 版　2017 年 1 月第 1 次印刷

书　　号 / ISBN 978-7-5097-9919-2

著作权合同登记号 / 图字 01-2013-7193 号

定　　价 / 75.00 元